高等职业教育计算机类课程
新形态一体化教材

U0732539

现代信息技术
基础（WPS Office）

主　编　曹　毅　张莉莉　刘远全
副主编　刘恋秋　邓小云　胡朝元
　　　　徐　兵　李兵川　杨忠诚

中国教育出版传媒集团
高等教育出版社·北京

内容提要

　　本书为高等职业教育计算机类课程新形态一体化教材，依据教育部最新颁布的《高等职业教育专科信息技术课程标准（2021 年版）》编写。

　　全书共包括 20 个项目，分成基础篇和拓展篇。基础篇按照"项目概述→项目目标→相关任务→项目小结→项目练习"结构组织内容，包含信息技术基础知识、操作系统基础、文档处理、电子表格处理、演示文稿制作、信息检索、新一代信息技术概述、信息素养与社会责任 8 个项目。拓展篇以项目为切入点，介绍信息安全、项目管理、机器人流程自动化、程序设计基础、大数据、人工智能、云计算、现代通信技术、物联网、数字媒体、虚拟现实技术和区块链 12 个项目。

　　本书配套有微课视频、授课用 PPT、案例素材、实训库、习题库、知识拓展等数字化资源。与本书配套的数字课程在"智慧职教"平台（www.icve.com.cn）上线，学习者可以登录平台进行在线学习，授课教师可以调用本课程构建符合自身教学特色的 SPOC 课程，详见"智慧职教"服务指南。教师可发邮件至编辑邮箱 1548103297@qq.com 获取相关资源。

　　本书可作为高等职业院校"信息技术"或"计算机应用基础"公共基础课程教材，也可作为全国计算机等级考试一级计算机基础及 WPS Office 应用培训教材。

图书在版编目（ＣＩＰ）数据

现代信息技术基础 ：WPS Office / 曹毅，张莉莉，刘远全主编 ． -- 北京 ：高等教育出版社，2023.9
　　ISBN 978-7-04-060390-3

　　Ⅰ．①现… 　Ⅱ．①曹… ②张… ③刘… 　Ⅲ．①办公自动化 - 应用软件 - 高等职业教育 - 教材 　Ⅳ．①TP317.1

中国国家版本馆CIP数据核字（2023）第066223号

Xiandai Xinxi Jishu Jichu （WPS Office）

| 策划编辑　傅　波 | 责任编辑　傅　波 | 封面设计　李小璐 | 版式设计　徐艳妮 |
| 责任绘图　易斯翔 | 责任校对　张　然 | 责任印制　朱　琦 | |

出版发行	高等教育出版社	网　　址	http://www.hep.edu.cn
社　　址	北京市西城区德外大街 4 号		http://www.hep.com.cn
邮政编码	100120	网上订购	http://www.hepmall.com.cn
印　　刷	北京宏伟双华印刷有限公司		http://www.hepmall.com
开　　本	787 mm×1092 mm　1/16		http://www.hepmall.cn
印　　张	17.25		
字　　数	410 千字	版　　次	2023 年 9 月第 1 版
购书热线	010-58581118	印　　次	2023 年 9 月第 1 次印刷
咨询电话	400-810-0598	定　　价	49.50 元

本书如有缺页、倒页、脱页等质量问题，请到所购图书销售部门联系调换
版权所有　侵权必究
物 料 号　60390-00

"智慧职教" 服务指南

"智慧职教"（www.icve.com.cn）是由高等教育出版社建设和运营的职业教育数字教学资源共建共享平台和在线课程教学服务平台，与教材配套课程相关的部分包括资源库平台、职教云平台和 App 等。用户通过平台注册，登录即可使用该平台。

- **资源库平台：为学习者提供本教材配套课程及资源的浏览服务。**

登录"智慧职教"平台，在首页搜索框中搜索"现代信息技术基础"，找到对应作者主持的课程，加入课程参加学习，即可浏览课程资源。

- **职教云平台：帮助任课教师对本教材配套课程进行引用、修改，再发布为个性化课程（SPOC）。**

1. 登录职教云平台，在首页单击"新增课程"按钮，根据提示设置要构建的个性化课程的基本信息。

2. 进入课程编辑页面设置教学班级后，在"教学管理"的"教学设计"中"导入"教材配套课程，可根据教学需要进行修改，再发布为个性化课程。

- **App：帮助任课教师和学生基于新构建的个性化课程开展线上线下混合式、智能化教与学。**

1. 在应用市场搜索"智慧职教 icve" App，下载安装。

2. 登录 App，任课教师指导学生加入个性化课程，并利用 App 提供的各类功能，开展课前、课中、课后的教学互动，构建智慧课堂。

"智慧职教"使用帮助及常见问题解答请访问 help.icve.com.cn。

前　言

　　随着计算机的普及和信息技术的快速发展，信息技术已经应用到了社会生产生活的各个领域，成为经济社会转型发展的主要驱动力，同时也是建设创新型国家、制造强国、网络强国、数字中国、智慧社会的基础支撑。熟悉并掌握信息技术基础知识、信息化办公技术、信息检索技术，树立正确的信息社会价值观和责任感，了解新一代信息技术及在行业的典型应用，促进专业技术与信息技术融合成为新时代职业人的必然要求。

　　为加快推进党的二十大精神进教材、进课堂、进头脑，本书以教育部颁布的《高等职业教育专科信息技术课程标准（2021 年版）》为纲领，围绕高等职业教育各专业对信息技术学科核心素养的培养需求，将思政元素融入教材内容中，将信息意识、计算思维、数字化创新与发展、信息社会责任等核心素养培养融入教材内容，紧紧围绕信息意识、计算思维、数字化创新与发展、信息社会素养四方面核心素养来确定课程目标、课程内容、教学要求、教学评价等。

　　本书以项目为导向，以任务为驱动，由基础篇和拓展篇两部分组成，基础篇包含 8 个项目，拓展篇包含 12 个项目。基础篇包含信息技术基础知识、操作系统基础、文档处理、电子表格处理、演示文稿制作、信息检索、新一代信息技术概述、信息素养与社会责任 8 个项目，拓展模块包含信息安全、项目管理、机器人流程自动化、程序设计基础、大数据、人工智能、云计算、现代通信技术、物联网、数字媒体、虚拟现实、区块链 12 个项目。

　　本书具有如下特点：

　　1. 本书内容组织按照"项目概述 – 项目目标 – 相关任务 – 项目小结"的体系来设计。项目目标主要描述通过本项目的学习，学生需要掌握的知识、技能、素质。同时，通过数字化教学平台，给学生发布一些课前预习的内容。相关任务又分为"任务描述 – 知识储备 – 任务实施"等环节，任务描述通过引入一些在大学期间或以后工作中可能遇到的典型工作任务，使学生清楚通过本任务的学习将能干什么；知识储备介绍一个或若干个相关知识点；任务实施部分主要展示前面任务引入部分任务的完成过程。项目小结是对项目的总结，强化学生对整个项目的理解。

　　2. 本书以培养学生信息综合运用能力为目标，以在日常工作学习生活中遇到的真实生产项目为依托，以在实际工作学习生活中经常用到的典型工作任务为载体。同时，根据技术的发展，采用最新的软件版本进行知识和技能的介绍，将新技术、新知识、新方法融入教学内容之中，充分紧跟技术发展的需要。

　　3. 本书是由多所高等职业技术院校与北京金山办公软件股份有限公司共同合作开发的一本校企合作教材，在开发过程中，融入 WPS 办公应用职业技能等级证书内容，充分体现职业教育教材的"新"与"实"。

　　4. 本书提供了丰富的学习资源，以提升师生信息意识、计算思维、数字化创新与发展、信息社会责任为目标，配套了新形态、立体化、数字化课程资源，包括微课视频、授课用PPT、案例素材、实训库、习题库、知识拓展等。重庆智慧教育平台（www.cqooc.com）开放，学习者可以登录平台进行学习。

本书由曹毅、张莉莉、刘远全任主编，刘恋秋、邓小云、胡朝元、徐兵、李兵川、杨忠诚任副主编，杨佳兰、徐洪位、张呈宇、陈永政、廖俊、张彤、付剑、姚连明、周基鸿、任俊昕、岳守春、柳成霞、邓富春、唐洋、王平山参与编写。全书由曹毅、张莉莉、刘远全统稿并定稿，具体分工如下：项目1由张莉莉编写，项目2由刘恋秋编写，项目3由杨佳兰编写，项目4由杨忠诚、徐洪位编写，项目5由胡朝元编写，项目6由张呈宇、陈永政编写，项目7由廖俊编写，项目8由邓小云、张彤编写，项目9由付剑编写，项目10由徐兵编写，项目11由刘远全编写，项目12由姚连明编写，项目13由周基鸿编写，项目14由任俊昕编写，项目15由岳守春编写，项目16由柳成霞编写，项目17由邓富春编写，项目18由唐洋编写，项目19由李兵川编写，项目20由王平山编写。在本书的编写过程中，北京金山办公软件股份有限公司多名技术人员给予指导和帮助，在此表示衷心的感谢。

由于编者水平有限，疏漏和不妥之处在所难免，恳请各位读者和专家给予批评指正。

编　者
2023 年 7 月

目　录

基　础　篇

拓 展 篇

基础篇

项目 **1**

信息技术基础知识

项目概述

　　在本项目中，将介绍计算机的发展历程，认识影响计算机发展的关键人物。在从外观上直观了解和认识了计算机后，将详细地介绍计算机系统的组成，并介绍衡量一台计算机性能的主要指标等内容；最后介绍在计算机中输入各类信息时，各类信息是如何存储在计算机内部并被处理的。

项目目标

【知识目标】
（1）计算机的发展及应用
（2）计算机系统的组成
（3）计算机中信息的常用表示方法

【技能目标】
（1）掌握计算机的概念与特点
（2）能熟练划分计算机分类与应用领域
（3）掌握计算机系统的组成
（4）了解计算机中信息的常用表示方法

【素质目标】
（1）培养团队协作能力和沟通能力
（2）培养逻辑运算能力
（3）培养独立思考问题的能力

任务 1.1　了解计算机的发展及应用

🖑 任务描述

计算机的应用几乎已经渗透到人类生产和生活中的所有领域，计算机已是完成国家信息化的重要技术基础。在本任务中，将学习计算机发展历程，认识影响计算机发展的关键人物。

🖑 知识储备

1. 计算机分类

随着计算机技术的发展和应用，尤其是微处理器的发展，计算机的类型越来越多样化，为了方便了解计算机，应根据计算机的原理、用途、综合性能指标对计算机进行分类。

（1）根据计算机的原理分类

① 数字计算机：即所处理的数据都是以"0"和"1"表示的二进制数字。

② 模拟计算机：即所处理的数据是连续的，以电信号的幅值来模拟数值或某物理量的大小。

（2）根据计算机用途分类

① 通用机：通用性强，具有很强的综合处理能力，能解决各种类型的问题。

② 专用机：功能单一，配有特定的软、硬件，能高速地解决特定的问题。

（3）根据计算机的综合性能指标分类

① 巨型机：又称为超级计算机。指目前速度最快、处理能力最强的计算机，一般来说，超级计算机的运算速度平均每秒 1 000 万次以上。广泛应用于模拟核试验、生物医药、新材料研究、天气预报、太空探索、人类基因测序等领域。自 2011 年以来，我国在超级计算机的研究和发展方面取得了可喜的成绩。在 2019 年 11 月国际 TOP500 组织发布的最新一期世界超级计算机 500 强榜单中，中国占据了 227 个席位。我国的"神威·太湖之光"超级计算机曾连续获得世界计算机排名（TOP500）四届冠军，如图 1-1-1 所示。"天河二号"也曾位居世界第一，该系统全部使用中国自主知识产权的处理器芯片，如图 1-1-2 所示。

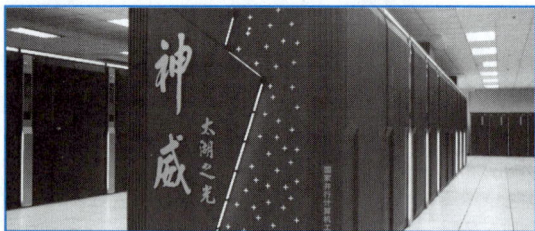

图 1-1-1　神威·太湖之光

图 1-1-2　天河二号

② 大型机：又称为大型服务器。与普通计算机不同，大型机因为要 24 小时不间断运行，因此并非主要通过每秒运算百万次数（Million Instructions Per Second，MIPS）来衡量大型机性能，而主要通过可靠性、安全性、向后兼容性和 I/O 性能。大型机通常强调大规模的数据输入输出，着重强调数据的吞吐量。主要适用于银行、企业、大学和政府等。

③ 中小型机：是指采用精简指令集处理器，性能和价格介于 PC 服务器和大型机之间的一

种高性能计算机。小型机主要应用于工业控制、大型分析仪器、测量仪器、医疗设备中的数据采集、分析计算等对业务的单点运行要求高可靠性的行业。

④ 微型计算机：又称为个人计算机（Person Computer，PC），如图 1-1-3 所示，微型计算机因其小、巧、轻、使用方便、价格便宜等优点得到迅速发展，成为计算机的主流。微型计算机主要分为台式计算机、便携式计算机（俗称"笔记本电脑"）、掌上电脑等。

⑤ 工作站：是一种介于微型计算机与中小型机之间的高档微机系统。通常配有大容量的内存和外存、高分辨率的大屏幕显示器，图形处理能力较强，应用于计算机辅助设计、多媒体信息处理、影视动画制作和网络服务器等，如图 1-1-4 所示是联想图形工作站。

图 1-1-3　微型计算机

图 1-1-4　联想图形工作站

⑥ 服务器：是一种在网络环境中为多个用户提供服务的共享设备，如图 1-1-5 所示。根据其提供的服务，可以分为文件服务器、通信服务器、打印服务器、邮件服务器、数据库服务器等。

⑦ 网络计算机：网络计算机（Network Computer，NC）是在 Internet 充分普及和 Java 语言推出的情况下出现的一种全新概念的计算机。它将整个网络作为一个巨大磁盘，本身没有硬盘，通过网络从服务器上下载应用软件，关机时所有数据都保留在服务器上，如图 1-1-6 所示。

图 1-1-5　服务器

图 1-1-6　网络计算机

⑧ 嵌入式计算机：是指嵌入到特定的设备中实现该设备智能化控制的专用计算机系统，以嵌入式系统为应用中心、计算机技术为基础、软硬件可裁剪的计算机系统，适用于应用系统对功能、可靠性、成本、体积、功耗有严格要求的领域，主要由嵌入式微处理器、外围硬件设备、嵌入式操作系统以及用户的应用程序 4 个部分组成，用于实现对设备的控制、管理等功能。例如，日常生活中使用的智能冰箱、全自动洗衣机、自动驾驶汽车、智能家居等。

目前，微型计算机与工作站、中小型机乃至大型机之间的界限越来越模糊，由于计算机技术的不断发展，计算机的分类标准也在不断变化。

2. 计算机应用领域

随着计算机技术的发展，计算机的应用已渗透到生产生活的各个领域，正在改变着人类的生产生活方式，概括起来，可以分为以下几个方面。

（1）科学计算

科学计算又称数值计算，是计算机最早应用的领域，通常用于完成科学研究和工程技术中提出的数学问题的计算。科学计算的特点是计算工作量大、数值变化范围大、精度高、速度快、结果可靠。

（2）信息处理

信息处理又称为数据处理，指对大量的数据进行收集、存储、整理、分析、合并、分类、统计、加工等，从而获取有用的信息。与科学计算不同，数据处理涉及的数据量大，但计算方法较简单。数据处理是计算机应用最大的领域，它把人们从大量日常烦琐的事务中解放出来，提高了工作质量和效率。

（3）过程控制

过程控制又称实时控制，是指利用计算机对控制对象进行自动控制和自动调节的控制方式，以减轻劳动强度、降低能源消耗、提高劳动生产率。计算机过程控制已在冶金、石油、化工、机械、航天等部门得到广泛应用。

（4）计算机辅助系统

计算机辅助系统可以帮助人们更好地完成一系列任务，如计算机辅助设计（Computer Aided Design，CAD）、计算机辅助制造（Computer Aided Manufacturing，CAM）、计算机辅助工程（Computer Aided Engineering，CAE）、计算机集成制造系统（Computer Integrated Manufacturing System，CIMS）、计算机辅助教学（Computer Aided Instruction，CAI）、计算机辅助测试（Computer Aided Testing，CAT）等。

（5）人工智能

人工智能（Artificial Intelligence，AI）是指用计算机来模拟人类的高级思维活动，如智能机器人、专家系统、模式识别等方面。它是计算机应用研究的前沿领域。

（6）通信与网络应用

随着计算机互联技术的迅猛发展，网络上的应用越来越多，更多的计算机上网互联，成为网络中的一台主机。计算机的资源共享大大增强了计算机个体的性能，也激发了更多的网络应用，如电子商务、网上学校、网上招聘、网上医院、视频会议、网上贸易、家庭个人娱乐等。

任务实施

接下来认识计算机。

计算机是一种能按照事先存储的程序，自动、高速进行大量数值计算和各种信息处理的现代化智能电子装置。计算机最早的用途是科学计算，随着计算机技术和应用的发展，其已经成为一种常用的信息处理工具。

1. 计算机发展史

从世界上第一台计算机诞生到现在，已经过去了70多年，在计算机发展过程中，重要的代表人物有冯·诺依曼。

冯·诺依曼是美籍匈牙利数学家。1951—1953年担任美国数学协会主席，1954年任美国原子能委员会委员。冯·诺依曼被后人称为"计算机之父"，主要是因为其对计算机设计提出的几点重要思想。

① 计算机中采用二进制：采用二进制可使运算电路简单、体积小并且易于用电子元器件实现。由于实现两个稳定状态的机械或电容元件很容易找到，机器的可靠性也大幅提高。

② 采用"存储程序"思想：程序和数据都以二进制的方式统一存放在存储器中，由机器自动执行。运用编制不同的程序来解决不同的问题，从而实现计算机通用计算的功能。

③ 把计算机硬件从逻辑上分为 5 个部分：运算器、控制器、存储器、输入设备和输出设备。

1946 年 2 月，世界上第一台电子数字积分计算机 ENIAC（Electronic Numerical Integrator and Calculator）在美国宾夕法尼亚大学诞生。这台计算机共用了 18 000 多个电子管，重达 30 t，占地面积约 170 m²，功耗为 150 kW，每秒可进行 5 000 次加法计算。它主要用于弹道计算和氢弹的研制，如图 1–1–7 所示。它的出现，奠定了电子数字计算机的基础，是计算机发展史上的一个重要里程碑。

图 1–1–7　数字电子积分计算机 ENIAC

从第一台电子计算机诞生到现在，电子计算机的发展大致可分为四代。下面概述各代计算机的主要特征，这些特征是以计算机主要器件的不同来划分的。

第一代——电子计算机时代（1946—1958 年）。这一时期计算机的主要特点是采用电子管作为基本器件，如图 1–1–8 所示，运算速度每秒几千次至几万次，程序设计使用机器语言或汇编语言。主要用于科学和工程计算。

第二代——晶体管计算机时代（1958—1964 年）。这一时期计算机主要采用晶体管为基本器件，如图 1–1–9 所示，体积缩小、功耗降低，提高了速度（每秒运算可达几十万次）和可靠性；用磁芯作为主存储器，外存储器采用磁盘、磁带等；程序设计采用高级语言，如 Fortran、Cobol、Algol 等；在软件方面还出现了操作系统。计算机的应用范围进一步扩大，除进行传统的科学和工程计算外，还应用于数据处理和过程控制等更广泛的领域。

图 1–1–8　电子管

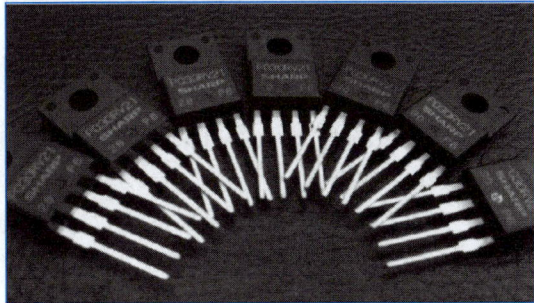

图 1–1–9　晶体管

第三代——集成电路计算机时代（1965—1971 年）。这一时期的计算机采用集成电路作为基本器件，如图 1–1–10 所示，体积减小，功耗、价格等进一步降低，而速度及可靠性则有更大的提高；用半导体存储代替了磁芯存储；运算速度每秒可达几十万次到几百万次；在软件方面，操作系统日臻完善。这时计算机设计思想已逐步走向标准化、模块化和系列化，应用范围更加广泛。

第四代——大规模集成电路计算机时代（从 20 世纪 70 年代初至今）。这一时期计算机的主要功能器件采用大规模和超大规模集成电路，如图 1-1-11 所示；并用集成度更高的半导体芯片作为主存储器；运算速度可达每秒百万次至亿次。在系统结构方面，处理机系统、分布式系统、计算机网络的研究进展迅速；系统软件的发展不仅实现了计算机运行的自动化，而且正在向智能化方向迈进；各种应用软件层出不穷，极大地方便了用户。微型计算机作为第四代计算机的代表具有体积小、耗电少、价格低、性能好、可靠性高、使用方便等优点，被应用到了社会生活的各个方面，使计算机的应用更为普及。

图 1-1-10　集成电路

图 1-1-11　大规模集成电路

2. 计算机特点

计算机的基本特点是快速、准确和通用。由于计算机具有强大的计算和逻辑判断能力，因此使用计算机能够解决各种复杂的、数据量大的数学和逻辑问题。计算机不同于一般的计算工具，它具有以下主要特点：

① 高速运算的能力：现代计算机运算速度最高可达每秒若干万亿次，即使是个人计算机，运算速度也可达到每秒 200 亿 ~1 000 亿次。

② 计算精度高：由于计算机采用二进制数字进行计算，数字位数越多越精确。因此可以用增加表示数字的设备和运用计算技巧等手段，使数值计算的精度越来越高。

③ 自动化程序高：计算机是由程序控制其操作过程的。只要根据应用的需要，事先编制好程序并输入计算机，计算机就能自动、连续地工作，完成预定的处理任务，不需要人工干预，并能连续长时间地工作。

④ 存储容量大：计算机的特点之一，由于知识的数据化，计算机用 0 和 1 组成的符号，可以大量存储数据。

⑤ 逻辑判断能力强：计算机不仅能完成烦琐的算术运算、逻辑运算，它还可以对处理的数字、符号等信息进行比较判断，并根据判断结果确定下一步要进行的操作。

⑥ 通用性强：计算机可以将任何复杂的信息处理任务分解成一系列的基本算术运算和逻辑运算，反映在计算机的指令操作中。按照各种规律要求的先后次序，把它们组织成各种不同的程序，存入存储器中。在计算机的工作过程中，这种存储指挥和控制计算机进行自动、快速地信息处理，并且灵活、方便，易于变更，这就使计算机具有极大的通用性。

3. 计算机发展趋势

计算机具有巨型化、微型化、网络化、智能化等发展趋势。

① 巨型化：为了适应尖端科学技术的需要，高速度、大存储容量和功能强大的超级计算机发展迅速，主要用于航空航天、军事、气象、人工智能、生物工程等学科领域。

② 微型化：计算机的微型化已成为计算机发展的重要方向，计算机芯片集成度越来越高，所能完成的功能越来越强。台式计算机、便携式计算机、平板电脑体积逐步微型化，也是计算机微型化的一个标志。

③ 网络化：应用网络技术可以更好地管理网上的资源，它把整个互联网虚拟为一个空前强大的一体化系统，在这个动态变化的网络环境中，实现计算资源、存储资源、数据资源、信息资源、知识资源、专家资源的全面共享，从而让用户享受可灵活控制、智能、协作式的信息服务，并获得前所未有的使用方便性。

④ 智能化：计算机智能化是指计算机具有模拟人的感觉和思维过程的能力。智能化的研究包括模拟识别、物形分析、自然语言的生成和理解、博弈、定理自动证明、自动程序设计、专家系统、学习系统和智能机器人等。

任务 1.2　了解计算机系统组成

任务描述

今年 9 月，刘同学考上了某大学的数字媒体技术专业。为了方便学习，刘同学决定买一台计算机。但刘同学觉得自己对计算机还不够了解，担心买不到合适的计算机。因此，刘同学决定从基础出发，逐步了解关于计算机的相关知识。

知识储备

一个完整的计算机系统由硬件系统和软件系统两大部分组成，如图 1-2-1 所示。

- 计算机系统
  - 硬件系统
    - 主机
      - 中央处理器 (CPU)
        - 运算器
        - 控制器
      - 内存储器
        - ROM　只读存储器
        - RAM　随机存取存储器
        - Cache　高速缓冲存储器
    - 外部设备
      - 外存储器：软盘、硬盘、光盘、U盘等
      - 输入设备：键盘、鼠标、扫描仪、光笔等
      - 输出设备：显示器、打印机、音箱、绘图仪等
  - 软件系统
    - 系统软件
      - 操作系统：DOS、Windows、UNIX、Linux等
      - 语言处理程序：汇编程序、编译程序、解释程序等
      - 实用程序：诊断程序、反病毒程序等
    - 应用软件：办公软件、即时通信软件等

图 1-2-1　计算机系统组成

微课 1-1
计算机基础概述

1. 计算机硬件系统

计算机硬件是人们看得见、摸得着的实体，它是由一组设备组装而成的，将这些设备作为一个统一体而协调运行，故称之为硬件系统。

计算机硬件系统主要包括运算器、控制器、存储器、输入设备和输出设备5个部分。

（1）运算器和控制器

运算器主要功能是算术运算和逻辑运算。计算机最主要的工作是运算，大量的数据运算任务是在运算器中进行的，它既能进行加、减、乘、除等算术运算，又能进行与、或、非等逻辑运算。在控制器的控制下，运算器接收即将运算的数据，完成程序指令指定的基于二进制数的算术运算和逻辑运算。

控制器是计算机的指挥控制中心，它根据用户程序中的指令控制计算机各部分协调工作。其主要功能是从存储器中取出指令、分析指令、确定指令类型，并对指令译码，向其他部件发出控制信号，指挥计算机有条不紊地协调工作，实现程序的输入、数据的输出以及运算并输出结果。硬件系统的逻辑关系如图1-2-2所示。

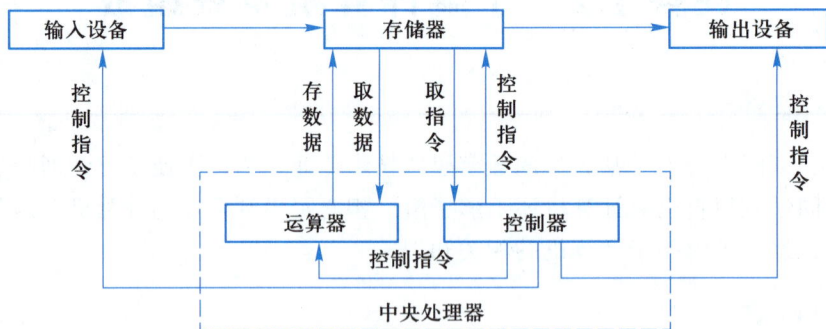

微课1-2
计算机硬件系统

图1-2-2　硬件系统的逻辑关系

在微型计算机中，运算器和控制器被制作在同一块半导体芯片上，称为中央处理器（Central Processing Unit，CPU）。CPU是计算机的核心部件，相当于人的大脑。

其中，华为自主研发设计的鲲鹏920芯片已实现通用计算强算力，如图1-2-3所示。飞腾CPU最早由国防科技大学创造，研发于1999年，如图1-2-4所示。

图1-2-3　鲲鹏CPU

图1-2-4　飞腾CPU

（2）存储器

存储器的主要功能是存放程序和数据。按其功能的不同，存储器又分为内存储器和外存储器，通常简称为"内存"和"外存"。内存是计算机的主要工作存储器，一般计算机在工作时，所执行的指令及处理的数据，均从内存取出。内存的速度快，但容量有限，主要用来存放计算机正在使用的程序和数据。外存具有存储容量大、存取速度比内存慢的特点，它用于存放备用的程序和数据等，外存中存放的程序或数据必须调入内存后，才能被计算机执行和处理。

内存储器按其功能特征可分为随机存储器、只读存储器和高速缓冲存储器三类。

- 随机存取存储器（RAM）：它里面的信息允许用户读取和写入，还可以进行修改、删除等操作。由于 RAM 采用半导体器件组成，所以一旦断电，里面的信息将全部丢失，不能永久保留。
- 只读存储器（ROM）：它里面的信息只允许用户读取，而不允许用户将信息写入，也不允许用户对存储的信息进行修改、删除等操作。ROM 存放的信息由计算机制造厂写入并固化处理，一般用来存放计算机系统管理程序，如开机启动程序、自检程序、ROM-BIOS 等。即使断电，ROM 中的信息也不会丢失。
- 高速缓冲存储器（Cache）：Cache 是介于 CPU 和内存之间的一种可高速存取信息的芯片，它是 CPU 和 RAM 之间的桥梁，用于解决它们之间的速度冲突问题。

内存通常制作成条状，称为内存条，插在主板的内存插槽中，如图 1-2-5 所示。

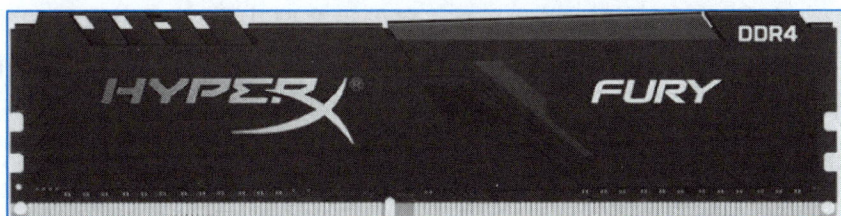

图 1-2-5　内存条

外存储器主要用来长期存放暂时不用的程序和数据。常用的外存有硬盘、光盘、U 盘、移动硬盘等，如图 1-2-6 所示。

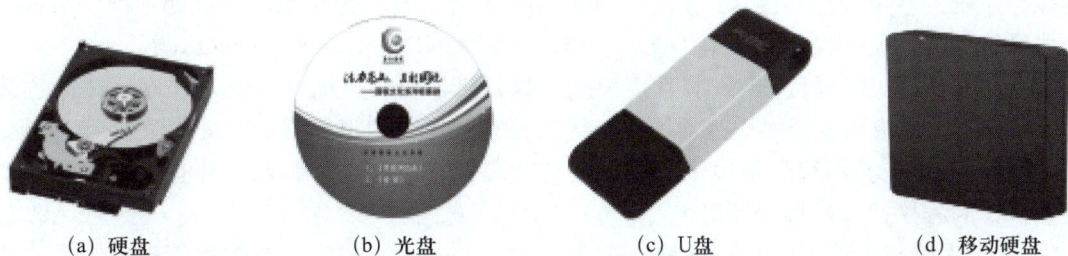

（a）硬盘　　　　　　（b）光盘　　　　　　（c）U盘　　　　　　（d）移动硬盘

图 1-2-6　常见外部存储器

（3）输入 / 输出设备

输入设备是用户向计算机输入程序和数据的相关设备。常见的有键盘、鼠标、摄像头、扫描仪等，如图 1-2-7 所示。

输出设备用于数据的输出，把各种计算结果、数据或信息以数字、字符、图像、声音等形式表示出来。常见的有显示器、打印机、绘图仪、音箱等，如图 1-2-8 所示。

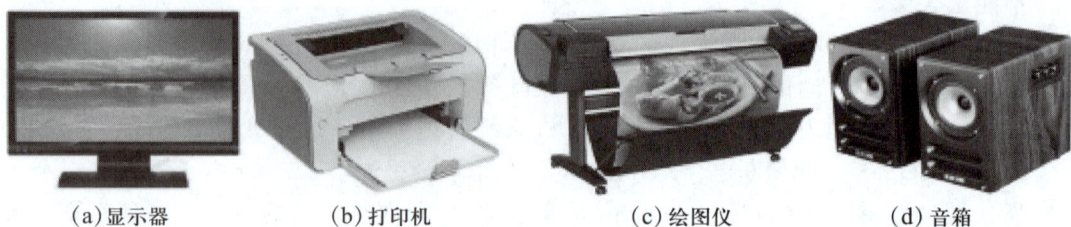

(a)键盘　　　　　(b)鼠标　　　　　(c)摄像头　　　　　(d)扫描仪

图 1-2-7　常见输入设备

(a)显示器　　　　(b)打印机　　　　(c)绘图仪　　　　(d)音箱

图 1-2-8　常见输出设备

2. 计算机软件系统

微课 1-3
计算机软件
系统

软件是能够指挥计算机硬件工作的程序和程序运行时所需要的数据，以及有关这些程序和数据的开发、使用、维护所有文档文字说明和图表资料等的集合。没有安装软件的计算机称为"裸机"，是无法完成任何工作的。

计算机软件系统通常被分为系统软件和应用软件两大类。

（1）系统软件

系统软件是控制和协调计算机及其外部设备，管理、监控的维护计算机资源，支持应用软件的开发和运行的一类计算机软件。它包括操作系统、各种语言及其处理程序、实用程序、数据库管理系统。

① 操作系统（Operating System，OS）。操作系统是最基本也是最重要的基础性系统软件，根据操作系统的规模和功能要求，分别有实时操作系统、分时操作系统、批处理操作系统、网络操作系统等。常见的操作系统有 DOS、Windows、UNIX、Linux、macOS 等。

② 语言处理程序。计算机只能直接识别和执行机器语言，而语言处理程序存在的意义就是将汇编语言、高级语言转换成机器语言。语言处理程序分为汇编程序、编译程序、解释程序。

③ 实用程序。实用程序是用于完成一些与管理计算机系统资源及文件有关的任务，如故障检查和诊断程序、反病毒程序等。

④ 数据库管理系统（Database Management System，DBMS）。数据库管理系统是一种操纵和管理数据库的大型软件，有组织地、动态地存储大量数据，使人们能方便、高效地使用这些数据。常见的数据库有 Access、Oracle、SQL Server、DB2 和 MySQL 等。

（2）应用软件

应用软件是为解决计算机各类应用问题而开发的软件系统，它具有很强的实用性。实用软件是在系统软件支持下开发的，包括专用软件和通用软件等。

办公类软件，如 WPS Office、MS Office 系列等；杀毒软件，如瑞星、360 卫士等；即时通信软件，如 QQ、微信等；浏览器类软件，如 Microsoft Edge、360 极速浏览器；图形图像处理软件，如 Photoshop、Illustrator 等。

任务实施

以下了解计算机的工作原理。

1. 指令和程序

① 指令是计算机执行某种操作的命令，是能被计算机识别并执行的二进制代码，它规定了计算机能完成的某一种操作。一条指令通常由两个部分组成，即操作码和操作数。

操作码：指明该指令要完成的操作的类型或性质，如取数、做加法或输出数据等。

操作数：指明操作对象的内容或所在的单元地址，操作数在大多数情况下是地址码。

② 程序是按照一定顺序执行的、能够完成某一任务的指令集合，是为解决某一问题而设计的一系列有序的指令或语句的集合。计算机的运行要有时有序、按部就班，需要程序控制计算机的工作流程，实现一定的逻辑功能，完成特定的设计任务。

2. 计算机的工作原理

① 计算机最主要的工作原理是存储程序与程序控制。

② 计算机在运行时，先从内存中取出第 1 条指令，通过控制器的译码，按指令的要求，从存储器中取出数据进行指定的运算和逻辑操作等加工，然后再按地址把结果送到内存中去。接下来，再取出第 2 条指令，在控制器的指挥下完成规定操作。依此进行下去。直至遇到停止指令。

③ 程序与数据一样存储，按程序编排的顺序，一步一步地取出指令，自动地完成指令规定的操作是计算机最基本的工作原理。

3. 计算机主要技术指标及配置

微型计算机的性能运算好坏主要取决于计算机的字长、时钟频率、存储器容量、运算速度、存储周期及外围扩展设备等指标。

① 字长。所谓字长是指 CPU 一次可以处理的二进制信息的位数。字长代表着计算机处理信息精度，也标志着计算机的处理速度。字长越长，精度越高，速度也越快。目前微型计算机的字长有 16 位（早期）、32 位和 64 位等。

② 时钟频率。时钟频率即主频，是指 CPU 单位时间（秒）内发出的脉冲数，一般用兆赫兹（MHz）、吉赫兹（GHz）为单位。主频在很大程度上决定了主机的运算速度，时钟频率越高，计算机的运算速度也越快。

③ 存储容量。存储容量是衡量存储器能够容纳信息量多少的指标。包括内存容量和外存容量。内存容量的大小决定了可运行的程序大小和程序运行效率，容量越大，运行速度越快。外存容量指外存储器所能容纳的总字节数，如常见硬盘的容量有 500 GB、1 TB 等。

④ 运算速度。运算速度是指计算机每秒钟能执行的指令条数，是衡量 CPU 工作速度的指标。一般用每秒钟所能执行的指令条数 MIPS（百万次每秒）来表示。指令的执行是在计算机时钟节拍的控制下进行，所以时钟频率越高，运算速度越快。

⑤ 存储周期。存储器完成一次读或写信息操作所用的时间称为存储器的存取时间。连续两次读（或写）所用的最短时间，称为存储器的存取周期。存储周期是反映内存储器发的一项重要技术指标，直接影响微型计算机运算的速度。

⑥ 外部设备的配置及扩展能力。主要是指计算机系统配接各种外部设备的可能性、灵活性和适应性。

除了以上的几大性能指标外，还可以考虑软件的配置、可靠性及兼容性和可维护性等问题，以对一台微型计算机系统作出全面、综合的评价。

任务 1.3　了解计算机信息编码与数制

🖐 任务描述

通过前面的学习，掌握了计算机的组成并了解了衡量一台计算机性能的主要指标等内容。那么在向计算机中输入各类信息时，各类信息是以怎样的方式存储在计算机内部并被处理的？在本任务中将从数字、英文字符和汉字等几个方面来了解这个问题的解决方法。

🖐 知识储备

1. 数制的概念

（1）数制

数制是指用一组固定的数字和一套统一的规则来表示数目的方法。数制有进位计数制与非进位计数制之分。按进位的方式来计数，简称为进位制。常用的进位制有二进制、八进制、十进制和十六进制，而计算机中则采用二进制。

（2）基数

某一进位制的基数（Radix）是指该进位制中允许使用的数码的个数，用 R 表示，如二进制的 R 为 2，十进制的 R 为 10。

（3）位权

任何一个 R 进制的数都是由一串数码表示的，其中每一位数码所表示的实际值大小，除数码本身的数值外，还与它所处的位置有关，由位置决定的值就叫作位权。位权用基数 R 的 n 次幂表示。例如，二进制数包含数字 0、1，其基数为 2，位权为 2^n。

（4）进位规则

若 R 是该数制的基数，则该数制的进位规则为"逢 R 进 1"。基数是计数中所用到的数字符号的个数。例如，十进制数中的 0，1，2…9，共 10 个数字，则十进制数的基数为 10。

2. 常用进制

计算机中的数据、信息都是以二进制形式编码表示的。而在日常生活中，会遇到不同进制的数，如十进制数，逢十进一；一周有七天，逢八进一；……平时使用最广泛是十进制数。为了书写和表示方便，还引入了八进制数和十六进制数。表 1-3-1 列出了常用的几种进位计数制。

表 1-3-1　常用的各种进制的表示

进位制	二进制	八进制	十进制	十六进制
规则	逢二进一	逢八进一	逢十进一	逢十六进一
基数	$R=2$	$R=8$	$R=10$	$R=16$
基本符号	0，1	0～7	0～9	0～9，A～F
位权	2^n	8^n	10^n	16^n
形式表示	B	O（Q）	D	H

3. 计算机中的存储单位

在计算机内部，各种信息都必须被转换为二进制编码的形式才能进行存储和处理，下面介绍计算机中信息存储的基本单位。

（1）位

位（bit，b）也称"比特"，是计算机中存储信息的最小单位，存放一位二进制数，即 0 或 1。

（2）字节

字节（Byte，B），是计算机中存储信息的基本单位，8 个二进制位为一个字节（即 1 B=8 bit）。为便于衡量存储器容量的大小，统一以字节为基本存储单位，一般用 KB、MB、GB、TB 来表示。其换算关系见表 1-3-2。

表 1-3-2 存储单位换算关系

位与字节换算关系	
KB（千字节）	1 KB = 1024 B = 2^{10} B
MB（兆字节）	1 MB = 1024 KB = 2^{10} KB
GB（吉字节）	1 GB = 1024 MB = 2^{10} MB
TB（太字节）	1 TB = 1024 GB = 2^{10} GB

（3）字

字（Word）也是表示存储容量的一个单位，由若干个字节组成。通常把 CPU 一次所能处理的二进制位数称为该计算机的字长。例如一个由 4 个字节组成的字，其字长为 32 位。

任务实施

1. 掌握进制的转换

（1）二进制数、八进制数、十六进制数转换为十进制数

方法：将各进制数按位权展开后直接求和，即可得到十进制的表示结果。

$$(101.01)_2 = 1 \times 2^2 + 0 \times 2^1 + 1 \times 2^0 + 0 \times 2^{-1} + 1 \times 2^{-2} = (5.25)_{10}$$

$$(1314.2)_8 = 1 \times 8^3 + 3 \times 8^2 + 1 \times 8^1 + 4 \times 8^0 + 2 \times 8^{-1} = (716.25)_{10}$$

$$(1B2F)_{16} = 1 \times 16^3 + 11 \times 16^2 + 2 \times 16^1 + 15 \times 16^0 = (6959)_{10}$$

微课 1-4
数制转换

（2）十进制数转换为二进制数、八进制数、十六进制数

将十进制数转换为二进制数、八进制数、十六进制数，其整数部分和小数部分须分别遵守不同的规则：

- 对整数部分：将数除 R（代表基数）取余，直至商为 0；其中，先得出余数的为低位，后得出余数的为高位。
- 对小数部分：将数乘 R（代表基数）取整，直至小数部分为 0；其中，先取整的为高位，后取整的为低位。

［例 1-3-1］ 将十进制数 87 转换成二进制数。

对整数部分用"除 2 取余法"，即将整数部分反复用 2 除，直到商为 0；再将余数依次排列，先得出的在低位，后得出的在高位。

$$
\begin{array}{r|l l}
2 & 87 & \text{余数} \\
2 & 43 & \cdots\cdots 1 \quad 低 \\
2 & 21 & \cdots\cdots 1 \\
2 & 10 & \cdots\cdots 1 \\
2 & 5 & \cdots\cdots 0 \\
2 & 2 & \cdots\cdots 1 \\
2 & 1 & \cdots\cdots 0 \quad 高 \\
& 0 & \cdots\cdots 1
\end{array}
$$

根据先余为低位，后余为高位，转化结果则为 87=1010111B。

［例 1-3-2］ 将十进制数 0.375 转换为二进制数。

$$
\begin{array}{r l}
0.375 & \\
\times\ 2 & \quad 高 \quad 取整数 0 \\
\hline
0.75\cdots & \\
\times\ 2 & \quad\quad 取整数 1 \\
\hline
1.5\cdots & \\
2 & \quad 低 \quad 取整数 1 \\
\hline
1.0\cdots &
\end{array}
$$

根据先取整为高位，后取整为低位，转换后结果则为 0.375=0.011B。

［例 1-3-3］ 将十进制数 193 转换为八进制数。

$$
\begin{array}{r|l l}
8 & 193 & \text{余数} \\
8 & 24 & \cdots\cdots 1 \quad 低 \\
8 & 3 & \cdots\cdots 0 \\
& 0 & \cdots\cdots 3 \quad 高
\end{array}
$$

转化结果则为 193=301Q。

③ 二进制数与八进制数、十六进制数间的转换

由于每位八进制数都可以固定地由 3 位二进制数表示（2^3=8），每位十六进制数也都可以固定地由 4 位二进制数表示为（2^4=16），因此，二进制与八进制之间的转换十分方便。方法是以小数点为中心，每 3 位二进制数一组（不足 3 位，则补 0，整数在前面补 0，小数则在后面补 0），分别转换。

［例 1-3-4］ 将二进制数 10110111 转化为八进制数。

$$
\begin{array}{c c c}
010 & 110 & 111 \\
\downarrow & \downarrow & \downarrow \\
2 & 6 & 7
\end{array}
$$

即 10110111B=267Q。

反之，把八进制数转换为二进制数时，只需要将每位八进制数展开为 3 位二进制数，再去掉整数首部和小数尾部的 0 即可。

［例 1-3-5］ 将八进数 162.53 转化为二进制数。

$$
\begin{array}{c}
(\ 1\quad 6\quad 2\ .\ 5\quad 3\ )_8= \\
\downarrow\quad \downarrow\quad \downarrow\quad \downarrow\quad \downarrow \\
(001\ 110\ 010\ .\ 101\ 011)_2=(1110010.101011)_2
\end{array}
$$

而十六进制转换与八进制转换十分类似，只不过是每 4 位二进制数为一组。

［例 1-3-6］ 将二进制数 10110111 转换为十六进制数。

$$
\begin{array}{c}
(1011\quad 0111)_2= \\
\downarrow\quad\quad \downarrow \\
(\ B\quad\quad 7\ )_{16}
\end{array}
$$

即 10110111B=B7H。

［例 1-3-7］ 将十六进制 5CDB.4 转换为二进制数。

$$(\quad 5 \quad\quad C \quad\quad D \quad\quad B \quad . \quad 4 \quad)_{16}$$

$$(\;0101\quad 1100\quad 1101\quad 1011\,.\,0100\;)_2 = (\;101110011011011.01\;)_2$$

关于几种常用的进位制数的对照见表 1-3-3。

表 1-3-3　几种常用数制的对比表

十进制数	二进制数	十六进制数	十进制数	二进制数	十六进制数
0	0	0	8	1000	8
1	1	1	9	1001	9
2	10	2	10	1010	A
3	11	3	11	1011	B
4	100	4	12	1100	C
5	101	5	13	1101	D
6	110	6	14	1110	E
7	111	7	15	1111	F

2. 二进制数的运算

（1）二进制的算术运算

二进制数的算术运算非常简单，它的基本运算是加法和减法，利用加法和减法可以进行乘法和除法运算。

（2）二进制的逻辑运算

逻辑运算是对二进制数"0""1"赋予逻辑含义，就可以表示逻辑量的"真"与"假"。逻辑运算包括逻辑加、逻辑乘和逻辑非 3 种基本运算。逻辑运算与算术运算一样按位进行，但是，位与位之间不存在进位和借位的关系。

逻辑加运算（或运算）。逻辑加运算符用"∨"或"+"表示，运算规则是：当两个参与运算的逻辑量都为"0"时，结果才为"0"，否则为"1"。

逻辑乘运算（与运算）。逻辑乘运算符用"∧"或"×"表示，运算规则是：当两个参与运算的逻辑量都为"1"时，结果才为"1"，否则为"0"。

逻辑非运算（非运算）。逻辑非运算符用"~"表示，或者在逻辑量的上方加一横线表示，运算规则是：对逻辑量的值取反，即 0 的反值取 1，1 的反值取 0。

设 A、B 为逻辑变量，它们的逻辑运算关系见表 1-3-4。

表 1-3-4　逻辑运算关系表

A	B	$A \vee B$	$A \wedge B$	$\overline{A}$	$\overline{B}$
0	0	0	0	1	1
0	1	1	0	1	0
1	0	1	0	0	1
1	1	1	1	0	0

3. 字符编码

在计算机内部，数是用二进制来表示的，而计算机除了处理数值信息外，还有西文字符、文字、声音、图形、图像等非数字信息。计算机对这些信息是进行二进制编码来处理的。

（1）ASCII 码

国际上比较通用的西文字符编码是美国信息交换标准代码，即 ASCII 码（American Standard Code for Information Interchange）。它已由国际标准化组织（ISO）确定为国际标准字符编码。ASCII 码采用 7 位二进制进行编码，可以表示 128（2^7）个字符，前 32 个码和最后一个码通常是计算机系统专用的，分别代表不同的不可见的控制字符。数字字符 0 ～ 9 的 ASCII 码为 30H ～ 39H；大写字母 A ～ Z 和小写英文字母 a ～ z 的 ASCII 码分别为 41H ～ 54H 和 61H ～ 74H。因此，知道一个字母或数字的 ASCII 码，即可推算出其他字母和数字的 ASCII 码。

西文字符除了常用的 ASCII 编码外，还有另一种 EBCDIC 码（Extended Binary Coded Decimal Interchange Code，扩展 BCD 码）。这种字符编码主要用在大型机器中。EBCDIC 代码采用 8 位二进制编码，即 256 种编码状态，但只选用其中一部分。

（2）BCD 码

BCD 码是把十进制数的每一位分别写成二进制形式的编码，称为二进制编码的十进制数。BCD 码的编码方法很多，通常采用 8421 编码，其方法是用 4 位二进制数表示一位十进制数，从左到右每一位对应的权分别是 2^3、2^2、2^1、2^0，即 8、4、2、1。例如，十进制数 6971 的 8421 码可以这样得出：

$$6 \quad 9 \quad 7 \quad 1$$
$$\downarrow \quad \downarrow \quad \downarrow \quad \downarrow$$
$$0110 \quad 1001 \quad 0111 \quad 0001$$

即 6971（D）= 0110 1001 0111 0001（B）

（3）汉字编码

由于 ASCII 码只针对英文、数字等西文字符进行编码，计算机基于 ASCII 码只能处理英文信息。若要处理中文信息，还必须对汉字进行编码。在一个汉字处理系统中，输入、存储、处理及输出对汉字编码的要求不尽相同因此可以把汉字信息处理系统抽象为一个结构模型，称为字模点阵码（或称字形码），如图 1-3-1 所示。

输入码 → 机内码 → 字形码

汉字输入　　　　　　　　　　　　　　汉字输出

图 1-3-1　汉字信息处理系统模型

① 输入码，是用键盘等外部设备输入汉字时采用的编码，因而又称外码。常用输入码类型有顺序码、拼音码、字形码、音形码等。

② 机内码，是计算机内部存储、处理和传输的汉字或英文信息代码。国标码的最高位用"0"表示，而机内码的最高位用"1"表示，即机内码 = 国标码 +8080H。

③ 字形码，字形码是表示汉字字型的字模数据，字形码也称字模码，是用点阵表示的汉字字形代码，它是汉字的输出形式。根据输出汉字的要求不同，点阵的大小也不同。简易型汉字为 16×16 点阵，提高型汉字为 24×24 点阵、32×32 点阵、48×48 点阵等。字模点阵规模

愈大，字形愈清晰美观，信息量所占存储空间很大，以 16×16 点阵为例，每个汉字就要占用 32B（16×16÷8=32）。

项 目 小 结

　　本项目主要学习计算机的发展、主要特点和分类、计算机应用、数字化信息编码与进位计数制的概念、计算机中信息的表示方法、计算机系统的组成 、典型微型计算机的基本配置、微型计算机系统的主要技术指标等，重点是了解计算机系统的组成。

项 目 练 习

扫描二维码，查看项目练习。

项目 1
项目练习

项目 **2**

操作系统基础

项目概述

　　在本项目中，将学习操作系统概念、功能、分类、特征，认识 Windows 10 桌面操作系统。具体学习 Windows 10 中的文件概念、文件和文件夹的命名、新建文件或文件夹、管理个人文件夹和文件、搜索文件（夹）；最后为了保障系统安全学习增加用户、密码管理、文件安全设置、系统自动化锁定等设置方法。

项目目标

【知识目标】

（1）操作系统的概念及功能

（2）Windows 10 桌面组成元素

（3）Windows 10 数据安全

【技能目标】

（1）掌握 Windows 10 文件（夹）的基本操作方法

（2）掌握常用的文件和文件夹整理的方法

（3）掌握 Windows 10 文件安全性处理方法

（4）了解 Windows 10 的系统安全设置方法

【素质目标】

（1）培养团队协作能力和沟通能力

（2）培养实践动手能力

（3）培养分析问题与解决问题的能力

微课 2-1
Windows 快
捷键应用

任务 2.1　掌握操作系统基础知识

任务描述

计算机系统几乎已经渗透到人类生产和生活中的所有领域，操作系统是计算机系统中最重要的系统软件，各种应用软件的运行都离不开操作系统的支持，它是整个计算机系统的管理和指挥机构，是连接计算机硬件和应用软件的桥梁，为用户提供了一个使用和管理计算机系统的环境。通过操作系统的学习，掌握操作系统的基本概念和功能，可以对操作系统发展的现状和未来发展有大致的了解。

知识储备

1. 操作系统概述

操作系统（Operating System，OS）是用来管理计算机硬件资源，控制其他软件程序运行并为用户提供交互操作界面的系统软件集合，它是直接在裸机上运行的最基本的系统软件，其他任何软件的运行都必须有操作系统的支持。操作系统在计算机系统中所扮演的角色如图 2-1-1 所示。

从图 2-1-1 可知操作系统介于硬件和应用软件之间，是计算机硬件和应用软件的接口，也是用户和计算机的接口，是整个计算机系统的控制和管理中心。操作系统的功能包括管理和调度计算机硬件和软件资源，控制程序的运行，为其他应用软件提供支持，使计算机系统所有资源得到充分利用；为用户提供各种形式的交互界面，

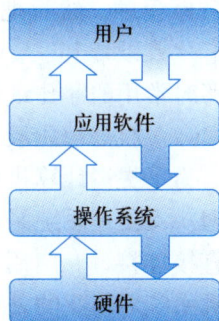

图 2-1-1　操作系统的角色

使用户更加灵活、方便地操作软件，高效地使用计算机；还为部分软件的开发提供必要的服务和相应的接口。

操作系统自诞生以来，一直处在不断地发展和更新之中，现在的操作系统种类很多，不同设备所支持的操作系统从简单到复杂，如有手持设备支持的嵌入式操作系统、超级计算机支持的大型操作系统等。

目前流行的操作系统主要有 Android、iOS、UNIX、Linux、macOS X、Windows 和 z/OS 等，除了 Windows 和 z/OS 等少数操作系统，大部分操作系统都为类 UNIX 操作系统。

总的来说，操作系统的主要目标有以下几点。

① 高效地管理和调度计算机系统的硬件、软件资源。

② 合理地控制计算机工作流程，提高系统运行效率。

③ 扩展硬件的功能，为用户提供更加全面的服务。

④ 为用户提供友好的交互界面。

⑤ 遵循相关的国际工业标准和开放系统标准，支持体系结构的可伸缩性和可扩展性，支持应用程序在不同平台上的可移植性和互操作性。

2. 操作系统的发展历程

操作系统与计算机硬件并不是一起产生的，它是在人们使用计算机的过程中，为了提高资

源利用率和增强计算机系统性能，伴随着计算机技术本身及其应用的日益发展，而逐步形成和完善起来的。为了使读者了解操作系统的形成、完善和发展历程，下面简单回顾一下操作系统的发展历程。

（1）手工操作阶段

从 1946 年第一台计算机诞生到 20 世纪 50 年代中期，计算机采用手工操作方式，这个阶段还未出现操作系统，计算机只是由控制台控制的一个庞大的物理机器。控制台包括显示灯、触发器、输入设备和输出设备，程序员都是直接和计算机硬件打交道的，并且使用机器语言编程。

随着计算机技术的发展产生了汇编语言，利用汇编语言编程，使原来的数字操作码被记忆码代替，程序按照固定的规范书写，可读性强。上机运行程序时，程序员预先编制一个汇编程序，用于把汇编语言书写的源程序解释成计算机可以直接执行的机器语言形式的目标程序，然后把汇编程序、源程序和数据都穿孔在卡片或纸带上，最后装入并执行。如图 2-1-2 所示，是那时常用的穿孔纸带，常用于输入数据。

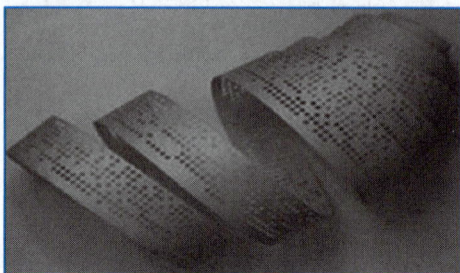

图 2-1-2   穿孔纸带

（2）批处理阶段

为了提高计算机系统资源的利用率，就必须摆脱手工操作，使其自动化，就这样出现了批处理。批处理系统是在主机基础上增加了一台功能较为简单的处理机，称为卫星机，它不与主机直接连接，专门用于和输入 / 输出设备交互，主机和卫星机可以并行工作。在这个阶段，计算机系统对作业的处理是成批进行的，并且始终只保持一道作业在内存中，故也称为单道批处理系统。批处理系统是后来操作系统的雏形，促进了软件的发展，但仍然有不足之处。例如它的监督程序、系统程序和用户程序之间是通过相互调用的方法来实现转移的，如果用户程序陷入死循环，则整个系统也会无法向前运行。

（3）多道程序系统阶段

所谓多道程序设计技术，就是指允许多个程序同时进入一个计算机系统内存并运行的方法。也就是说，计算机内存中可以同时存放多道（两个以上且相互独立）程序，它们都处于开始和结束之间。多道程序设计技术不仅使 CPU 得到充分利用，发挥了计算机系统部件的并行性，同时改善了 I/O 设备和内存的利用率，从而提高了整个系统的资源利用率和系统吞吐量（单位时间内处理作业的个数），最终提高了整个系统的效率。

（4）操作系统的完善阶段

在 20 世纪 60 年代，人们发现在内存中同时存放几道用户程序是十分有利的，当某一道程序因为某种原因而无法继续执行下去时，系统可以将处理机分配给另一道程序去执行，从而提高了处理机的利用率。在这种思维下，出现了多道批处理系统，但这种系统有一个重要的缺点是不能提供人机交互，给用户使用计算机带来不便，为了克服这一缺点，很快产生了分时等不同类型的操作系统。多道和分时的出现标志着较为完善的操作系统的形成。

任务实施

1. 操作系统的功能

操作系统作为一个重要的系统软件有着自身独特的功能。操作系统由多个程序模块组成，其基本功能有以下 5 个方面。

（1）存储管理功能

操作系统对存储器的管理主要是对内存的管理，内存是计算机系统的重要组成部分，CPU 要处理的程序与数据都是从内存中获得，处理的结果也必须通过内存才能向外部设备输出。对存储器的管理主要有以下 4 个方面。

① 内存分配。内存分配是指操作系统按照一定的策略为每道用户进程分配一定的内存空间，操作系统必须记录整个内存的使用情况，处理用户提出的申请。另外当某个进程结束后，系统要收回属于该进程的内存空间。

② 内存扩充。一台计算机的物理空间通常是有限的，即便人们可以为计算机配置高达 8 GB 或者 16 GB 容量的内存，有时也仍难满足用户的要求，这时就需要使用操作系统将物理空间（一般是硬盘上的空间）通过虚拟技术虚拟成比内存空间大得多的空间来满足实际运行的需要。

③ 内存保护。设定一个内存保护机制来保证内存中各程序自身的空间不会受到非法访问，使各个进程都在自己的内存范围内活动。

④ 内存映射。内存由若干个存储单元组成，每个单元有个编号，称为该单元的物理地址。用户程序通过编译后的地址都是逻辑地址或相对地址，操作系统必须提供一个地址映射功能使用户程序的逻辑地址正确转换为内存单元的物理地址，只有在完成地址映射后，用户程序才能被正确执行。

（2）处理机管理功能

处理机管理也称为进程管理，是指对中央处理器进行有效的管理，主要任务是对处理机进行分配、运行控制和管理。包括作业和进程调度、进程通信两个方面。

（3）设备管理功能

设备管理也称输入 / 输出管理，它的主要任务是有效地管理各种外部设备，目的是协调外设与主机的工作，提高外设和 CPU 的效率。操作系统对设备的管理主要体现在以下 4 个方面。

① 缓冲技术。管理各类输入 / 输出设备的数据缓冲区，解决 CPU 和外设速度不匹配的问题，设置缓冲区后，CPU 可以与外设并行工作，从而提高系统的效率。

② 设备分配。根据用户程序的输入或输出请求和相应的分配策略，操作系统为申请输入或输出操作的用户程序提供外部设备、通道以及控制器等。

③ 设备驱动。操作系统应该含有基本的设备驱动模块，能够运行其他外部设备的设备驱动程序。

④ 设备独立性。操作系统使应用程序独立于实际使用的物理设备，所提出的输入 / 输出请求只会通过设备的逻辑名称，由操作系统负责逻辑设备和物理设备之间的转换。

（4）文件管理功能

文件管理又称为信息管理。操作系统把程序、数据和信息以文件的形式存储在磁盘或光盘等存储器中，文件管理的目的是让用户可以方便地对存储器上的文件进行访问，它主要包括文件存储空间的管理、目录管理以及文件的读写管理和存取管理。

（5）用户接口

操作系统为用户提供了各种使用计算机系统资源的用户接口，用户接口的目的是方便用户对计算机的操作。现代操作系统为用户提供了命令接口、图形接口以及系统调用界面 3 种类型的接口。

2. 常见的计算机操作系统

通过操作系统的发展历程可以看出，操作系统也经历了产生、成长和发展的过程。半个多世纪以来，人们在研发操作系统过程中不断地创新和总结经验，产生了众多优秀的操作系统，如 DOS、Windows、UNIX 和 Linux 等。

（1）DOS 操作系统

DOS（Disk Operation System）是一种单用户、单任务的计算机操作系统。DOS 采用字符界面，以输入各种命令来操作计算机，这些命令都是英文单词或缩写，难以记忆，不适合一般用户操作计算机，如图 2-1-3 所示是 DOS 系统的操作界面。进入 20 世纪 90 年代后，DOS 逐渐被 Windows 之类的图形界面操作系统所取代。

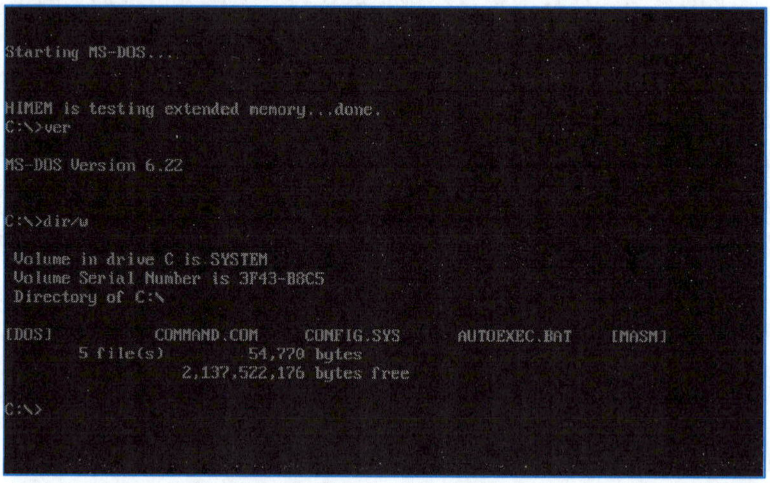

图 2-1-3　DOS 操作系统

（2）UNIX 操作系统

UNIX 操作系统是多用户多任务的操作系统，支持多种处理器架构。UNIX 操作系统代码简洁紧凑、易修改、有较强的可移植性和可读性。进入 20 世纪 90 年代后，由于多处理机和分布式网络技术的发展，UNIX 也进一步发展。UNIX 开始支持多处理机、图形用户界面、分布式处理，安全性也得到进一步加强，如图 2-1-4 所示。UNIX 可以运行在微型机、工作站、大型机和巨型机上，因其稳定可靠的特点在金融、保险等行业得到广泛的应用。

（3）Linux 操作系统

Linux 内核最初是由芬兰人林纳斯·托瓦兹在赫尔辛基大学上学时出于个人爱好而编写的。Linux 的第一个版本在 1991 年 9 月被发布在互联网上，1994 年 3 月，Linux 1.0 版正式发布。Linux 操作系统也是自由软件和开放源代码发展中最著名的例子，是多用户多任务的操作系统，如图 2-1-5 所示。Linux 允许自由下载，许多爱好者对这个开源的系统进行了改进、扩充和完善，Linux 系统逐步发展壮大。现在 Linux 内核支持从个人计算机到大型主机甚至包括嵌入式系统在内的各种硬件设备。

图 2-1-4　UNIX 操作系统

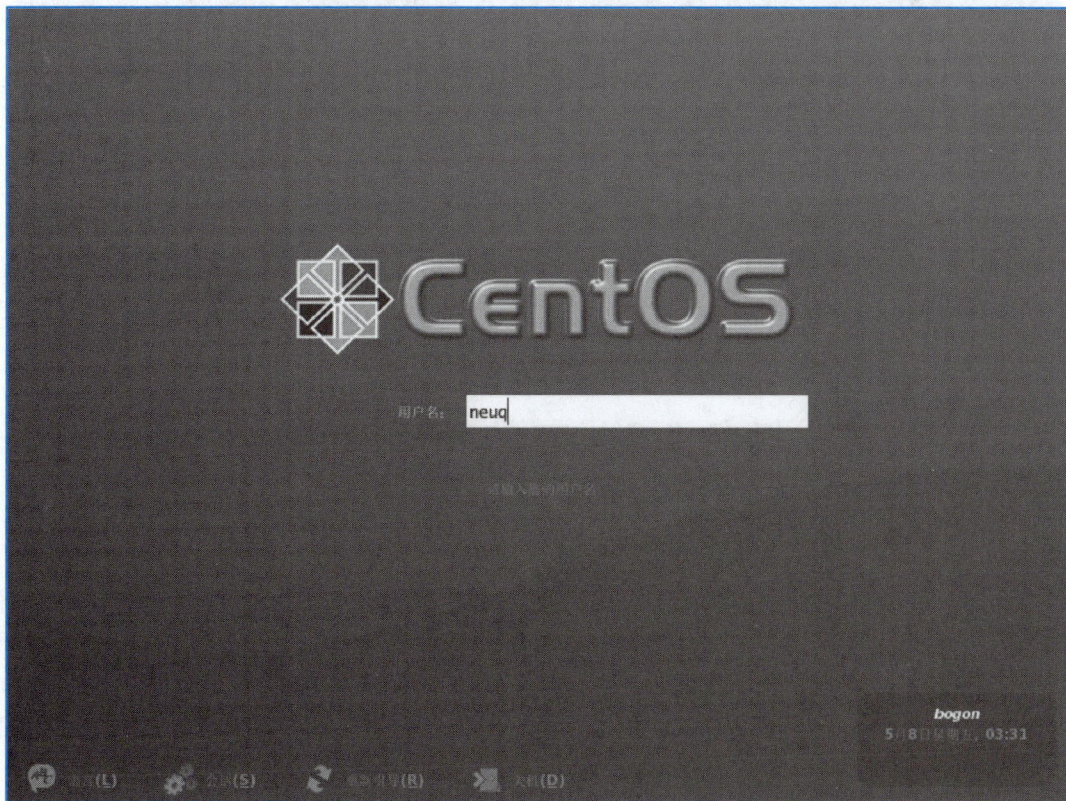

图 2-1-5　Linux 操作系统

（4）macOS 操作系统

　　macOS 是一套运行于苹果 Macintosh 系列计算机上的操作系统，是首个在商用领域成功应用的图形用户界面的操作系统，如图 2-1-6 所示。macOS 是一个基于 UNIX 的操作系统，它把 UNIX 的强大稳定的功能和 Macintosh 的简洁优雅的风格完美地结合起来。

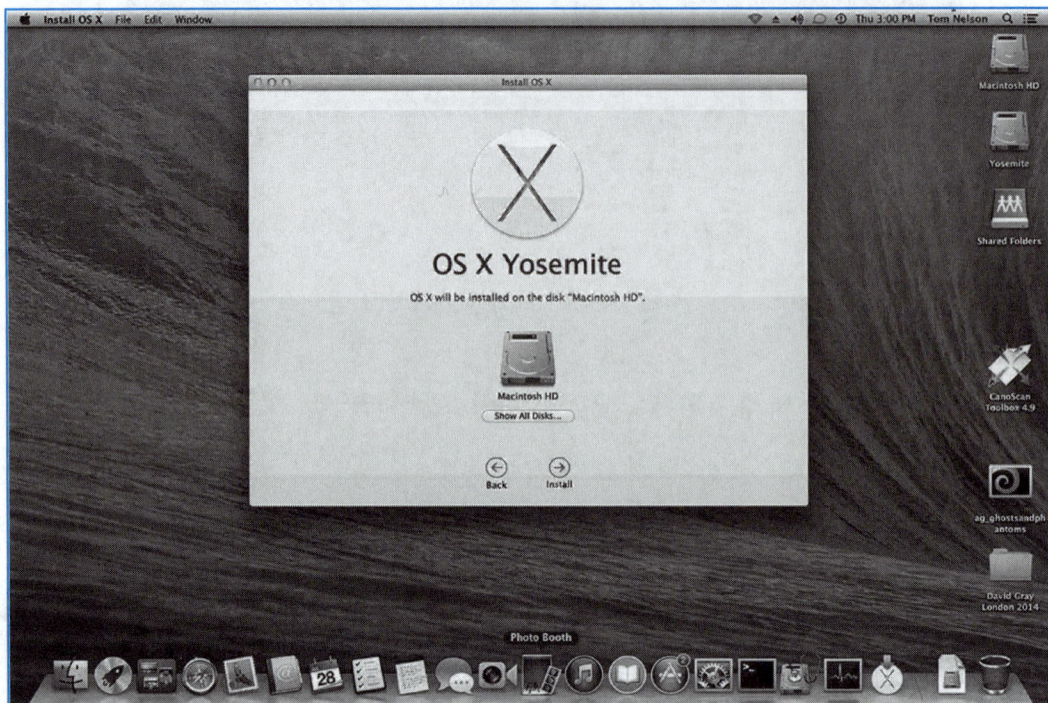

图 2-1-6   macOS 操作系统

（5）Windows 操作系统

Microsoft Windows 是一个为个人计算机和服务器用户设计的操作系统，也称为"视窗操作系统"。从 1983 年微软公司宣布 Windows 诞生到现在的 Windows 10，Windows 已经走过了 40 年的历史。现在个人计算机的 Windows 版本大多为 Windows 10。

任务 2.2   有效管理资源

👆 任务描述

今年 3 月，小张刚到公司，被安排到人力资源部做资料管理员。公司领导吩咐小张将配置的工作计算机管理好，配置的工作电脑安装的是 Windows 10 操作系统，存储有公司的重要文件及机密文件。当领导要查看公司人员及业绩情况时，需要小张随时提供资料或打印相应的文件。随着公司业务扩大，会有更多的员工资料、业绩资料需要管理。

👆 知识储备

1. Windows 10 操作系统的桌面

Windows 10 作为目前使用最多的 Windows 操作系统，其系统画面和操作方式较之以往的 Windows 操作系统发生了极大的变化。Windows 10 的桌面作为操作系统的基本使用平台，主要包括"开始"菜单、桌面图标、桌面背景、任务栏、窗口和对话框。

（1）"开始"菜单

Windows 10 的"开始"按钮位于计算机屏幕的左下角，单击"开始"按钮，弹出"开始"菜单，如图 2-2-1 所示，"开始"菜单由"功能设置""所有应用程序"和"开始屏幕"3 个区域组成。

①"功能设置"区域。

②"所有应用程序"区域。操作步骤为：将鼠标指针移动到程序列表中的任意一条分隔线后单击，然后选择应用程序名称的首字符。

③"开始屏幕"区域。"开始屏幕"区域以磁贴的形式容纳快捷方式，用户可以对其中的磁贴进行移动和设置，还可以重设开始屏幕的大小。

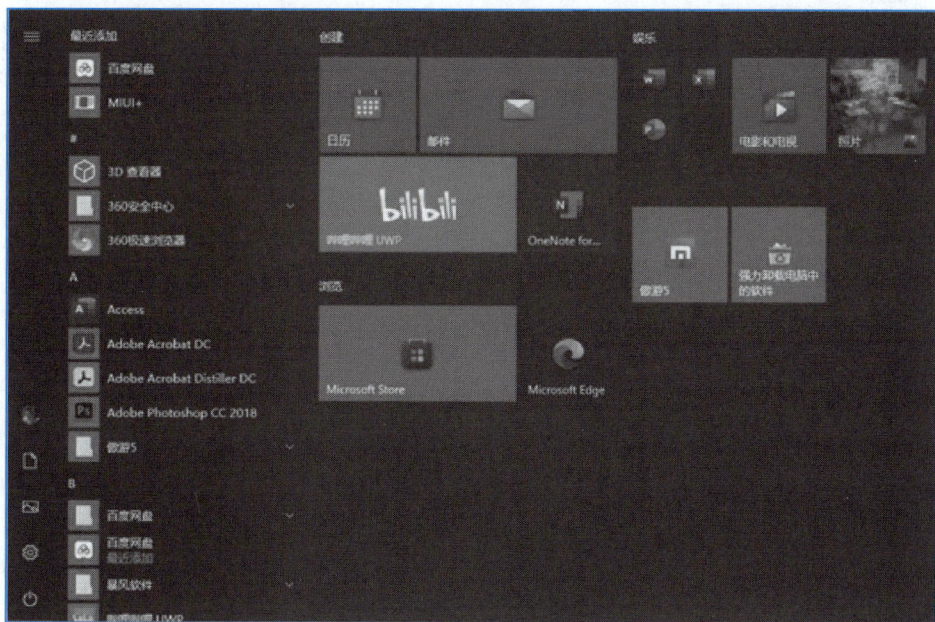

图 2-2-1　"开始"菜单

（2）桌面图标

桌面图标主要包括系统图标和快捷方式图标，系统图标是指可进行与系统相关操作的图标。快捷方式图标是指应用程序的快捷启动方式。通过桌面图标可以打开相应的操作窗口或应用程序。例如，双击"此电脑"图标打开"此电脑"窗口。

（3）桌面背景

桌面背景是指应用于桌面的图片或颜色。根据个人的喜好可以将喜欢的图片或颜色设置为桌面背景。Windows 10 提供了很多自带的图片，默认安装后可以将系统自带的图片设置为桌面效果。

（4）任务栏

任务栏用来完成打开应用程序和管理窗口等操作。通常可以在桌面的底部找到任务栏。任务栏主要包括"开始"按钮、快速启动区、语言栏、系统提示区等部分，如图 2-2-2 所示。默认状态下，任务栏位于桌面的最下方。

图 2-2-2　任务栏

（5）窗口

计算机中的操作大多数是在各式各样的窗口中完成的。通常，只要是右上方包含"最小化"按钮、"最大化 / 还原"按钮和"关闭"按钮的人机交互界面都可以称为窗口。窗口主要由标题栏、快速访问工具栏、功能区、控制按钮区、地址栏、搜索栏、窗口工作区、状态栏、视图按钮等部分组成，如图 2-2-3 所示。

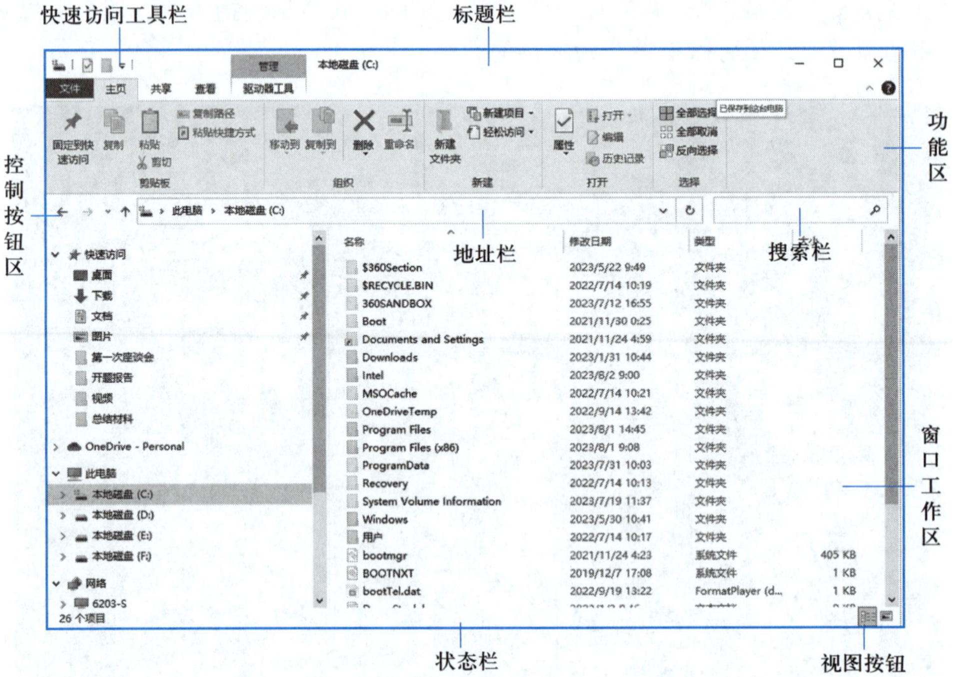

图 2-2-3　窗口的组成

（6）对话框

Windows 10 的很多操作都是在对话框中完成的。对话框中包含了不同类型的元素，且不同的元素可以实现不同的功能，如图 2-2-4 所示。虽然对话框的界面和窗口类似，但是对话框不能调整大小。

2. 文件和文件夹

在管理计算机中的资料时，对文件和文件夹进行分类整理，可以节省查找相关资料的时间，提高工作效率。

（1）磁盘

磁盘通常是指在硬盘上划分出来的分区，用于存放计算机中的各种资源。磁盘的盘符通常由磁盘图标、磁盘名称和磁盘使用的信息组成，如图 2-2-5 所示。磁盘可以分为本地磁盘和网络磁盘，文件通常不直接存放在磁盘中，而是存放在文件夹中。

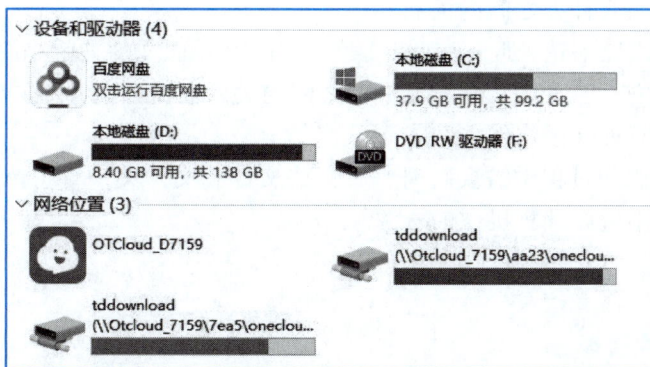

图 2-2-4　对话框

图 2-2-5　磁盘

（2）文件夹

文件夹用于存放和管理计算机中的文件，它是为了更好地管理文件而设计的。通过将不同的文件分类存放到相应的文件夹中，有助于快速找到所需的文件。文件夹的外观由文件夹图标和文件夹名称组成，文件夹图标是一个黄色书夹形状。在计算机中，文件夹以目录树的形式存在。

（3）文件

保存在计算机中的各种信息和数据统称为文件，如一张图片、一份办公文档、一个应用程序、一首歌曲或一部电影等。在 Windows 10 的平铺显示方式下，文件主要由文件名、文件扩展名、分隔点、文件图标及文件描述信息等部分组成。

　　系统默认的文件扩展名不显示，如果想让其显示出来，可通过打开"查看"选项卡，选中"文件扩展名"复选框来显示扩展名。不同的扩展名有不同的含义，要用不同的应用程序打开对应的文件。表 2-2-1 中列出了几种常见的文件扩展名。文件扩展名不能随意改动。

表 2-2-1　常见文件扩展名

扩展名	文件类型	扩展名	文件类型
iso	镜像文件	tmp	临时文件
rar	WinRAR 压缩包文件	docx	Word 文档
html	网页文件	xlsx	Excel 工作表
exe	可执行文件	jpg(bmp，gif)	图像文件
pdf	PDF 文档	pptx	演示文稿文件
mp4	视频文件	txt	记事本文件

Windows 10 文件的命名规则如下。

① 文件或文件夹的名称不得超过 255 个字符。

② 文件名除了开头以外的任何地方都可以使用空格。

③ 文件名中不能出现的字符是 "?" "、" "\" " : " "*" """ "<" ">" "|"。

④ 文件名不区分大小写，但在显示时可以保留大小写格式。

⑤ 系统中的特殊名称不能作为文件名，如 AUX、COM1 等。

⑥ 同一文件夹下的文件名不能相同。

（4）磁盘、文件与文件夹之间的关系

　　如果把计算机比作图书馆，那么磁盘就是各个图书室，而文件夹就是图书室中的各排书架，文件则是书架上的图书。磁盘、文件与文件夹之间的关系大概如此，不同的是文件夹中除了可以有文件外，还可以有许多子文件夹。

　　在管理计算机资源的过程中需要随时查看某些文件和文件夹，对于 Windows 10 来说，一般在"此电脑"窗口中查看计算机中的资源。

🖑 任务实施

Windows 10 文件管理

　　建立文件夹便于归类管理文件，使得成千上万的文件和文件夹管理有层次是 Windows 10 的基本文件管理原则。

（1）新建文件夹

　　方法 1：从"此电脑"到达目的位置，在窗口右边空白处右击，在弹出的快捷菜单中选择"新建"→"文件夹"命令，输入文件夹名后按 Enter 键或在新建的文件夹之外单击鼠标即可。

　　方法 2：直接单击"主页"→"新建"→"新建文件夹"按钮，输入文件夹名称即可。

　　下面将新建一个名为"工资管理"的文件夹，其操作步骤如下。

　　步骤 1：在需要新建文件夹的窗口中右击，在弹出的快捷菜单中选择"新建"→"文件夹"

命令,如图 2-2-6（a）所示,或者在窗口中单击"主页"→"新建"→"新建项目"下拉按钮,在弹出的下拉列表中选择"新建项目"→"文件夹"命令,如图 2-2-6（b）所示。

步骤 2：此时窗口新增内容,窗口中新建文件夹的"名称"文本框处于可编辑状态,在其中输入文字"工资管理",按 Enter 键完成操作。

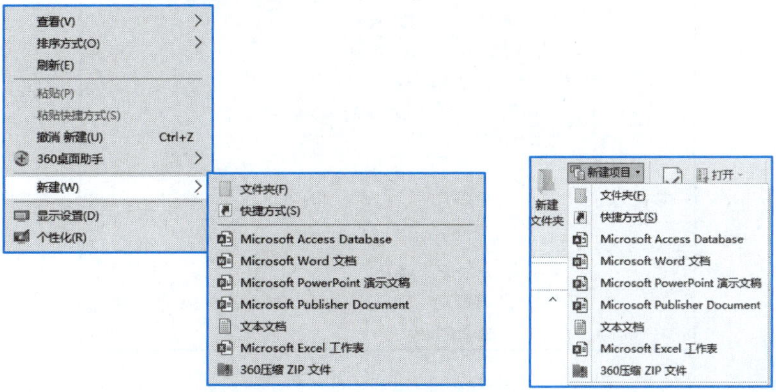

图 2-2-6　新建文件夹

（2）新建文件

在"此电脑"窗口中,选定某个文件夹后,在右边的空白处右击,在弹出的快捷菜单中选择"新建"命令,再选择要新建的文件类型,如图 2-2-7 所示。注意：文件的完整名称由文件名和扩展名两个部分所组成,扩展名用来表示文件的类型。有些文件的扩展名是计算机自动添加的。

（3）选择文件或文件夹

在对文件或文件夹进行复制、移动、重命名等操作之前,需要对文件或文件夹进行选择,可以选择不同数量、不同位置的文件或文件夹。

图 2-2-7　新建文件

选择单个文件或文件夹,单击文件或文件夹图标即可,被选择的文件或文件夹呈蓝色底纹形式显示。还可以选择多个相邻的、多个连续的、多个不连续的文件或文件夹。

（4）重命名文件或文件夹

对文件或文件夹进行重命名的方法有以下两种。

方法 1：使用快捷菜单重命名。右击需要重命名的文件或文件夹,在弹出的快捷菜单中选择"重命名"命令,此时文件或文件夹的名称处于可编辑状态,输入新名称即可,如图 2-2-8 所示。

方法 2：使用工具按钮重命名。选择需要重命名的文件或文件夹,在窗口的"主页"选项卡"组织"组中单击"重命名"按钮,此时文件或文件夹的名称处于可编辑状态,输入新名称即可。

注意：当文件为打开状态时,不能对文件进行"重命名"操作。当文件重命名时,一般来说最好不要更改文件的扩展名,因为文件的扩展名关联到该文件的对应的应用程序。

（5）移动和复制文件或文件夹

移动文件或文件夹的方法有以下 4 种。

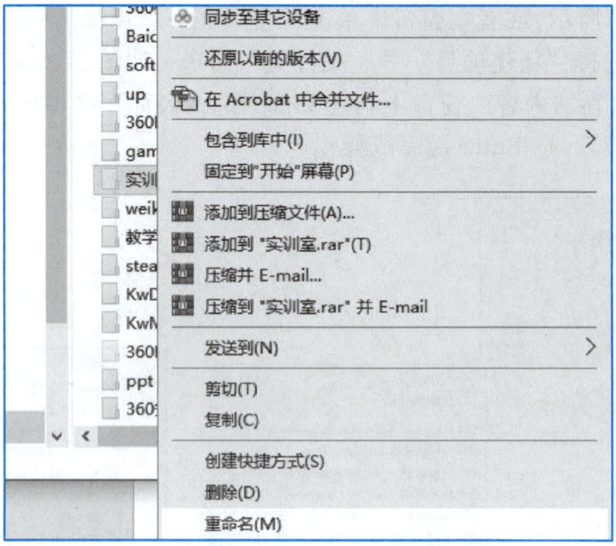

图 2-2-8　重命名文件夹

　　方法 1：选择需要移动的文件或文件夹，单击"主页"选项卡"剪贴板"组中的"剪切"按钮，然后打开目标文件夹，单击"主页"选项卡"剪贴板"组中"粘贴"按钮。

　　方法 2：选择需要移动的文件或文件夹，按 Ctrl+X 组合键；打开目标文件夹，按 Ctrl+V 组合键。

　　方法 3：选择需要移动的文件夹或文件，右击，在弹出的快捷菜单中选择"剪切"命令，然后打开目标文件夹，右击，在弹出的快捷菜单中选择"粘贴"命令。

　　方法 4：选择需要移动的文件或文件夹，单击"主页"选项卡"组织"组中的"移动到"按钮，然后在弹出的下拉菜单中选择目标位置。

　　复制文件或文件夹的方法有以下 4 种。

　　方法 1：选择需要复制的文件或文件夹，单击"主页"选项卡"剪贴板"组中的"复制"按钮。然后打开目标文件夹，单击"主页"选项卡"剪贴板"组中的"粘贴"按钮。

　　方法 2：选择需要复制的文件或文件夹，按 Ctrl+C 组合键；打开目标文件夹，按 Ctrl+V 组合键。

　　方法 3：选择需要复制的文件夹或文件，右击，在弹出的快捷菜单中选择"复制"命令。然后打开目标文件夹，右击，在弹出的快捷菜单中选择"粘贴"命令。

　　方法 4：选择需要复制的文件或文件夹，单击"主页"选项卡"组织"组中的"复制到"按钮，然后在弹出的下拉菜单中选择目标位置。

　　（6）删除文件或文件夹

　　当磁盘中存在的重复的或不需要的文件或文件夹时，可删除文件或文件夹。删除文件或文件夹的方法有以下 4 种。

　　方法 1：选择需要删除的文件或文件夹，单击"主页"选项卡"组织"组中的"删除"按钮，在弹出的下拉菜单中选择"回收"或"永久删除"命令。

　　方法 2：选择需要删除的文件或文件夹，按 Delete 键。

　　方法 3：选择需要删除的文件或文件夹，右击，在弹出的快捷菜单中选择"删除"命令。

方法 4：选择需要删除的文件或文件夹，按住鼠标左键将其拖曳到桌面上的"回收站"图标上，再释放鼠标左键。

后 3 种方法都是把删除文件暂时存放到回收站中。

注意：一般来说，只有从硬盘中删除的对象才能放入回收站。以下两种情况无法还原文件或文件夹。

- 从可移动存储器如 U 盘、移动硬盘等或网络驱动器中删除对象。
- 回收站使用的是硬盘的存储空间，当回收站空间已满，系统将自动清除较早删除的对象。

（7）搜索文件或文件夹

当忘记了文件或文件夹的保存位置或记不清楚文件或文件夹的全名时，使用 Windows 10 的搜索功能可以进行快速查找。只须在搜索栏中输入需要查找的文件或文件夹的名称或该名称的部分内容，系统就会根据输入的内容自动进行搜索，搜索完成后将在打开的窗口中显示搜索到的全部内容。例如，在"此电脑"窗口中搜索与"花瓶"相关的文件或文件夹，其操作步骤如下。

步骤 1：双击"此电脑"图标，打开"此电脑"窗口。

步骤 2：在搜索栏中输入"花瓶"，按 Enter 键，系统自动进行搜索，搜索完成后，该窗口中将显示所有与"花瓶"有关的文件或文件夹。

用户可以按照文件的名称和位置、上次修改时间范围、文件类型、文件内容等搜索文件或文件夹，提高搜索效率。在查找文件时，可以使用通配符来查找批量文件。各通配符的含义见表 2-2-2。

表 2-2-2　文件通配符

通配符	含义	举例
?	表示任意一个字符	?d.exe，表示文件名由 2 个字符组成，且第 2 个字母为"d"的 exe 文件
*	表示任意多个字符	*.mp3，表示当前盘上所有的 mp3 文件

任务 2.3　系 统 维 护

🖑 任务描述

通过前面的学习，小张掌握了 Windows 10 的基本操作方法，能够使用 Windows 10 存放和管理公司重要的文件。但是小张掌握着公司的一些机密文件，为了不让机密文件被泄露，因此小张需要解决以下几个问题：设置文件隐藏属性保护公司机密文件、设置开机密码和屏幕保护密码保障系统安全。

🖑 知识储备

1. 文件属性

文件属性是指将文件分为不同类型的文件，以便存放和传输，它定义了文件的一些独特性质。常见的文件属性有系统属性、隐藏属性、只读属性和归档属性。属性是一些描述性的信息，可用来帮助用户查找和整理文件。属性未包含在文件的实际内容中，而是提供了有关文件的信息。除了标记属性（这种属性为自定义属性，可包含所选的任何文本）之外，文件还包含修改日期、作者和分级等许多其他属性。

一般文件的属性分为"只读""隐藏""存档"3 种。

- "只读"属性：只能浏览，不能修改或删除。
- "隐藏"属性：在默认情况下文件不显示。
- "存档"属性：具有"存档"属性的文件或文件夹，既可以浏览，也可以修改。用户创建的文档一般默认为存档属性。

2. 用户权限

用户是计算机的使用者在计算机系统中的身份映射，不同的身份拥有不同的权限。在 Windows 中，每个账户都有一个唯一的安全标识符（Security IDentifier，SID），用户的权限是通过用户的 SID 记录的。

① Administrator，默认的管理员用户，在所有与使用者关联的账户中，其权限最高。

② Guest，是提供给没有用户账户的访客使用的。该账户默认是禁用的。它拥有的权限非常有限，此账户也无法删除，但是允许改名。

③ DefaultAccount，是系统管理的账户，微软公司为了防止开箱体验（Out-of-box Experience，OOBE）时出现问题而准备的默认账户。

3. 磁盘加密

Windows 10 使用 BitLocker 对磁盘进行加密以保障数据安全。Windows BitLocker 驱动器加密通过加密 Windows 操作系统卷上存储的所有数据可以更好地保护计算机中的数据。BitLocker 使用受信任的平台模块（Trusted Platform Module，TPM）帮助保护 Windows 操作系统和用户数据，并帮助确保计算机即使在无人参与、丢失或被盗的情况下也不会被篡改。BitLocker 还可以在没有 TPM 的情况下使用。若要在计算机上使用 BitLocker 而不使用 TPM，则必须通过使用组策略更改 BitLocker 安装向导的默认行为，或通过使用脚本配置 BitLocker。使用 BitLocker 而不使用 TPM 时，所需加密密钥存储在 U 盘驱动器中，必须提供该驱动器才能解锁存储在卷上的数据。

如果计算机安装了兼容 TPM，BitLocker 将使用 TPM 锁定保护数据的加密密钥。因此，在 TPM 已验证计算机的状态之后，才能访问这些密钥。加密整个卷可以保护所有数据，包括操作系统本身、Windows 注册表、临时文件以及休眠文件。因为解密数据所需的密钥保持由 TPM 锁定，因此攻击者无法通过只是取出硬盘并将其安装在另一台计算机上来读取数据。

在启动过程中，TPM 将释放密钥，该密钥仅在将重要操作系统配置值的一个哈希值与一个先前所拍摄的快照进行比较之后解锁加密分区，这将验证 Windows 启动过程的完整性。如果 TPM 检测到 Windows 安装已被篡改，则不会释放密钥。

🖑 任务实施

1. 文件安全

（1）隐藏文件

在文件或文件夹上右击，在弹出的快捷菜单中选择"属性"命令，打开"属性"对话框。文件夹的"属性"对话框有"常规""共享""安全""以前的版本"和"自定义"5 个选项卡，通过它们可以设置文件或文件夹属性。在"常规"选项卡中，除了有文件/文件夹的位置、大小等基本属性外，还有"只读"和"隐藏"两个复选框。如果选中"只读"复选框，则只能浏览文件夹中的文件，而不能对文件进行修改；如果选中"隐藏"复选框，则文件夹将被隐藏。如果要显示被隐藏的文件或文件夹，则需选中窗口的"查看"选项卡中的"隐藏的项目"复选框，此时被隐藏的内容将显示出来，但颜色较淡，取消选中"属性"对话框中的"隐藏"复选框，则文件或文件夹将被清楚地显示出来。

（2）加密文件

选定需要加密的文件或文件夹，右击，在弹出的快捷菜单中选择"属性"命令，单击"高级"按钮，在打开的对话框中选中"加密内容以便保护数据"复选框，如图 2-3-2 所示，单击"确定"按钮返回，再单击"确定"按钮，弹出"确认属性更改"提示对话框，单击"确定"（加密后文件和文件夹字体颜色变为绿色）。

注意：磁盘格式为 NTFS 格式，文件或文件夹才可以被加密。

图 2-3-1 隐藏文件

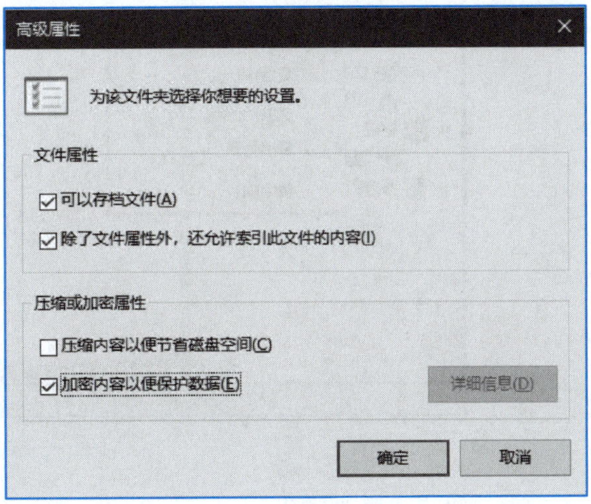

图 2-3-2 加密文件

微课 2-3
Windows 10 网络应用技巧 2

2. 系统安全

（1）新建用户

在多人共同使用 Windows 10 计算机的过程中，为了保障不同用户数据的安全，可以根据需要创建一个或多个用户账户，不同的用户可以通过各自的用户账户登录系统，在各自的账户界面下进行各项操作。

Windows 10 账户类型如下。

- 本地账户。本地账户是用本地计算机登录的账户，包括管理员账户、标准用户账户和来宾账户。
- Microsoft 账户。Microsoft 账户就是常说的微软账户，是微软公司随着 Windows 10 一起发布的。

以创建本地用户为例，其操作步骤如下。

步骤 1：右击桌面上的"此电脑"图标，弹出快捷菜单。

步骤 2：选择快捷菜单中的"管理"命令，弹出"计算机管理"窗口。在左侧窗格中单击"本地用户和组"，在中间窗格中右击"用户"，弹出快捷菜单，如图 2-3-3 所示。

步骤 3：选择快捷菜单中的"新用户"命令，打开"新用户"对话框。

步骤 4：在"新用户"对话框中输入用户名、密码等信息，单击"创建"按钮。

步骤 5：返回"计算机管理"窗口，单击左侧窗格中的"用户"选项，会发现在中间窗格中新增加了用户 user01。

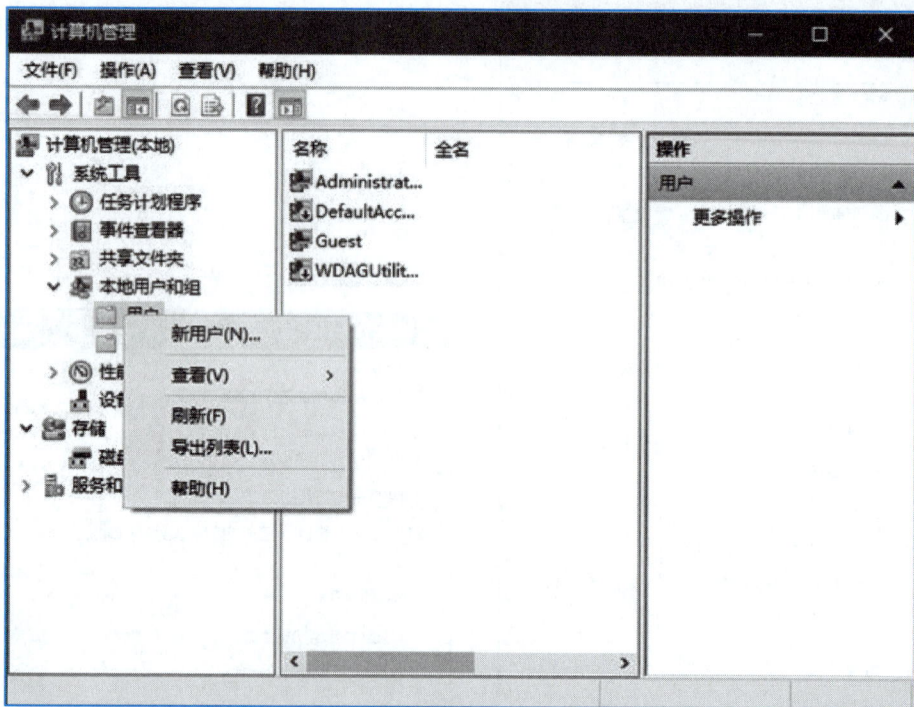

图 2-3-3　新建用户

（2）创建或更改密码

为了保障用户数据安全，需要创建用户登录密码，创建账户密码。为新建的"用户 1"账户创建密码的操作步骤如下。

步骤 1：打开"开始"→"设置"窗口，单击"账户"图标，选择"登录选项"选项。

步骤 2：选择"密码"选项，如图 2-3-4 所示。

步骤 3：单击"添加"按钮，在打开的"创建密码"窗口中输入新密码和密码提示，单击"下一步"按钮，继续单击"完成"按钮。

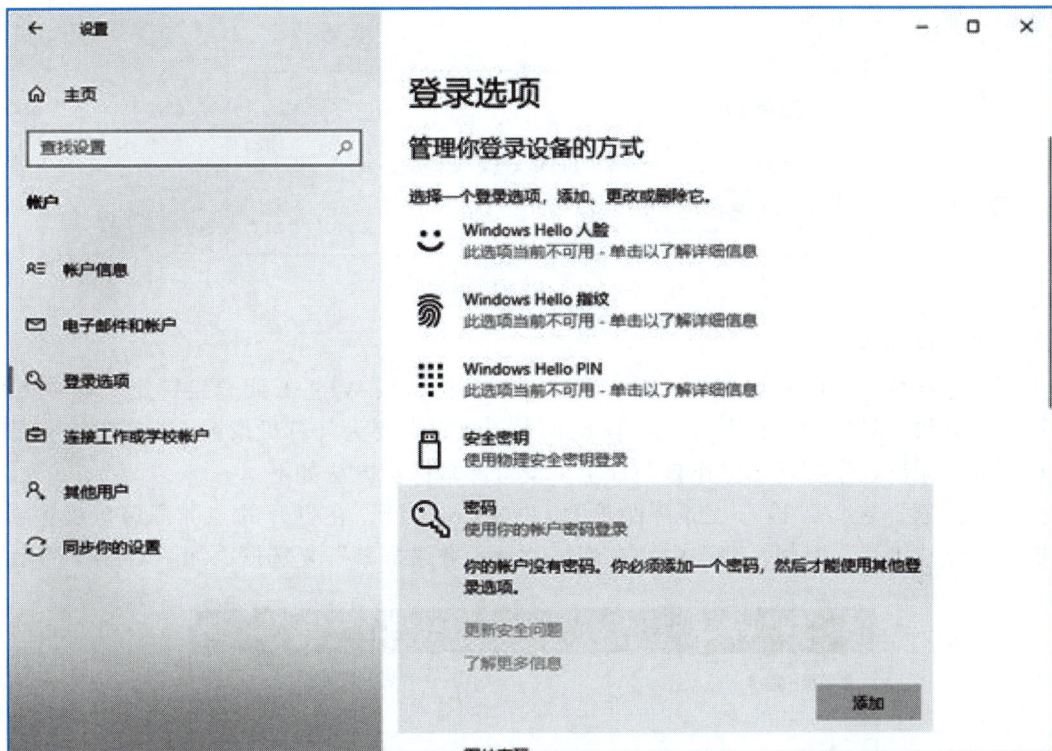

图 2-3-4　创建用户密码

更改账户密码。例如，更改"用户 1"账户密码的操作步骤如下。

步骤 1：打开"控制面板"窗口，并切换为"所有控制面板项"窗口，单击"用户账户"图标，弹出"用户账户"窗口。

步骤 2：单击"管理其他账户"超链接。

步骤 3：单击"用户 1"，弹出"更改账户"窗口。

步骤 4：单击"更改密码"超链接，在打开的"更改密码"窗口中输入新密码和密码提示，单击"更改密码"按钮。

（3）设置唤醒登录

为了保证计算机在使用者离开时的数据安全，需要为公司的计算机设置自动睡眠。打开"设置"窗口，单击"系统"图标，在打开窗口左侧选择"电源和睡眠"选项。在窗口右侧"睡眠"区域中设置时间，如图 2-3-5 所示。

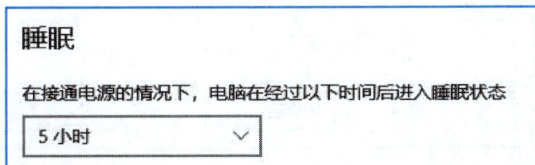

图 2-3-5　设置自动睡眠时间

还需要进一步为公司的计算机设置唤醒登录。打开"设置"窗口，单击"账户"图标，在打开窗口中选择"登录选项"选项。在右侧的"需要登录"区域中选择"从睡眠中唤醒电脑时"

下拉选项，如图 2-3-6 所示。

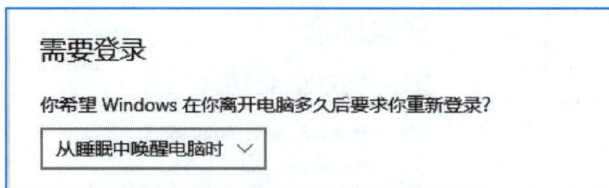

需要登录

你希望 Windows 在你离开电脑多久后要求你重新登录？

从睡眠中唤醒电脑时 ∨

图 2-3-6　设置唤醒登录

（4）设置自动锁定

为了保障计算机中的数据安全，需要在离开计算机时按 WIN+L 组合键锁定。如果离开时忘记锁定计算机，计算机中的数据风险就比较大，此时需要为计算机设置无操作时自动锁定。可以利用屏幕保护程序实现无操作自动锁定。设置屏幕保护方法如下。

打开"搜索"窗口，输入"屏幕保护"，并按 Enter 键，在打开的"屏幕保护程序设置"对话框中调整"等待"时间，并选中"在恢复时显示登录屏幕"复选框，如图 2-3-7 所示。

微课 2-2
Windows 10
网络应用技
巧1

图 2-3-7　设置屏保

（5）设置设备解锁

Windows 10 新增设备解锁计算机功能，可以利用带蓝牙功能的手机、手环或其他可穿戴智能设备解锁计算机。单击任务栏蓝牙图标，搜索并与解锁设备配对。打开"设置"窗口，单击"账户"图标，在窗口左侧选择"登录选项"选项，在右侧窗口"动态锁"区域中选中"允许 Windows 在你离开时自动锁定设备"复选框。如图 2-3-8 所示。

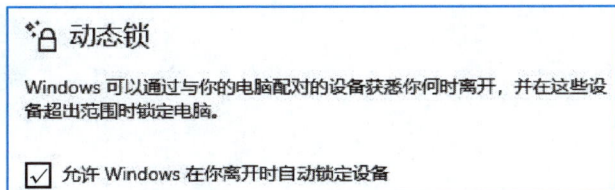

✧🔒 动态锁

Windows 可以通过与你的电脑配对的设备获悉你何时离开，并在这些设备超出范围时锁定电脑。

☑ 允许 Windows 在你离开时自动锁定设备

图 2-3-8　设置设备解锁

注意：需要该计算机具有蓝牙模块。

项 目 小 结

本项目主要学习了操作系统的概念、主要特点和功能以及 Windows 10 操作系统基本使用方法，文件的管理和文件的安全。通过小张使用公司计算机的实际案例，说明 Windows 10 文件新建、重命名、选取、删除、复制等方法，重点是掌握 Windows 10 系统安全和数据安全的设置方法。

项 目 练 习

项目 2
项目练习

扫描二维码,查看项目练习。

项目 **3**

文 档 处 理

项目概述

本项目中，将介绍WPS文字的编辑排版，图文混排、引用目录、表格制作与表格数据的计算，以完成报告的编辑、引用目录的排版、简历的制作等文档的处理。

项目目标

【知识目标】

（1）文档的创建、保存、打开、输出

（2）字符格式、段落格式、页面设置

（3）图形的编辑及格式处理

（4）样式的理解，目录结构

（5）表格、单元格、行、列等基本知识，公式及函数的运用

【技能目标】

（1）熟练操作文档的编辑排版

（2）熟练操作图文混排的处理

（3）表格制作及美化处理，表格数据的计算

（4）掌握引用目录的编辑排版

（5）掌握云文档的操作

【素质目标】

（1）培养沟通交流能力

（2）培养良好的团队协作能力

（3）培养独立思考问题的能力

任务 3.1　创建与输出 WPS 文档

微课 3–1
文档创建与
编辑

🖐 任务描述

新生小曾为了得到锻炼，主动向学院申请一个辅导员助理的实习岗位。为协助辅导员处理各种资料，小曾必须要熟练地使用文字编辑办公软件。

🖐 知识储备

WPS Office 是由北京金山办公软件股份有限公司研发的办公软件，WPS 版本功能多样，可以满足多项办公的需要。

1. 创建 WPS 文档

（1）WPS 文档的创建

双击 WPS 图标后进入工作界面，单击左侧的"新建"按钮"+"，在"文字"下方，单击"新建空白文档"后，打开的窗口如图 3–1–1 所示。

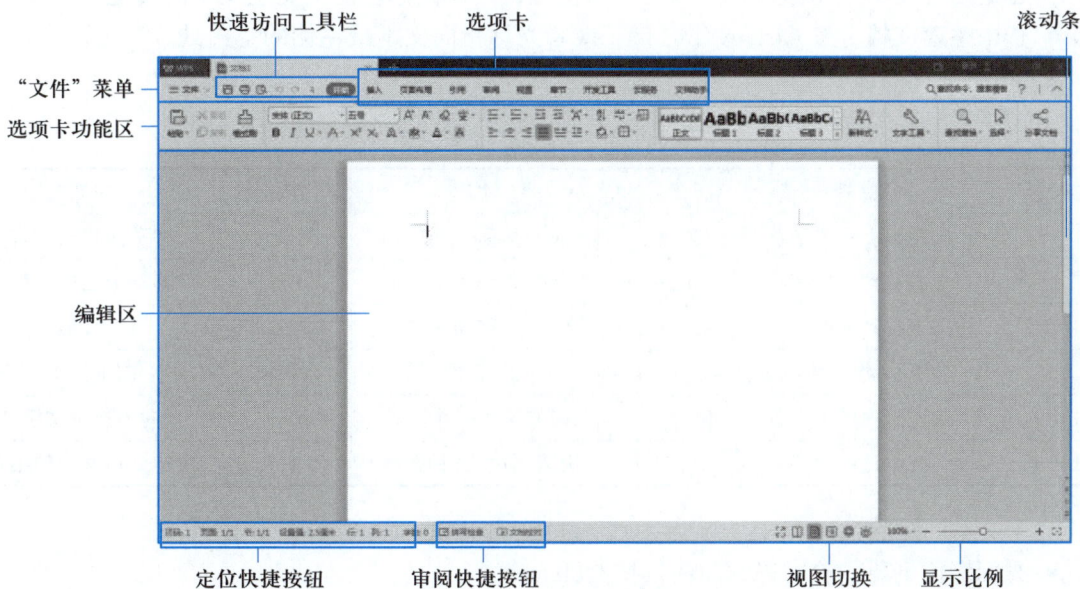

图 3–1–1　WPS 2019 文字窗口

（2）创建联机文档

WPS 除了直接创建文档之外，还可以选用网络模板创建联机文档。

打开 WPS 后，在"文字"下方，在"推荐模板"栏右侧有一个搜索框，可搜索需要的联机文档模板，在搜索处输入要搜索的关键词，例如输入"通知"，出现各类通知的在线模板，选用一种模板后，就可下载并创建联机文档。

2. 文本的编辑

（1）文本的输入

① 直接输入。在光标处直接输入文本，当字符占满一行会自动换行，按 Enter 键，表示

一个段落的结束。文本录入时，WPS 会自动进行拼写检查。

②插入文件中的文字。单击"插入"选项卡中的"对象"下拉按钮，在弹出的下拉列表中选择"文件中的文字"命令，在打开的对话框中选择文件，可将文件的内容插入到当前文档的插入点位置之后。

这种方式特别合适插入长篇文档。

（2）文本内容的选取

对文本进行复制、删除、字体段落格式设置等操作，首先是要选定文本内容。

1）选定文本的方法

- 选定一行：光标指向文本最左侧空白处单击。
- 选定一段：光标指向该段落最左侧空白处双击。
- 选定连续行：单击文本的起始行，按 Shift 键单击选定文本的结束行。
- 选定不连续行：单击文本的起始行，按 Ctrl 键单击选定文本行。
- 选定矩形区域文本：按住 Alt 键的同时，按住鼠标左键拖动进行区域选取。
- 选定一个字或词：双击该字或词。
- 选定任意文本：光标指向文本的开始位置，按住鼠标左键拖曳至文本的结尾。
- 选中整篇文档：按 Ctrl+A 组合键；或者光标指向文本最左侧的空白处，三击。

2）使用键盘键选取文本，见表 3-1-1。

表 3-1-1　使用键盘选取文本

按键	功能	按键	功能	按键	功能
←	向左移动一个字符	Ctrl+←	向左移动一个单词	Home	移动至当前行首
→	向右移动一个字符	Ctrl+→	向右移动一个单词	End	移动至当前行尾
↑	向上移动一个字符	Ctrl+↑	向上移动一段	PgUP	向上翻页
↓	向下移动一个字符	Ctrl+↓	向下移动一段	PgDn	向下翻页
Shift+←	向左选中一个字符	Shift+→	向右选中一个字符	Shift+↑	向上选中文字
Shift+↓	向下选中文字	Ctrl+Home	快速到达文档的开始	Ctrl+End	快速到达文档的结尾

（3）文本的删除

- 光标定位到要删除字符的前面，按 Delete 键。
- 光标定位到要删除字符的后面，按 BackSpace 键。
- 选定文本后，按 Delete 键或者按 BackSpace 键。
- 选定文本后，单击"开始"选项卡中的"剪切"按钮（或者按 Ctrl+X 组合键）。
- 右击选定文本，在弹出的快捷菜单中选择"剪贴"命令。

（4）复制与粘贴

选定要复制的文本，单击"开始"选项卡中的"复制"按钮（或者按 Ctrl+C 组合键），移到目标位置处，单击"开始"选项卡中的"粘贴"按钮（或者按 Ctrl+X 组合键）。

（5）撤销、恢复操作

单击快速访问工具栏中的"撤销"按钮，可撤销当前的操作；而此时"恢复"按钮变为可用，可恢复已撤销操作。

（6）文本的查找 / 替换

使用"查找 / 替换"命令按钮，可快速完成"字符""特殊字符"的查找 / 替换，还可以进行"字符的格式替换"。

（7）项目符号与编号

① 项目符号。项目符号对使用的段落起到并列作用，不分先后顺序，可使文档的条理清晰。单击"开始"选项卡中的"项目符号"下拉按钮，在弹出的下拉列表中选择相应选项可快速应用选用的项目符号。

② 编号。对应用的段落有前后的顺序，编号可使文档的层次结构更加清晰、更有条理。单击"开始"选项卡中的"编号"下拉按钮，在弹出的下拉列表中选择相应选项选用一种编号样式即可应用。

3. 文档的保存

选择"文件"→"保存"命令即可（第一次保存时会打开"另存文件"对话框，在其中选择保存的路径及保存文件的类型，输入文件名进行保存）。

4. 文档的打开

启动 WPS 文字后，选择"文件"→"打开"命令，在打开的"打开"对话框中选择路径下的文件后，即可打开指定的文档。双击某个 WPS 关联的文档可直接打开文档。选中某个文件，右击，在弹出的快捷菜单中选择"打开方式"→"WPS Office"命令，也可打开文档。

5. 文档的输出

WPS 文档的输出格式多样，可"输出为 PDF"，还可以"输出为图片"。在"输出为 PDF"前可进行更多设置，以满足用户的要求。

6. 云文档

WPS Office 拥有丰富的云端功能。"云"可以实现办公文件云端保存，让工作更高效便捷。登录账号，在首页的设置处开启"文档云同步"。

只需在手机上下载安装 WPS 并登录相同的账号，就可以在 WPS 手机端的"首页"内下拉刷新"最近"文件列表，看到需要进行编辑的文件。

在工作中常常需要不断修改文件，保存过的文件被多次修改，打开"历史版本"，便可看见按照时间排列的文档修改版本。随时自由选择时间预览或直接恢复所需的版本。

使用"分享"功能，可将文件分享给他人，还可设置接收人的文件操作权限。

（1）将文件或文件夹保存到云端

将新建的文档或者打开的文档，通过"保存"→"另存为"命令，打开如图 3-1-2 所示对话框。

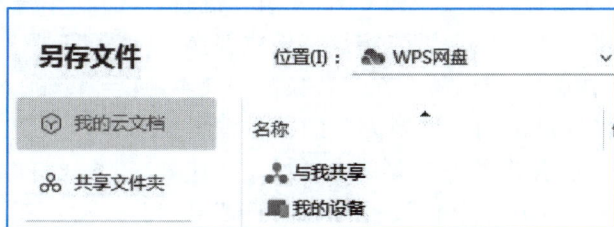

图 3-1-2　另存文件对话框

选择"我的云文档"选项，上传到云。

（2）标记重要文件和常用文件

在工作中人们会将各式各样的文件或文件夹上传到云文档，对重要文件或常用文件进行标记，以便后续使用时可以方便快速地找到，此时就可以使用"星标"和"固定到常用"功能。

启动 WPS 后，以人事系统文件为例，如图 3-1-3 所示。

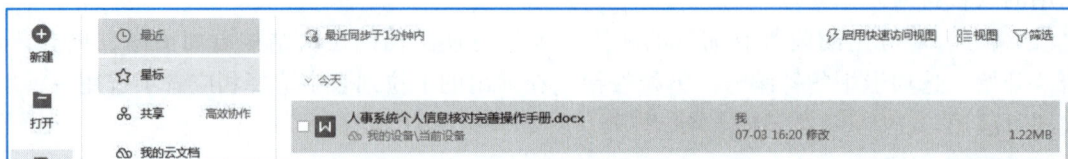

图 3-1-3   WPS 启动后界面的中间部分

右击"人事系统个人信息核对完善操作手册 .docx"文件，弹出如图 3-1-4 所示快捷菜单。

可以选择"添加星标""固定到'常用'""历史版本"等命令，例如选择"添加星标"命令，"星标"文件可以在文档左上方"星标"处查看。常用或是重要文件都可以在第一时间快速打开。

任务实施

应用已学的 WPS 文本编辑基本知识，完成以下任务的文本编辑处理。

1. 练习项目编号文本

按照如图 3-1-5 所示的效果，应用编号录入相应的文本，保存为"编号文本 .docx"文件。

2. 将网页文字粘贴到文档里

从中国政府网网站上，搜索"大数据发展"，找到"《'十四五'大数据产业发展规划》解读"页面，将其页面的内容进行复制，在 WPS 文字界面里，右击，在弹出的快捷菜单中选择"只粘贴文本"命令完成文字的提取。

3. 字符格式替换

选定"当前"二字所在的自然段，按 Ctrl+H 组合键打开"查找和替换"对话框，对"产业"二字进行格式替换。在"查找内容"文本框中输入"产业"，在"替换为"文本框中输入"产业"，将光标定位到"替换为"的文本框里，单击"格式"下拉按钮，在弹出的下拉菜单中选择"字体"命令，在打开的"字体"对话框中把字体设置为"加粗、四号、蓝色，红色的双下画线"，单击"确定"按钮，返回"查找和替换"对话框，如图 3-1-6 所示。

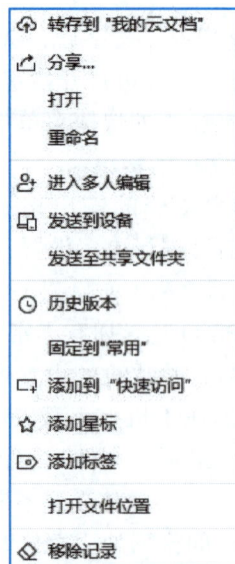

图 3-1-4   选定文件后的快捷菜单

图 3-1-5   编号文本

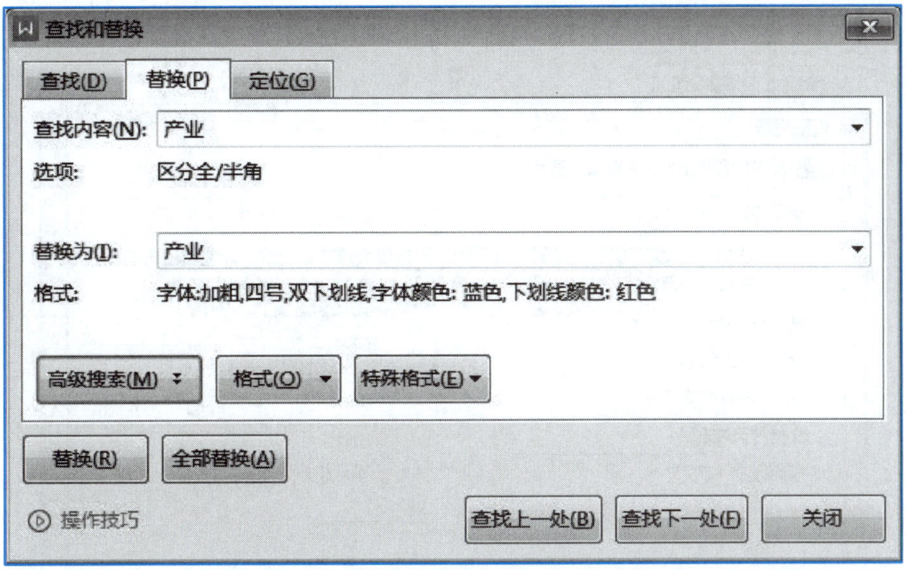

图 3-1-6　查找和替换的窗口界面

单击“全部替换”按钮，完成对指定文本字符格式的替换，完成后的效果如图 3-1-7 所示，保存为“大数据产业发展规划解读 .docx”文件。

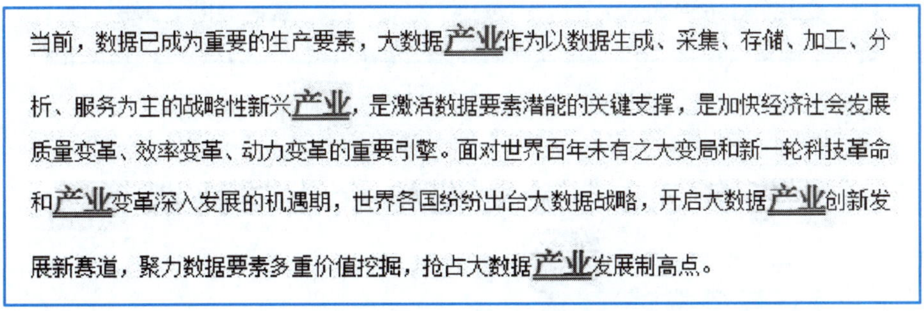

当前，数据已成为重要的生产要素，大数据**产业**作为以数据生成、采集、存储、加工、分析、服务为主的战略性新兴**产业**，是激活数据要素潜能的关键支撑，是加快经济社会发展质量变革、效率变革、动力变革的重要引擎。面对世界百年未有之大变局和新一轮科技革命和**产业**变革深入发展的机遇期，世界各国纷纷出台大数据战略，开启大数据**产业**创新发展新赛道，聚力数据要素多重价值挖掘，抢占大数据**产业**发展制高点。

图 3-1-7　字符格式替换完成的效果

4. 将文件输出为有密码的 PDF 文件

选择“文件”→“输出为 PDF”命令，在打开窗口中设置保存 PDF 文件的位置。可以输出为一般的 PDF 文件；如果输出为有特殊要求的 PDF 文件，可以对“输出选项”进行设置；若要设置密码，在打开的对话框中选择“权限设置”选项卡，选中“权限设置”复选框，设置权限和打开密码，如图 3-1-8 所示，单击“确定”按钮。

> **提示：**可以只设置权限密码；若要设置打开密码，必须要先设置权限密码，且权限密码与打开密码不能相同，必须记住密码。

微课 3-2
协同办公

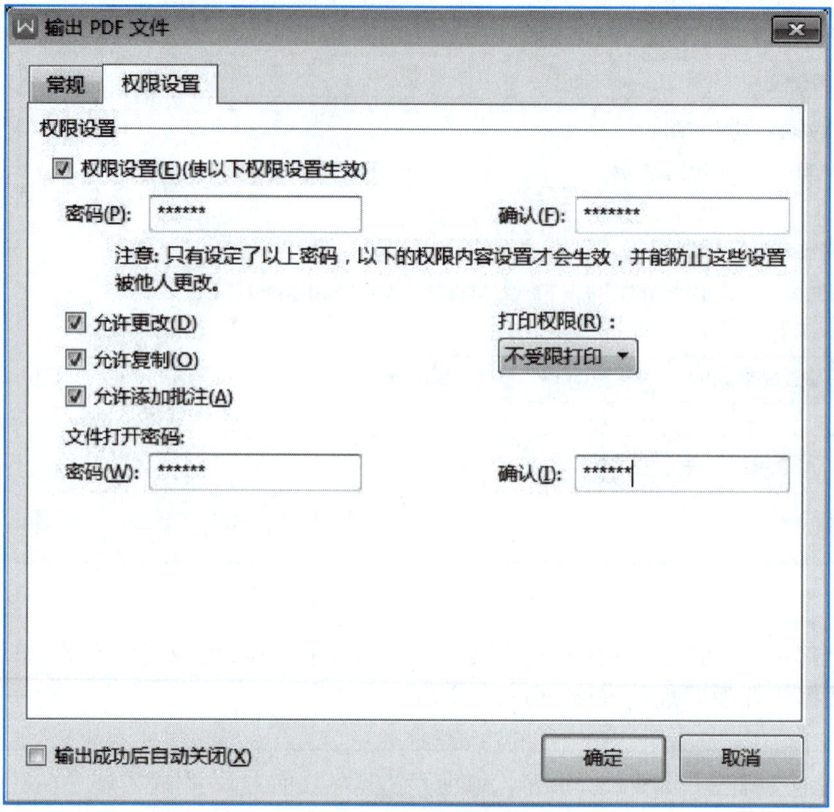

图 3-1-8　输出 PDF 文件

任务 3.2　对文档格式化与排版

☞ **任务描述**

本任务灵活运用字符格式设置、段落格式设置、页面设置以及分栏、首字下沉、边框底纹等方法，达到排版的美化效果。

☞ **知识储备**

文档的排版，主要是对字符、段落的格式，页面设置等进行处理。

微课 3-3
文档格式化
与排版

1. 字体设置

字体设置可以使用"字体"功能组的相应按钮或者使用"字体"窗口进行操作完成。

（1）"字体"功能组

如图 3-2-1 所示，"字体"功能组里大部分的按钮在"字体"对话框中有其对应的操作，但字符带上符号、突出显示等是通过功能组的相应按钮进行操作的。

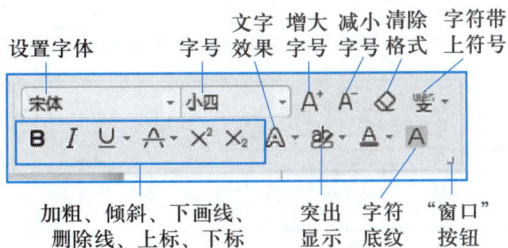

图 3-2-1 "字体"功能组

（2）"字体"对话框

单击"字体"功能组的"对话框启动器"按钮 ，打开"字体"对话框，如图 3-2-2 所示。

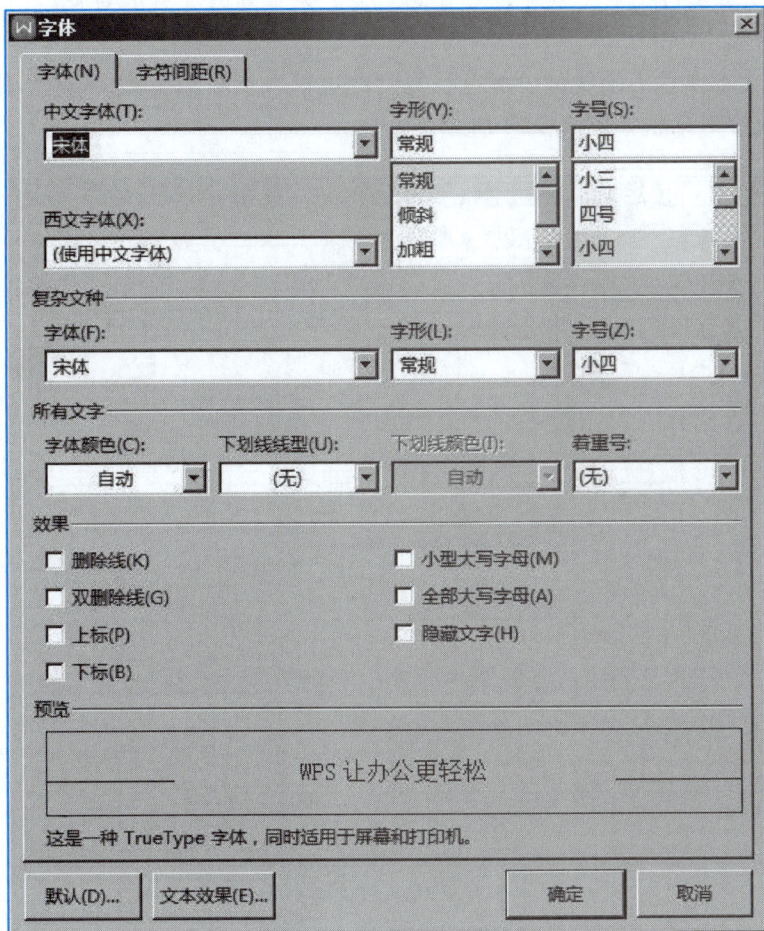

图 3-2-2 "字体"对话框

在"字体"选项卡下可设置字体、字形、字号、下画线及颜色、着重号；还可以设置字体"效果"的复选项。在"字符间距"选项卡可以设置缩放、间距、位置。

2. 段落设置

（1）"段落"功能组

"段落"功能组，如图 3-2-3 所示。

图 3-2-3 "段落"功能组

1）段落的对齐方式

段落的对齐方式有左对齐、居中对齐、右对齐、两端对齐、分散对齐。

2）边框及底纹

可对段落的文本设置不同线型、颜色、宽度的边框以及添加底纹，以使文档更加醒目、美观。"边框和底纹"对话框如图 3-2-4 所示。

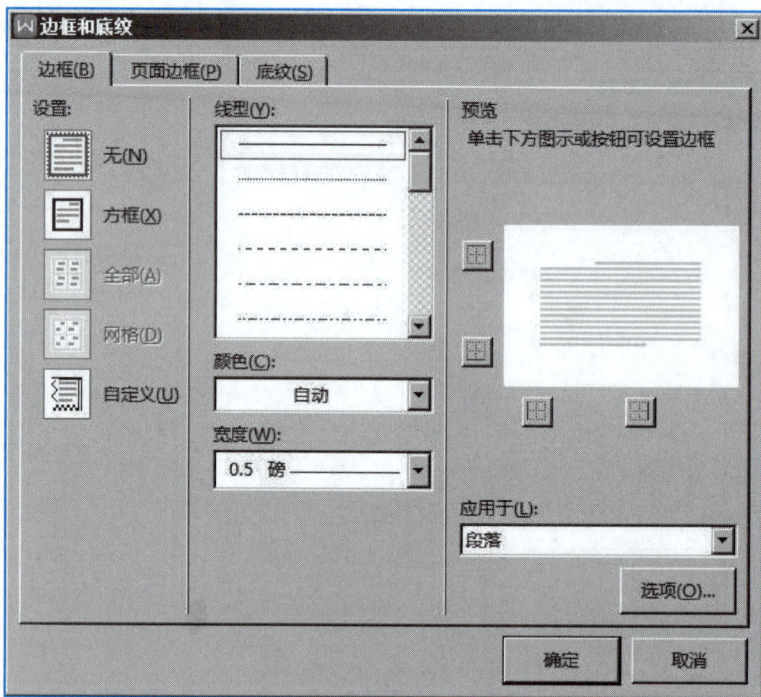

图 3-2-4 "边框和底纹"对话框

① "边框"选项卡。设置的边框可应用于段落、文字。

② "页面边框"选项卡。是对页面添加方框或自定义线型，而"艺术型"下拉列表框里，提供了一些装饰性的花边图案，可起到美化页面的作用。

③ "底纹"选项卡。可使用颜色填充"段落或文字"的底纹;还可使用图案及颜色填充"段落或文字"的底纹。如图 3-2-5 所示为"段落"添加"边框及底纹"的示例，还可对文字添加边框及底纹，如图 3-2-6 所示。

> 　　信息处理者应当采取技术措施和其他必要措施，确保其收集、存储的个人信息安全，防止信息泄露、篡改、丢失；发生或者可能发生个人信息泄露、篡改、丢失的，应当及时采取补救措施，按照规定告知自然人并向有关主管部门报告。

图 3-2-5　为"段落"添加"边框及底纹"的示例

> 　　信息处理者应当采取技术措施和其他必要措施，确保其收集、存储的个人信息安全，防止信息泄露、篡改、丢失；发生或者可能发生个人信息泄露、篡改、丢失的，应当及时采取补救措施，按照规定告知自然人并向有关主管部门报告。

图 3-2-6　为"文字"添加"边框及底纹"的示例

（2）"段落"对话框

单击"段落"功能组的"对话框启动器"按钮 ，打开如图 3-2-7 所示的"段落"对话框。

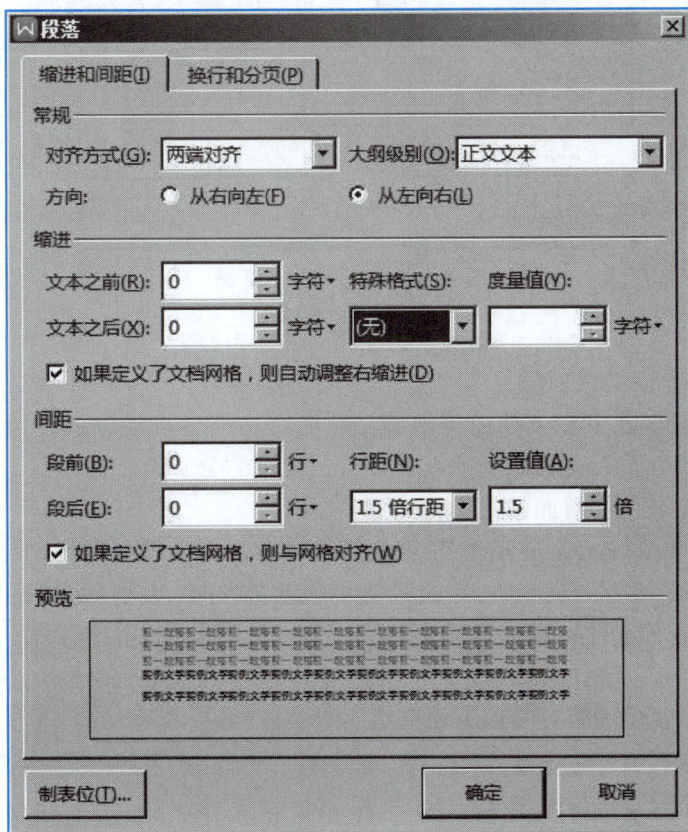

图 3-2-7　"段落"对话框

在"段落"对话框中，可进行对齐方式、大纲级别、缩进、特殊格式、间距、行距等设置。

3. 页面设置

（1）"页面布局"的设置

切换至"页面布局"选项卡，显示"页面布局"功能组，如图 3-2-8 所示。

图 3-2-8　"页面布局"功能组

1）分栏

通过分栏设置，可以阅读文本更方便，增加版面的活泼性。对页面或者段落都可以进行分栏处理，"分栏"对话框如图 3-2-9 所示。

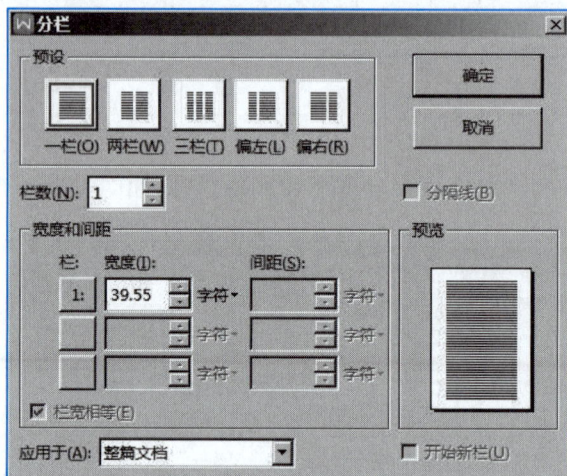

图 3-2-9　"分栏"对话框

可以设置分栏的栏数、宽度、间距、分隔线、栏宽相等。

2）分隔符

- 分页符：一般情况下在文档内容填满一页时，文档会自动分页开始新的一页，如果需要在指定位置分页，需要手动插入分页符，使用"分页符"命令。
- 分栏符：指定分栏符后面的文字将从下一栏开始。
- 换行符（按 Shift+Enter 组合键）：就是行内分行，仍为同一段落。
- 分节符：文档默认为一节，当一个文档有不同纸张方向、大小、页边距等，使用"分节符"命令，方便对不同的节进行页面设置。

3）行号

在编辑文档时，使用编辑行号以方便阅读、查找。

4）页面边框

添加艺术型边框或方框以美化文档。

5）背景

用于设置页面的背景（用颜色、图片、纹理等填充背景），还可为页面背景添加水印。水印常常用来标志文档所属的公司名称、Logo。可添加"文字水印""图片水印"；自定义文字水印可以灵活设置文字内容和样式。

（2）"页面设置"对话框

单击"页面布局"功能组的"对话框启动器"按钮，打开如图 3-2-10 所示对话框。

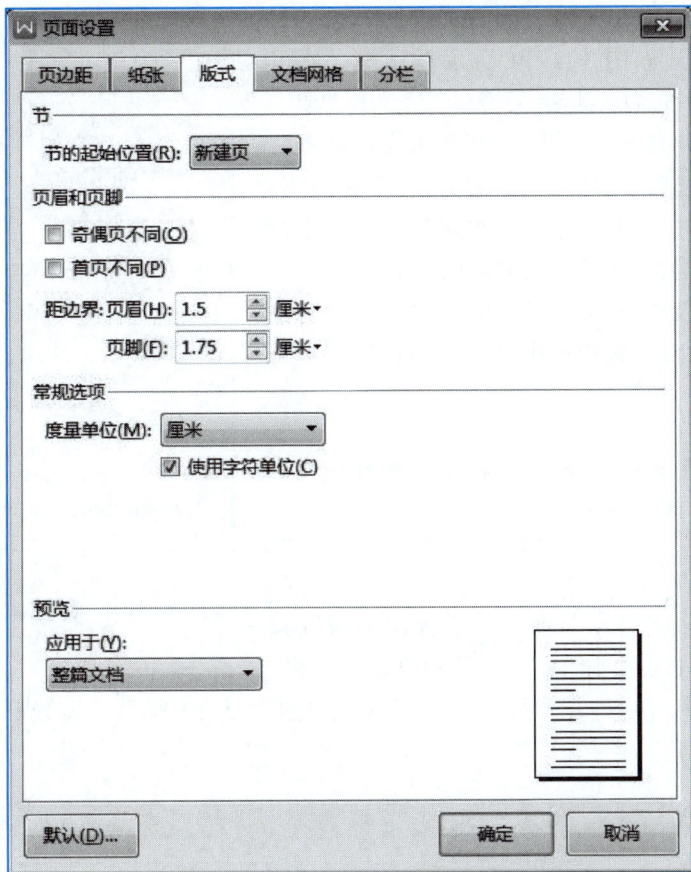

图 3-2-10   "页面设置"对话框

- "页边距"选项卡：可设置页边距、装订线、纸张方向。
- "纸张"选项卡：可选用标准型纸张，自定义纸张。
- "版式"选项卡：对"页眉和页脚"进行选取，以及设置距边界的距离。
- "文档网络"选项卡：可设置文字排列方向、是否显示网格、每页显示的行数及每行显示的字符数等。

4. 首字下沉

首字下沉，只是单独改变段落的第 1 个字符的大小和所占的行数，起到醒目的作用。单击"插入"选项卡中的"首字下沉"按钮，在打开的对话框中设置首字为"下沉"或"悬挂"样式。

5. 文件的打印

在执行文档的"打印"之前，首先要对文档进行"页眉／页脚"的处理。页眉是文档中每个页面的顶部区域，页脚是文档中每个页面的底部的区域。"页眉／页脚"常用于显示文档的附加信息，可以插入时间、文本或图形、公司徽标、文档标题、文件名或作者姓名、页码、日期、星期等。

（1）页眉和页脚

单击"插入"选项卡中的"页眉页脚"按钮，首先进入"页眉"编辑区，根据需要输入文本或插入相应的内容。单击"页眉页脚切换"按钮，在"页脚"编辑区输入文本或插入图形或者插入页码，若是要插入页码，单击页脚区上的"插入页码"按钮，打开如图3-2-11所示对话框，在其中可设置页码样式、位置、起始页等。

在"页脚"编辑区插入页码，也可插入自动图文集：单击"插入"选项卡中的"文档部件"下拉按钮，在弹出的下拉列表中选择"自动图文集"命令，在弹出的级联菜单中根据需要选择一种样式即可。

若要设置首页及奇偶页不同，单击"页眉页脚选项"按钮，在打开的对话框中选中"首页不同"和"奇偶页不同"复选框。

> **提示**：想取消页眉的横线，单击"页眉横线"按钮下的"删除横线"即可。

（2）打印

选择"文件"→"打印"命令，在弹出的级联菜单中，若选择"打印预览"命令，可以看到打印的效果；若选择"打印"命令，则打开"打印"对话框，如图3-2-12所示，设置好打印范围、打印份数等后就可打印文档。

图 3-2-11　"页码"对话框

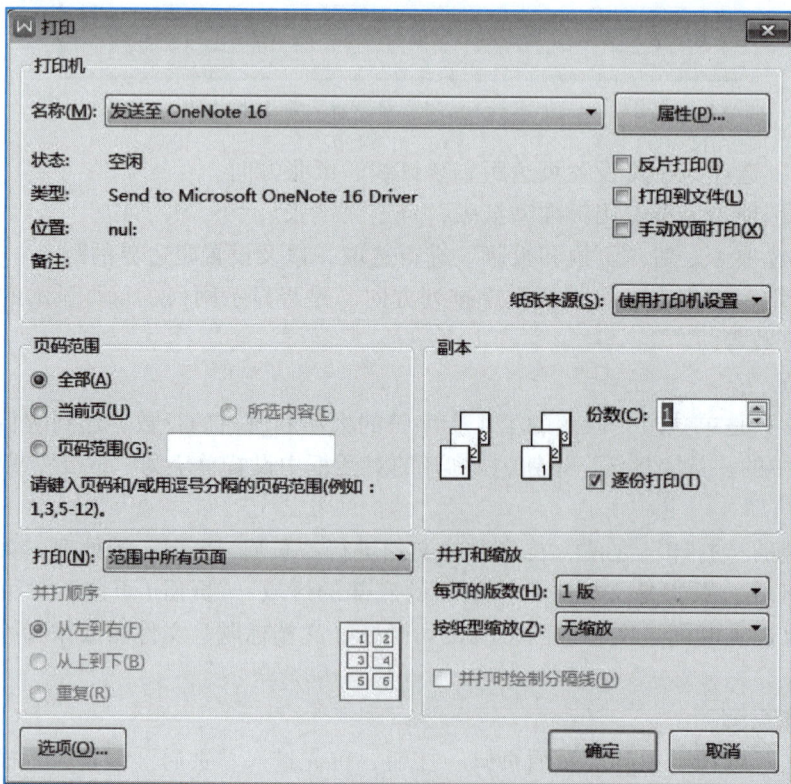

图 3-2-12　"打印"对话框

任务实施

对“人工智能 .docx”文章进行排版，效果如图 3-2-13 如下。

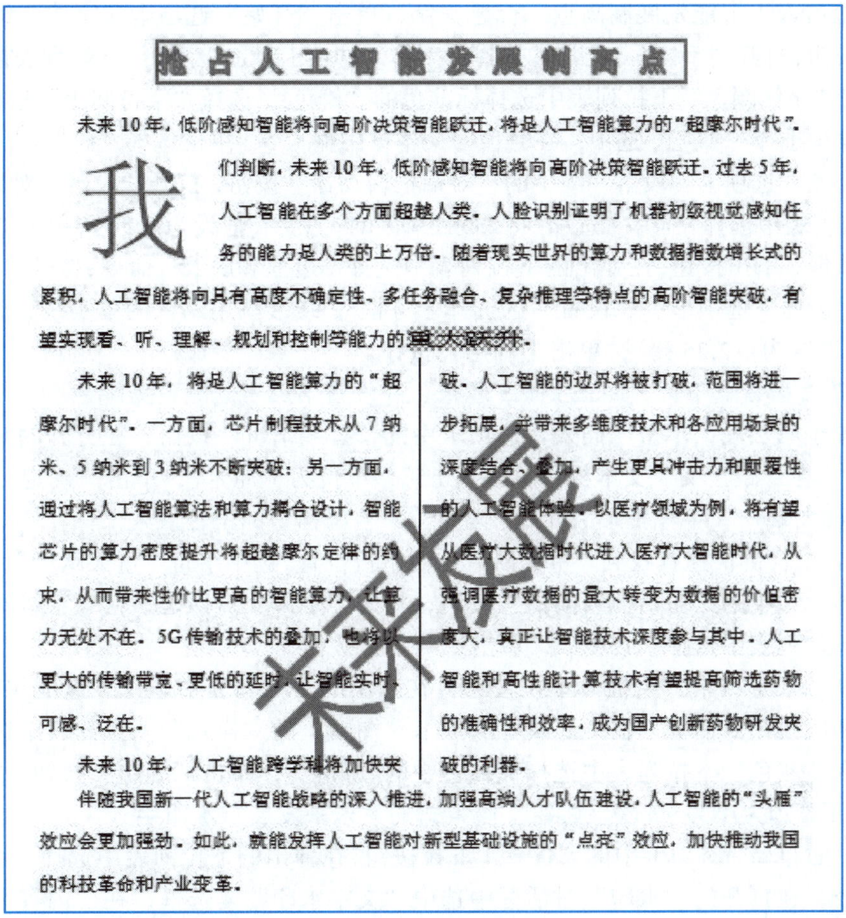

抢占人工智能发展制高点

未来10年，低阶感知智能将向高阶决策智能跃迁，将是人工智能算力的“超摩尔时代”。

我们判断，未来10年，低阶感知智能将向高阶决策智能跃迁。过去5年，人工智能在多个方面超越人类。人脸识别证明了机器初级视觉感知任务的能力是人类的上万倍。随着现实世界的算力和数据指数增长式的累积，人工智能将向具有高度不确定性、多任务融合、复杂推理等特点的高阶智能突破，有望实现看、听、理解、规划和控制等能力的重大提升。

未来10年，将是人工智能算力的“超摩尔时代”。一方面，芯片制程技术从7纳米、5纳米到3纳米不断突破；另一方面，通过将人工智能算法和算力耦合设计，智能芯片的算力密度提升将超越摩尔定律的约束，从而带来性价比更高的智能算力，让算力无处不在。5G传输技术的叠加，也将以更大的传输带宽、更低的延时，让智能实时、可感、泛在。

未来10年，人工智能跨学科将加快突破。人工智能的边界将被打破，范围将进一步拓展，并带来多维度技术和各应用场景的深度结合、叠加，产生更具冲击力和颠覆性的人工智能体验。以医疗领域为例，将有望从医疗大数据时代进入医疗大智能时代，从强调医疗数据的量大转变为数据的价值密度大，真正让智能技术深度参与其中。人工智能和高性能计算技术有望提高筛选药物的准确性和效率，成为国产创新药物研发突破的利器。

伴随我国新一代人工智能战略的深入推进，加强高端人才队伍建设，人工智能的“头雁”效应会更加强劲。如此，就能发挥人工智能对新型基础设施的“点亮”效应，加快推动我国的科技革命和产业变革。

图 3-2-13　排版效果

1. 删除“人民日报”所在的行，删除文章中多余的空行

① 选中“人民日报”所在的段落，按 Delete 键。

② 删除文章中多余的空行。

使用“文字工具”进行快速删除空行：

单击“开始”选项卡“文字工具”下拉按钮，在弹出的下拉列表中选择“删除空段”命令，快速删除多余的空行。

2. 正文文字设置为首行缩进 2 字符，中文为宋体、五号，西文为 Times New Roman、五号、1.5 倍行距

选中正文的文本，单击“开始”选项卡“段落”组中的“对话框启动器”按钮，在打开的对话框“特殊格式”下拉列表中选择“首行缩进”选项，并设置缩进量为 2 字符；在“行距”下拉列表中选择“1.5 倍行距”选项，单击“确定”按钮。

单击“开始”选项卡“字体”组右下角的“对话框启动器”按钮，打开“字体”对话框，

将中文字体设为宋体、五号，将西文字体设为 Times New Roman、五号，单击"确定"按钮。

3. 将标题文字设置为宋体、三号、橙色，字符加宽 5 磅，居中、段后 0.5 行，应用 2.25 磅深蓝色的文字边框

选中"抢占人工智能发展制高点"标题文字，单击"开始"选项卡"字体"组中的"对话框启动器"按钮，打开"字体"对话框，选择"字体"选项卡，在"字号"下拉列表框中选择"三号"选项，在"字体颜色"下拉列表中选择标准色的"橙色"，选择"字符间距"选项卡，在"间距"下拉列表中选择"加宽"选项，在"值"文本框中输入 5，单位选择"磅"。

单击"开始"选项卡"段落"组中的"对话框启动器"按钮，打开"段落"对话框，在"对齐方式"下拉列表中选择"居中"选项，将"间距"区的"段后"值设为 0.5 行，单击"确定"按钮。

单击"边框"下拉按钮，在弹出的下拉列表中选择"边框和底纹"命令，打开"边框和底纹"对话框，在"边框"选项卡中"设置"区选择"方框"，线形就用默认的单实线，颜色选择"深蓝色"，宽度设置为"2.25 磅"，单击"确定"按钮。

4. 正文第 2 段首字下沉，距正文 0.5 厘米，并设置下沉字的颜色为绿色

将光标置于第 2 段，单击"插入"选项卡中的"首字下沉"按钮，在打开的对话框中选择"下沉"选项，在"距正文"文本框中输入"0.5"，单位为"厘米"，单击"确定"按钮。

5. 将"重大跃升"字号放大 150％，设为"深色网格"的橙色底纹

按 Ctrl+F 组合键快速查找到"重大跃升"的字符位置，选中字符"重大跃升"，单击"开始"选项卡"字体"组中的"对话框启动器"按钮，打开"字体"对话框，在"字符间距"选项卡的"缩放"下拉列表中选择"150％"，单击"确定"按钮。

单击"开始"选项卡"边框"下拉按钮，在弹出的下拉列表中选择"边框和底纹"命令，打开"边框和底纹"对话框，在"底纹"选项卡"图案"的"样式"下拉列表中选择"深色网格"选项，在"颜色"下拉列表中选择标准色中的"橙色"，单击"确定"按钮。

6. 为页面添加大小为 72 磅、紫色、倾斜式的"未来发展"水印字

单击"页面布局"选项卡中的"背景"下拉按钮，在弹出的下拉列表中选择"水印"→"插入水印"命令，在打开的"水印"对话框中选中"文字水印"复选框，在"内容"文本框中输入"未来发展"，在"字号"下拉列表中选择"72"，在"颜色"下拉列表中选择标准色中的"紫色"，在"版式"下拉列表中选择"倾斜式"，单击"确定"按钮。

任务 3.3　文档图文混排

👆 任务描述

企业宣传、产品推销、策划活动宣传等主要以文字和图片为载体，采用图文混排能使文档更加漂亮、美观。本任务就是完成文档的图文混排，美化页面排版效果。

👆 知识储备

WPS 提供了强大的美化图形的功能，为增加文档的可读性，可插入图片、艺术字、文本框、智能图形、思维导图、截图、条形码、在线图表、绘制图形等各种图形元素，可使文档更加丰富多彩。

1. 使用和编辑图形

（1）图片

1）插入图片

插入图片，可使文档美观，在 WPS 中，图片的来源可以是"本地图片""来自扫描仪""手机传图""资源夹图片"等。

切换到"插入"选项卡，"插图"功能组，如图 3-3-1 所示。

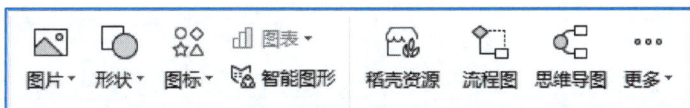

图 3-3-1　"插图"功能组

单击"图片"下拉按钮，在弹出的面板中单击"本地图片"按钮，打开"插入图片"对话框，插入指定图片或者利用剪贴板"剪切"或"复制"其他应用程序制作的图片，然后"粘贴"到文档的指定位置。

2）设置图片的"格式"

选中"图片"，显示"绘图工具"选项卡，如图 3-3-2 所示，并出现其工具栏。

图 3-3-2　"绘图工具"选项卡

① 裁剪图片。选中图片，单击"图片工具"选项卡中的"裁剪"按钮，图片出现裁剪控制点，拖动一个裁剪控制点进行移动，出现灰色区域，就是被裁掉的区域，按 Enter 键或者在空白处单击进行确认。

图片可选择按形状裁剪还是按照比例裁剪。选中一张图片，单击"裁剪"下拉按钮，在弹出的下拉面板中选择"按形状裁剪"选项卡，根据需要选择一种形状进行裁剪即可。

② 设置图片大小。可以修改图片的高度、宽度值，改变图片大小，若选中"锁定纵横比"复选框，则高度与宽度按比例进行改变。

③ 设置图片效果。为了让图片更加赏心悦目，可为图片添加效果。选中图片，单击"图片工具"→"效果"下拉按钮，在弹出的下拉列表中选择相应选项，可设置如阴影、倒影、发光、柔化边缘、三维旋转等图片效果。

④ 设置图片与文字的环绕。图片环绕方式，决定了文字内容排列在图片的上下左右所处的位置。

刚插入的图形默认为"嵌入型"，此图片被当做一个很大的特殊字符，随着文字的移动而移动，但图片不能随意移动到任意位置上。要改变图片的环绕方式，选中图片，单击"图片工具"选项卡中的"环绕"下拉按钮，在弹出的下拉列表中选择一种环绕方式进行改变。

（2）文本框

在"插入"选项卡中，单击"文本框"下拉按钮，弹出如图 3-3-3 所示下拉列表。

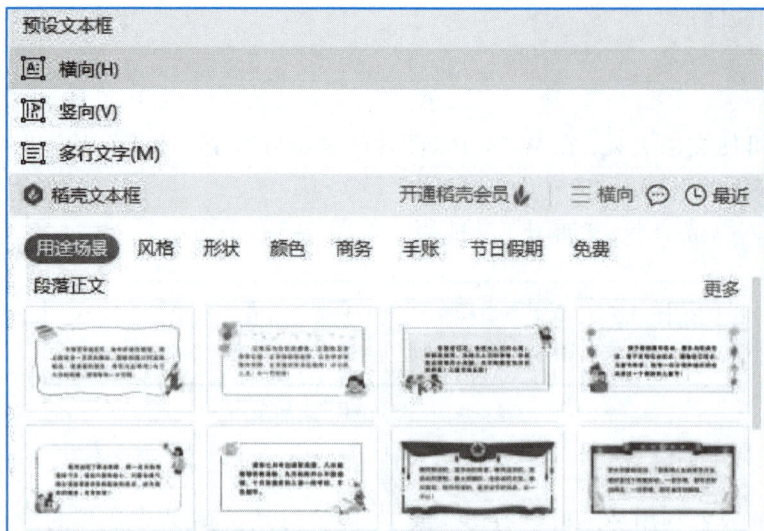

图 3-3-3   预设文本框

选择文本框样式，按住鼠标左键，在需要的位置拖动即可生成文本框。当选择"多行文字"命令就是绘制多行文字类型的文本框。对文本框可进行图形、文本的填充，进行文本框的环绕等设置。

> **提示**：不显示文本框的边框线，选中文本框，在"绘图工具"选项卡中单击"轮廓"下拉按钮，在弹出的下拉列表中选择"无边框颜色"命令即可不显示文本框的边框线。

（3）WPS 截屏

单击"插入"选项卡中的"截图"下拉按钮，在弹出的下拉列表中选择"截屏"命令，弹出如图 3-3-4 所示的下拉列表，在其中选择截图方式后，移动光标截屏后确认即可。

说明：截屏的快捷键是 Ctrl+Alt+X。

（4）插入形状

在文字中插入形状，可以起到画龙点睛的作用。单击"插入"选项卡中的"形状"下拉按钮，在弹出的下拉列表中选择某个形状后，进行拖动，就可绘制出相应的形状。

图 3-3-4   "截屏"下拉列表

> **提示**：如果要绘制正圆、正方形或者等边三角形，需要同时按住 Shift 键。

如果绘制了多个形状要一起移动，需要进行图形的组合后，一起进行移动。

如果选择"形状"下拉列表中的"新建绘图画布"命令，在文档区域里自动生成画布区域，然后在画布区域里，再选择形状图形进行绘制，根据需要进行相应设置即可。移动画布是整体移动。

对插入的形状可设置填充颜色，单击"绘图工具"选项卡中的"填充"下拉按钮，在弹出的下拉列表中选择所需颜色进行填充，还可以在"主题颜色""标准色"、"渐变填充"与"渐变色推荐"中选择相应选项进行填充。

　　给形状填充图片或纹理，做出有创意的图形。选中需要填充的形状，单击"绘图工具"选项卡中的"填充"下拉按钮，在弹出的下拉列表中选择"图片或纹理"命令，在弹出的级联菜单中选择相关命令来设置图片来源或选择预设图片即可。

　　（5）在文档中插入条形码

　　在打开的文档中，单击"插入"选项卡中的"图库"下拉按钮，在弹出的下拉列表中选择"条形码"命令，打开"插入条形码"对话框，在"编码"下拉列表中有 7 种编码形式，在其中选择一种编码，在"输入"文本框中输入数字或其他限定内容，条形码则会展示示例图，单击"插入"按钮后，即可在文档中生成条形码。

　　（6）插入二维码

　　在打开的文档中，单击"插入"选项卡中的"更多"下拉按钮，在弹出的下拉列表中选择"二维码"命令，打开"插入二维码"对话框，在"输入内容"文本框中输入内容后，单击"确定"按钮，就生成二维码图。

　　（7）插入思维导图

　　选择需要插入的位置，单击"插入"选项卡中的"思维导图"下拉按钮，在弹出的下拉列表中选择"已有思维导图"命令，出现加载思维导图的进程，完成后，如图 3-3-5 所示。根据需要新建空白思维导图或插入已有的思维导图即可。

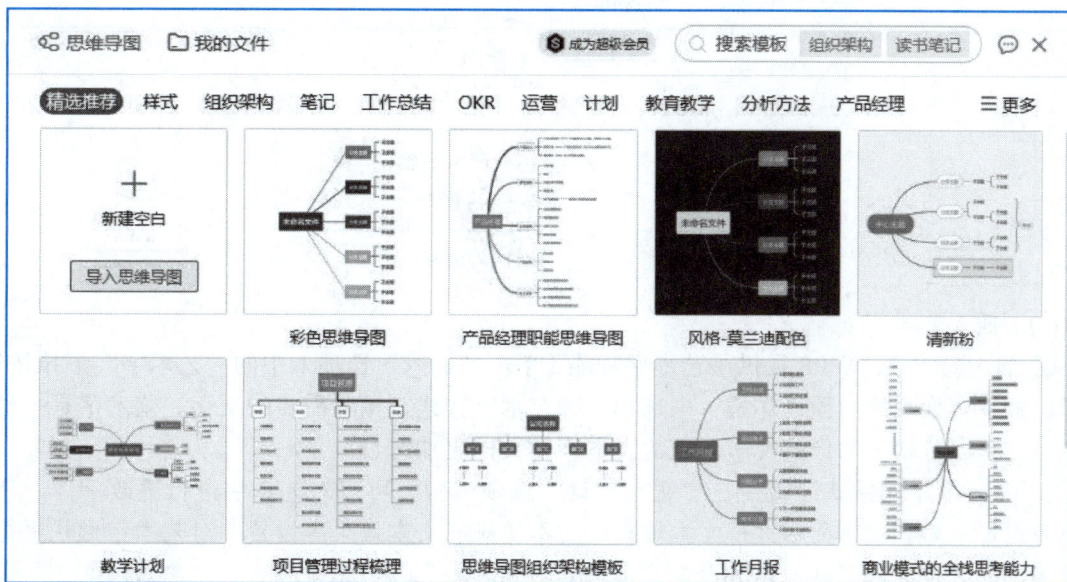

图 3-3-5　思维导图

　　（8）插入智能图形

　　单击"插入"选项卡中的"智能图形"下拉按钮，在弹出的下拉列表中选择"智能图形"命令，打开如图 3-3-6 所示对话框。

　　根据需要选择一种图形后，单击"确定"按钮，WPS 编辑区出现图形的模板，同时显示"设计"和"格式"选项卡。"设计"选项卡中的"设计"功能组如图 3-3-7 所示，可以增加项目。

输入需要的文本。单击"更改颜色"下拉按钮，在弹出的下拉列表中选择相应选项，可快速为智能图形修改色彩。

图 3-3-6　智能图形

图 3-3-7　"设计"功能组

（9）插入艺术字

① 插入艺术字。WPS 提供了艺术字功能，单击"插入"选项卡中的"艺术字"下拉按钮，在弹出的下拉列表的"预设样式"中选择一种艺术字样式，输入需要的文字。艺术字是一种特殊图形，是以艺术字的形式突出表现的文本，使文档更加醒目。

② 对艺术字的格式设置。在"文本工具"选项卡中，可以对艺术字进行更改字体、字号大小等设置；对艺术字文本进行文本填充、文本轮廓、文本效果等设置；对艺术字形状进行形状填充、形状轮廓、形状效果等设置。

（10）插入在线图表

选择需要插入的位置。单击"插入"选项卡中的"图表"下拉按钮，在弹出的下拉列表中选择"在线图表"命令，在其级联菜单中选择一种在线样式图表插入即可。

2. 图形的叠放顺序

绘制或插入各类图形对象，每个对象其实都存在于不同的"层"上，若图形有重叠现象，就存在图片的重叠顺序问题。如需要改变某一个对象相对于其他图形对象的位置，就必须选中该对象，在"绘图工具"选项卡中根据重叠顺序的需要单击"上移一层"按钮或"下移一层"按钮，在弹出的下拉菜单中选择“置于顶层”“上移一层”或“置于底层”“下移一层”命令进行正确设置。

任务实施

小王学习了图文排版之后，想用 WPS 制作编辑宣传生态环保的小报，效果如图 3-3-8 所示。

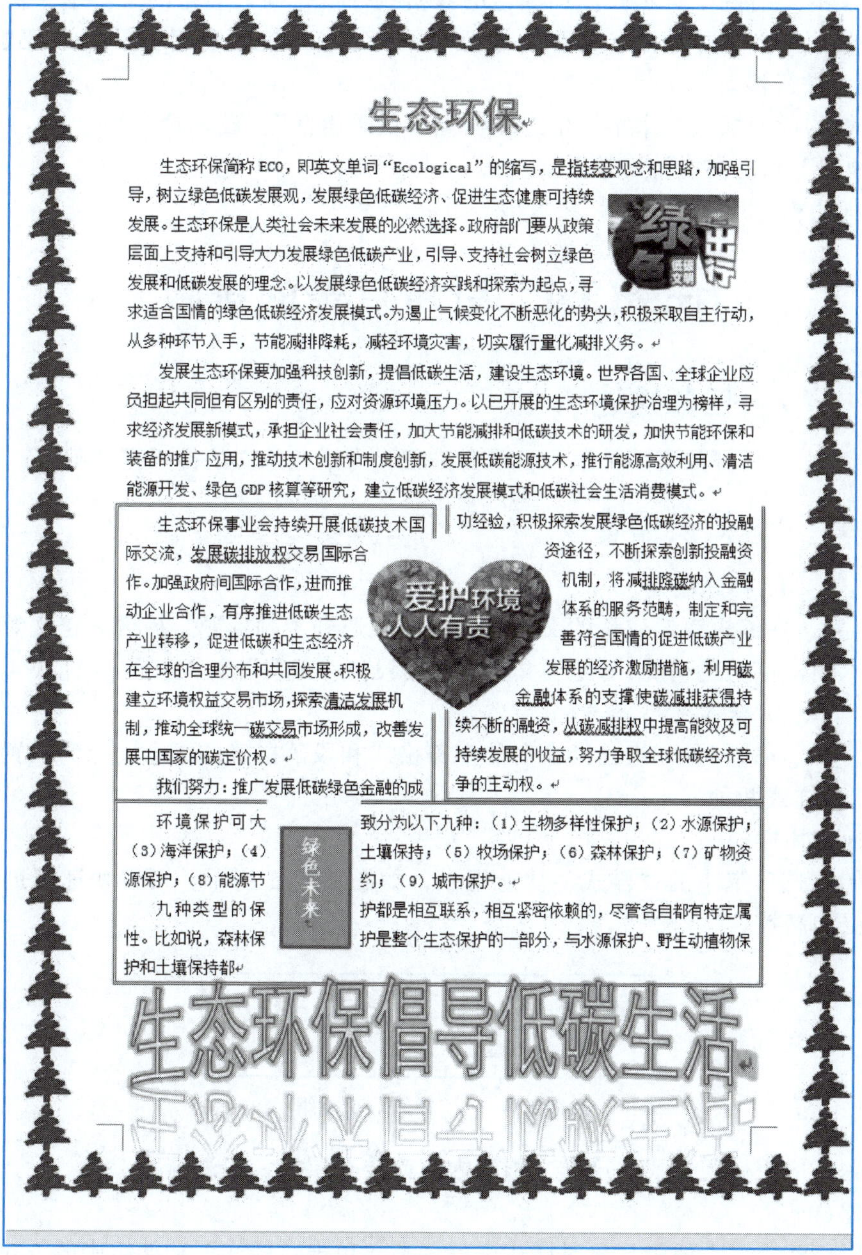

生态环保

生态环保简称 ECO，即英文单词“Ecological”的缩写，是指转变观念和思路，加强引导，树立绿色低碳发展观，发展绿色低碳经济、促进生态健康可持续发展。生态环保是人类社会未来发展的必然选择。政府部门要从政策层面上支持和引导大力发展绿色低碳产业，引导、支持社会树立绿色发展和低碳发展的理念。以发展绿色低碳经济实践和探索为起点，寻求适合国情的绿色低碳经济发展模式。为遏止气候变化不断恶化的势头，积极采取自主行动，从多种环节入手，节能减排降耗，减轻环境灾害，切实履行量化减排义务。

发展生态环保要加强科技创新，提倡低碳生活，建设生态环境。世界各国、全球企业应负担起共同但有区别的责任，应对资源环境压力。以已开展的生态环境保护治理为榜样，寻求经济发展新模式，承担企业社会责任，加大节能减排和低碳技术的研发，加快节能环保和装备的推广应用，推动技术创新和制度创新，发展低碳能源技术，推行能源高效利用、清洁能源开发、绿色 GDP 核算等研究，建立低碳经济发展模式和低碳社会生活消费模式。

生态环保事业会持续开展低碳技术国际交流，发展碳排放权交易国际合作。加强政府间国际合作，进而推动企业合作，有序推进低碳生态产业转移，促进低碳和生态经济在全球的合理分布和共同发展。积极建立环境权益交易市场，探索清洁发展机制，推动全球统一碳交易市场形成，改善发展中国家的碳定价权。

我们努力：推广发展低碳绿色金融的成功经验，积极探索发展绿色低碳经济的投融资途径，不断探索创新投融资机制，将减排降碳纳入金融体系的服务范畴，制定和完善符合国情的促进低碳产业发展的经济激励措施，利用碳金融体系的支撑使碳减排获得持续不断的融资，从碳减排权中提高能效及可持续发展的收益，努力争取全球低碳经济竞争的主动权。

环境保护可大致分为以下九种：（1）生物多样性保护；（2）水源保护；（3）海洋保护；（4）土壤保持；（5）牧场保护；（6）森林保护；（7）矿物资源保护；（8）能源节约；（9）城市保护。

九种类型的保护都是相互联系，相互紧密依赖的，尽管各自都有特定属性。比如说，森林保护是整个生态保护的一部分，与水源保护、野生动植物保护和土壤保持都

图 3-3-8　制作的宣传小报

① 打开“生态环保 .docx”文件，将标题文字设置为“一号、加粗”，应用一种“艺术字”效果，将正文行距设为 1.25 倍、首行缩进 2 个字符。

② 在第 1 自然段，插入图片"绿色出行 .jpg"，按照图示将图片进行裁剪，将图片按比例缩小到 20%，选中图片，设置"紧密型环绕"。

③ 将第 3 和第 4 自然段，分为等宽的两栏，为段落添加绿色的双实线，插入图片"爱护环境 .jpg"，按照图示将图片进行裁剪，将图片按比例缩小到 16%，选中图片，设置成"紧密型环绕"并移动到图示的位置。

④ 为正文的最后两个自然段添加绿色的双实线外框，插入竖排的文本框，输入文字"绿色未来"，设置为"四号、加粗、白色"，轮廓线为绿色、填充颜色为浅绿色，版式为"紧密型环绕"，按图示进行移动。

⑤ 在文档的后面插入艺术字"生态环保倡导低碳生活"，设置轮廓为绿色，字号为小初，选用一种"波浪"形的文本转换效果。

⑥ 为页面边框选用绿色树的"艺术型"边框。

任务 3.4　引用目录的排版

🖱 任务描述

本任务的目的是学习目录的排版，为毕业论文的排版打基础。

🖱 知识储备

1. 标题级别

在编辑篇幅较长的文本时，可能会遇到主副标题、摘要、正文等需要不同的字体、字号的情况，对此类文档就需要设置"正文"和"标题 1~ 标题 4"等的格式。

2. 样式

样式就是一组已经命名的字符格式和段落格式的集合，分为内置样式和自定义样式两种。

（1）快速应用样式

在"开始"选项卡中的"样式"功能组中，如图 3-4-1 所示，可以快速帮助使用者统一文本格式，更加高效。

图 3-4-1　"样式"功能组

根据标题级应用标题样式，这样文档的内容就会有层级、很清晰 。

（2）新建样式

用户可以新建样式，便于日后对样式进行调整。单击"样式"功能组中的下拉按钮，在弹出的下拉列表中选择"新建样式"命令，打开如图 3-4-2 所示对话框。

3. 修改样式

直接应用的样式或新建的样式，可能不太令人满意，此时就可修改样式，进入修改样式的方法有以下 2 种：

方法 1：在图 3-4-1 中，鼠标指向某个样式名上，右击，在弹出的快捷菜单中选择"修改样式"命令。

方法 2：单击"样式"功能组中的"⤵"按钮，出现图 3-4-3 所示对话框，选中某个标题级后，单击其右侧下拉箭头，选择"修改"命令。

图 3-4-2　"新建样式"对话框　　　　图 3-4-3　"样式和格式"任务窗格

进行字体、段落等设置后，则所有已应用该样式的标题自动更新。

4. 插入题注

在文档中如果有表、图、图表、公式等，使用"题注"和"交叉引用"，就可对其进行自动编号和引用。单击"引用"选项卡中的"题注"按钮，打开如图 3-4-4 所示对话框。

在"标签"下拉列表中的"表""图""图表""公式"中选择一项。例如在文档里选择的第 1 张图片，在此选择"图"，在"位置"处选择设置的位置，单击"新建标签"按钮，在打开的对话框中输入"图 7-1"后，则出现"图 7-1"的题注；当选中第 2 张图，则自动出现"图 7-2"，依此类推。

在段落的指定文字处可以使用"交叉引用"。当删除一张图片及图片编号以及其交叉引用后，选中整个文档，右击，在弹出的快捷菜单中选择"更新域"，图片的编号及交叉引用全部自动更新。

5. 目录

如要将目录页与正文页分开处理，可进行分节处理。

（1）文档分节

单击"章节"选项卡中的"新增节"下拉按钮，弹出如图 3-4-5所示下拉列表。

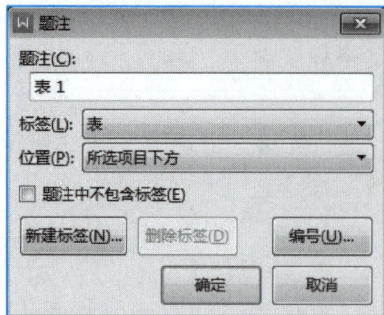

图 3-4-4　"题注"对话框　　　图 3-4-5　"新增节"列表项

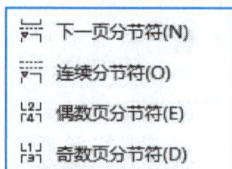

下一页分节符：插入一个分节符，分节从下一页开始。

连续分节符：插入一个分节符，新节从同一页开始。

偶数页分节符：插入一个分节符，新节从下一个偶数页开始。

奇数页分节符：插入一个分节符，新节从下一个奇数页开始。

> **提示**：注意区分"分页符"与"分节符"。插入"分页符"只是改变当前位置起的字符到下一页，但仍处于同一节。

（2）生成目录

文档分节后，就可以引用目录。在目录页处，单击"章节"选项卡中的"目录页"下拉按钮，在弹出的"智能目录"下拉列表中选择所需目录样式即可将目录应用到文档中。如果没有合适的目录样式，选择"自定义目录"命令，在打开的对话框中设置好后，生成目录。

（3）设置目录级别

选中需要操作的内容，单击"引用"选项卡中的"目录级别"下拉按钮，在弹出的下拉列表中选择需要设置的级别，设置后，目录会自动更新。

6. 编辑页眉和页脚

（1）编辑页眉

目录节和正文所在的节，要分别处理页眉和页脚。一般目录页不编辑页眉，而正文可能要编辑页眉。在目录页的页眉区，单击如图 3-4-6 所示中的"显示后一项"按钮，进入正文的页眉区，单击"同前节"按钮，断开与前节的链接，输入页眉的文字。

> **提示**：想取消页眉的横线，单击"页眉横线"下拉按钮，在弹出的下拉列表中选择"删除横线"命令即可。

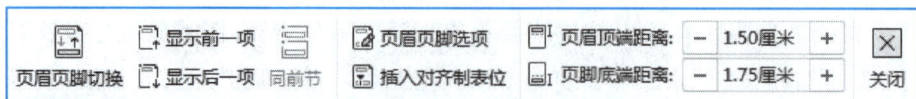

图 3-4-6　"页眉页脚"功能组

（2）编辑页脚

在目录页的页脚处双击，进入第 1 节的页脚区，对目录页编页数，若只有一页目录页可不编页数。单击"显示后一项"按钮进入第 2 节的页脚区，对正文编辑页码。

7. 更新目录

若在目录生成后，修改了正文内容，导致与目录页上显示的页数不符，应更新目录。在目录页的目录行上右击，在弹出的下拉列表中选择"更新域"命令，打开如图 3-4-7 所示对话框。

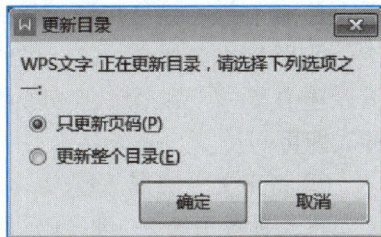

图 3-4-7　"更新目录"对话框

8. 封面

在使用 WPS 文字制作合同、编写报告时，有时需要为文档添加一个美观的封面。

（1）使用 WPS 预设封面

单击"章节"选项卡中的"封面页"下拉按钮，弹出下拉列表，在"预设封面页"中选择 WPS 文字预设封面模板。

> 提示：WPS 稻壳提供了丰富的封面模板，还可选择横向、竖向封面排版。

（2）设计封面

策划书、项目论证、毕业生的论文等封面，可以自行设计封面。

> 提示：封面页不能有页眉、页码。

🖐 任务实施

以"互联网统计报告 .docx"文章为例，打开此文档，进行引用目录的排版，排版后的效果如图 3-4-8 所示。

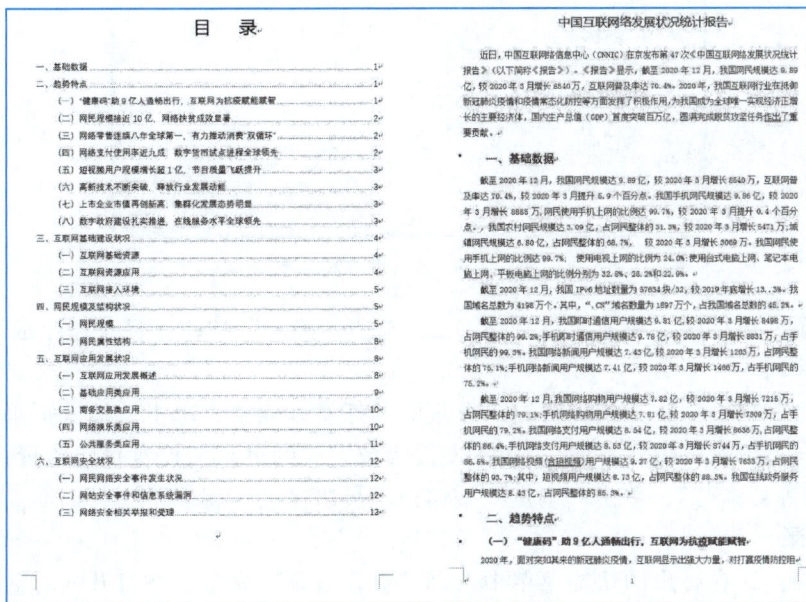

图 3-4-8　排版效果

1. 将各级标题应用标题样式

① 将正文中的"一、"～"六、"处的标题文字，应用"标题1"的样式。

选中"一、"～"六、"处的标题文字，在"开始"选项卡"样式"功能组中选择"标题1"样式即可。

② 将正文中的带括号的"（一）""（二）"等标题文字，应用"标题2"样式。

将光标置于"（一）健康码"助9亿人通畅出行，互联网为抗疫赋能赋智"位置上，单击"开始"选项卡中的"选择"下拉按钮，在弹出的下拉列表中选择"选择格式相似的文本"命令，则可选中所有相似格式的文本，在"样式"组里单击"标题2"可应用"标题2"的样式。

2. 修改标题样式

在样式组里，右击"标题1"样式，在弹出的快捷菜单中选择"修改样式"命令，在打开的对话框中修改字体、段落等设置，则所有一级标题的文本格式自动更新。

用同样的方法修改"标题2"样式的字体、段落等设置，则所有二级标题的文本格式自动更新。

3. 引用目录

按Ctrl+Home组合键，将光标快速移动到文件头部，单击"章节"中的"新增节"下拉按钮，在弹出的下拉列表中选择"下一页分节符"命令。将光标移进新增空白处，输入"目录"二字，并设置好"目录"二字的格式，单击"章节"选项卡中的"目录页"下拉按钮，在弹出的下拉列表中选择"自定义目录"命令，打开如图3-4-9所示"目录"对话框。

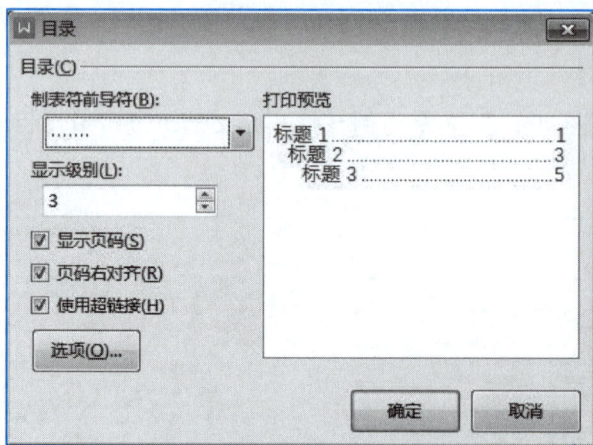

图 3-4-9   "目录"对话框

由于只做了两级标题，将显示级别设为2，单击"确定"按钮，目录已生成。

4. 编辑页码

本实例不用编辑页眉，只编辑页码。在页脚的任意处双击，单击"插入页码"按钮，选择页码样式（要与目录页码样式不同，一般正文设为数字式的页码），设置页码位置，本例选择"居中"，应用范围为"本节"，单击"确定"按钮退出页脚区的编辑。

5. 更新目录

在目录区右击，在弹出的快捷菜单中选择"更新目录"命令，在打开的对话框中选中"更新整个目录"单选按钮，单击"确定"按钮，然后将目录行的格式进行调整即可。

任务 3.5　制作实用表格

🖐 任务描述

企业人力资源（HR）部要求应聘者提交简历；刘同学即将毕业，急于找工作，首先要制作简历，向招聘单位投档。制作的简历既要美观，又要简明扼要。本任务就是利用 WPS 表格制作工具制作表格，并对表格进行编辑处理。在处理其他表格时若有数值型数据，则可能存在数据的计算。

🖐 知识储备

首先对表格内容做一个整体布局分析，然后开始制作表格，再对表格的字体、单元格对齐方式、行高、列宽等做调整，达到美化表格的目的。

1. 编辑表格

（1）创建与编辑表格

1）创建表格

方法 1：在"插入表格"对话框中修改相关数据，创建表格。

单击"插入"选项卡中的"表格"下拉按钮，在弹出的下拉列表中选择"插入表格"命令，在打开的对话框中根据需要输入相应的行数、列数，如图 3-5-1 所示。

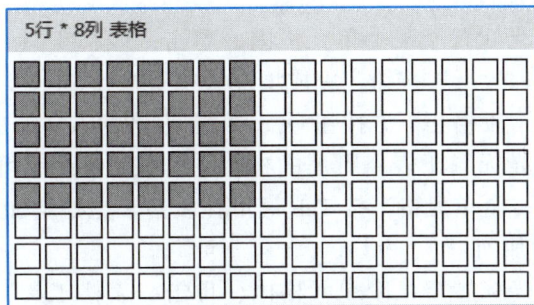

方法 2：利用"表格"下拉列表快速创建表格。

单击"插入"选项卡中的"表格"下拉按钮，在弹出的下拉列表中"插入表格"栏中拖曳相应的行、列数创建表格，如图 3-5-2 所示。

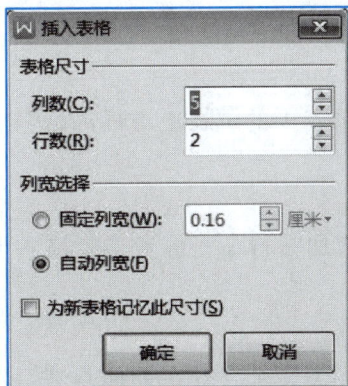

图 3-5-1　"插入表格"对话框　　　　图 3-5-2　利用"表格"下拉列表快捷创建表格

方法 3：绘制表格。

单击"插入"选项卡中的"表格"下拉按钮，在弹出的下拉列表中选择"绘制表格"命令，此时鼠标变为铅笔形状，按住鼠标左键拖动画出相应行列的表格，还可以继续画行线或列线，按 Esc 键或者单击"绘制表格"按钮结束绘制表格；如果需要擦除行线或列线，单击"擦除"按钮，单击不需要的线条即可擦除。

方法 4：创建在线联机表格。

WPS 稻壳提供了丰富多样的内容型表格。单击"插入"选项卡中的"表格"下拉按钮，在弹出的下拉列表"插入内容型表格"中根据样式、主题选择表格。

2）输入数据

光标置于单元格里输入文字、数值、日期等数据，也可以插入图片，按 Tab 键移入下一个单元格。

3）表格的选取

选中多个相邻的单元格：拖选多个相邻单元格；或者按 Shift 键的同时单击鼠标。

选中多个不相邻的单元格：按 Ctrl 键的同时单击鼠标。

按住 Shift+ →、←、↑、↑ 键：可以选择一个单元格或多个单元格，或者选择表格中的文字或段落。

选中当前单元格：光标指向单元格左边，光标变为 45° 方向时，单击。

选取整行：光标指向表格行的最左边，出现 ⏘，单击。

选取整列：光标指向表格列的最顶端，出现 ⏷，单击。

选中整个表格：光标放置在表格内，单击表格右上角的 ⊞ 标记。

4）拆分 / 合并单元格

选取要拆分的单元格，右击，在弹出的快捷菜单中选择"拆分单元格"命令，或者单击"表格工具"选项卡中的"拆分单元格"按钮，在打开的"拆分单元格"对话框中进行设置。

选取要合并的单元格，右击，在弹出的快捷菜单中选择"合并单元格"命令，或者单击"表格工具"选项卡中的"合并单元格"按钮。

5）添加表格的斜线

有时要为表格添加表格斜线，将光标置于要添加斜线的单元格里，单击"表格样式"选项卡中的"绘制斜线表头"按钮，打开如图 3-5-3 所示对话框。

6）插入行、列、单元格

① 增加行

- 将光标置于某个单元格内，单击"表格工具"选项卡中的"在上方插入行"或"在下方插入行"按钮，完成增加表格行操作。

- 单击表格正下方按钮 ⌐+⌐，可在表格的末尾增加行。

- 将光标置于表格行尾的标记上，按 Enter 键可以增加一行；光标置于表格右下角即最后一个单元格，按 Tab 键可在表格末尾处增加一行。

② 增加列

- 将光标置于某个单元格内，单击"表格工具"选项卡中的"在左侧插入列"或"在右侧插入列"按钮，完成增加表格列操作。

- 在表格最右边的表格线外，单击按钮 +，可在表格的末尾增加列。

③ 插入单元格

光标置于某个单元格内，右击，在弹出的快捷菜单中选择"插入"命令，在其级联菜单中选择相应的操作命令。

7）删除行 / 列 / 单元格 / 表格

① 选定行、列、单元格、表格，单击在"表格工具"选项卡中的"删除"下拉按钮，在弹出的下拉列表中选择相应命令完成删除"行 / 列 / 单元格 / 表格"的类别。

② 选定行、列、单元格，右击，在弹出的快捷菜单中选择"删除单元格"命令，在打开

的对话框中，单击选中某一单选按钮，单击"确定"按钮即可。

8）调整表格

① 实现表格自动调整。选中表格，单击"表格工具"选项卡中的"自动调整"下拉按钮，在弹出的快捷菜单中选择一个命令即可进行相应的调整。

② 表格属性。选中表格，右击，在弹出的快捷菜单中选择"表格属性"命令；或者在"表格工具"选项卡中单击"表格属性"按钮，打开如图 3-5-4 所示的"表格属性"对话框。

图 3-5-3 "斜线单元格类型"对话框

图 3-5-4 "表格属性"对话框

③ 拖曳表格线调整行高或列宽。光标移动到列线上或行线上，进行拖曳线条就可调整列宽或行高。

> 提示：若只是调整一个单元格的宽度，必须选定单元格，然后拖曳该单元格的一条竖线移动。

9）重复标题行

如果一个表格行数很多，可能跨多页，需要在后续页重复表格标题，以方便阅读及修改数据。选中表格标题行，单击"表格工具"选项卡中的"标题行重复"按钮。

（2）美化表格

1）设置边框和底纹

选定单元格或表格，单击"表格样式"选项卡"边框和底纹"功能组中的相应按钮完成。"边框和底纹"功能组如图 3-5-5 所示。

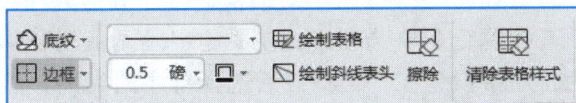

图 3-5-5 "边框和底纹"功能组

2）应用"表格样式"

WPS 文字提供各类模板的"表格样式"，可以直接应用表格样式来美化表格。单击"表格样式"选项卡"预设样式"右侧的下拉按钮，弹出预设样式列表，如图 3-5-6 所示，选用一种样式，则表格直接应用该样式。

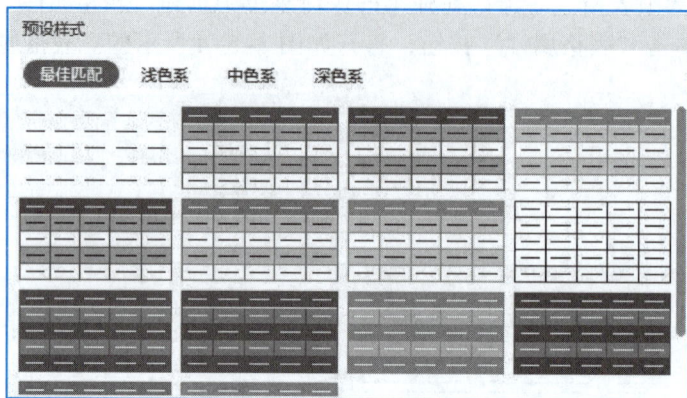

图 3-5-6　"预设样式"列表

2. 表格计算

在日常编写文档内容时，会使用表格来辅助说明数据。当表格有数据时，就可以实现表格数据的计算。

（1）表格数据的计算

1）单元格的引用

在进行数据计算前，须先明确表格中单元格的引用方式。WPS 表格的每个单元格以 A1、A2、A3 等形式表示。其中列以英文字母表示，行以自然数表示。单元格的区域是表示连续的单元格范围，如 A2：C2 表示为 A2、B2、C2 的 3 个单元格。

2）公式

单击"表格工具"选项卡中的"公式"按钮，打开如图 3-5-7 所示对话框。在"公式"对话框的"公式"文本框中必须以英文的"="开头，然后输入计算式或函数。

数字格式：可以选择结果显示的形式，如数字、中文等。

粘贴函数：选择使用的函数，加减乘除等（求和 SUM、求平均值 AVERAGE、求最大值 MAX、求最小值 MIN、相乘 PRODUCT 等）。

表格范围：参与计算的范围（LEFT：左边连续数值单元格的区域；RIGHT：右边连续数值单元格的区域；ABOVE：上方连续数值单元格的区域；BELOW：下方连续数值单元格的区域）。

（2）表格数据排序

单击"排序"按钮，打开如图 3-5-8 所示对话框，排序分为升序和降序两种。

其中，一般要选中"有标题行"单选按钮，在关键字段显示列名称，根据实际情况选择主关键字、次关键字等作为排序字段，在"类型"后选择排序的类型，然后再选择是"升序"还是"降序"。

图 3-5-7 "公式"对话框

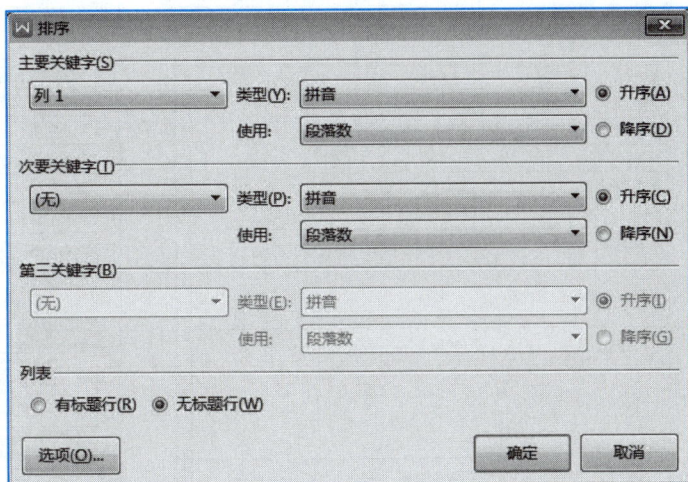

图 3-5-8 "排序"对话框

（3）文本与表格的互转

1）文本转表格

将有规律性使用相同分隔符的文本可以转成表格。选定文本，单击"插入"选项卡中的"表格"下拉按钮，在弹出的下拉列表中选择"文本转换成表格"命令，打开如图 3-5-9 所示对话框。

2）表格转文本

选中表格，单击"插入"选项卡中的"表格"下拉按钮，在弹出的下拉列表中选择"表格转换成文本"命令；或者单击"表格工具"选项卡中的"转换成文本"按钮，打开如图 3-5-10 所示对话框，在其中选用一种文字分隔符，单击"确定"按钮。

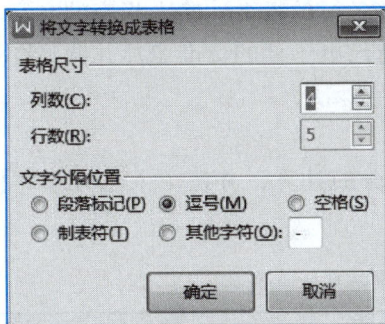

图 3-5-9 "将文字转换成表格"对话框

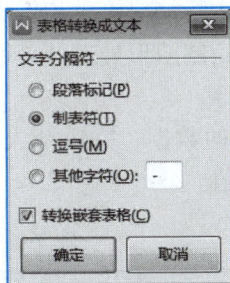

图 3-5-10 "表格转换文本"对话框

🖐 任务实施

1. 表格制作

制作简历的表格，效果如图 3-5-11 所示，结合自己实际情况填写表格内容，如图 3-5-12 所示。

首先创建一个 8 行 7 列的标准表格，按照表格示例，选定单元格后，按示例合并单元格和移动表格线，并按照示例输入文本字符。

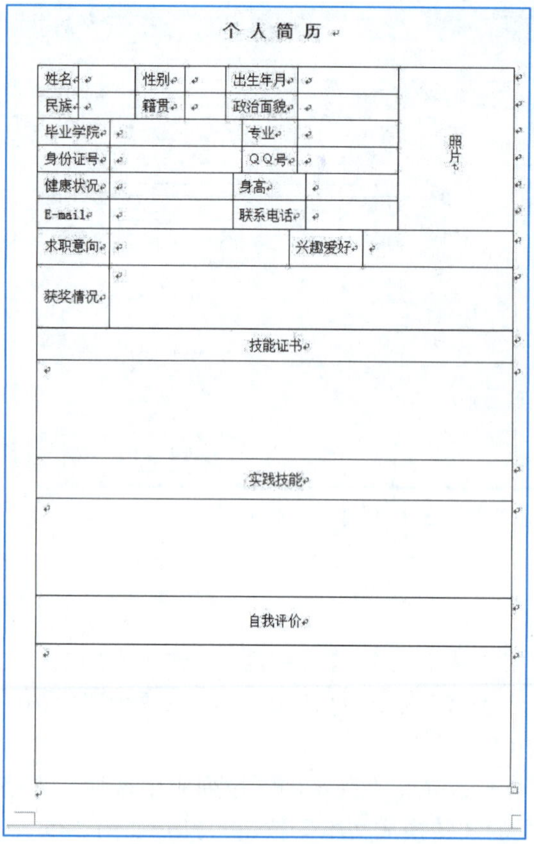

图 3-5-11　制作的简历表格

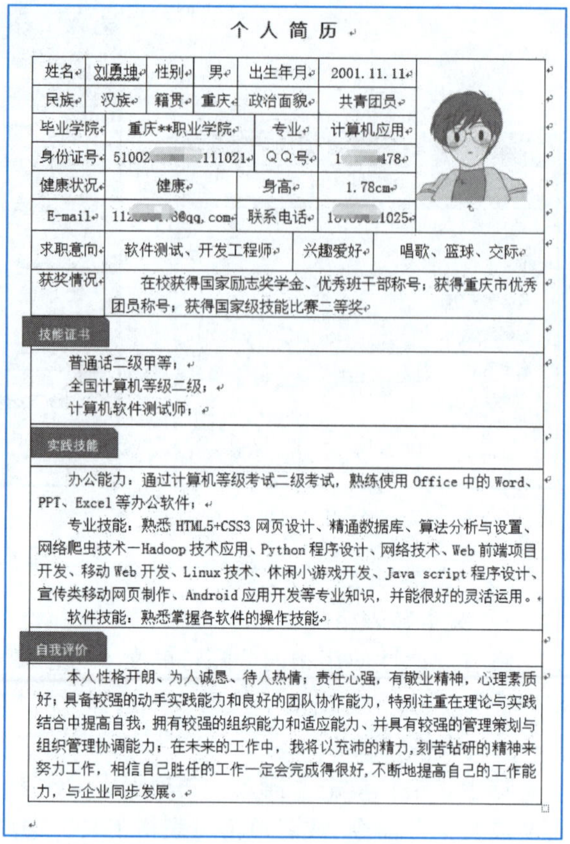

图 3-5-12　填入数据的简历

在"获奖情况"行后增加 6 行，按照示例调整各行的行高，输入相应的文字。填写表格数据时，结合自己的实际情况输入相应文本及插入自己电子档的标准照片并调整图片。为了表格的美观，注意结合绘制图形处理。

2. 表格数据计算

按表 3-5-1 中的数据，完成个人总分、平均分的计算，并按个人总分降序排列，然后在名次下填充名次的值。

表 3-5-1　应用技术学院某班成绩表

姓名	HTML5	Hadoop 技术	Python 程序	Linux 技术	Java script	总分	平均分	名次
王东旺	88	90	91	90	94			
施展	92	94	89	95	96			
赵萱	85	92	90	86	93			
班平均分								

（1）计算个人的总分

选中需要计算的单元格区域（B2：G4），单击"表格工具"选项卡中的"快速计算"下拉按钮，在弹出的下拉列表中选择快速计算的类型，在此选择"求和"命令，结果显示在空白单元格里。

> **提示：** 快速计算时，若没有空白单元格，会新增一行或一列显示计算结果。

（2）计算个人的平均分

将光标置于 H2 单元格，单击"公式"按钮，在打开的对话框"公式"文本框中输入"=AVERAGE（B2：F2）"，将数字格式设为 0.0（保留 1 位小数），单击"确定"按钮。此公式运用了单元格的名称，在后续计算其他人的平均分时，将采用同样的方式完成计算。

（3）计算班平均分

选中需要计算的单元格区域（B2：F5），单击"表格工具"选项卡中的"快速计算"下拉按钮，在弹出的下拉列表中选择快速计算的类型，在此选择"平均值"命令，结果显示在空白单元格里，设置保留 1 位小数。

（4）排序

单击表格的标记，选中表格，单击"表格工具"选项卡中的"排序"按钮，在打开的对话框中选中"有标题行"复选框，在主关键字选择"总分"字段，采用默认的"降序"进行排序，单击"确定"按钮。

（5）填充名次的值

方法 1：通过排序后，在"名次"列的单元格里直接输入相应的数值。

方法 2：选中要填名次的单元格区域，单击"开始"选项卡中的"编号"下拉按钮，在弹出的下拉列表中选择合适的编号样式，如选用数字序号的样式，将产生编号；选择"自定义编号"命令，在打开的对话框中对编号格式进行设置。

3. 数据与表格互转

（1）将下列以英文逗号分隔的数据转换成表格

总人口（数据来源：国家统计局）

统计时间，年末人口（万人），城镇人口（万人），乡村人口（万人）

2018 年，140541，86433，64108

2019 年，141008，88426，52582

2020 年，141212，90220，50992

2021 年，141260，91425，49836

选定"从统计时间"到"49836"的所有行，单击"插入"选项卡中的"表格"下拉按钮，在弹出的下拉列表中选择"文本转换成表格"命令，在打开的对话框中设置以逗号作为文字分隔符，单击"确定"按钮。

（2）将表格转成文本

将表 3-5-2 中的国际船员注册人数的表格转成文本数据。

表 3-5-2　2016—2020 年国际航行海船船员注册人数（单位：人）

类型	2016 年	2017 年	2018 年	2019 年	2020 年
国际航行海船船员	497197	524498	545877	575823	592998

单击表格标记，单击"表格工具"选项卡中的"转换成文本"按钮，在打开的对话框中选

择将"制表符"作为文字分隔符，单击"确定"按钮。

项 目 小 结

　　本项目以制作宣传小报为目的，通过文字录入技巧、页面设置、各类插图以及文本框、艺术字、首字下沉等操作技巧的讲解，只有灵活运用这些技巧，才能处理好图文混排，达到美观、漂亮的效果。

　　通过引用目录的排版学习，学会目录的生成、图片和公式的排版、论文封面的制作，为今后毕业论文的排版打下基础。

　　通过制作简历，学会表格设计及表格的布局处理。此外，WPS 表格还可以进行计算，以及对表格进行排序操作，表格与文本也可进行相互转换。

项 目 练 习

项目 3
项目练习

扫描二维码,查看项目练习。

项目 **4**

电子表格处理

项目概述

WPS 表格是一款功能强大的电子表格软件，既具有表格编辑功能，也可以在表格中进行公式计算。在人们日常的工作和学习中，经常需要使用某种工具进行统计。应用 WPS 表格可以方便地对各种数据进行统计，如学习成绩表、人口统计表、员工信息表、运动会奖牌榜等各种表格。

项目目标

【知识目标】

（1）WPS 表格的编辑、数据计算

（2）WPS 表格的排序、筛选与汇总

（3）WPS 表格中图表与透视表的应用

【技能目标】

（1）熟练进行表格制作与编辑

（2）熟练运用常用公式进行计算

（3）熟练使用排序、筛选与汇总

（4）熟练使用图表和透视表

【素质目标】

（1）培养团队协作能力和沟通能力

（2）培养自主掌握表格处理的能力

（3）培养独立思考问题的能力

任务 4.1 　编辑 WPS 表格

🖑 任务描述

新生小李为了得到锻炼，主动向学院申请一个办公室实习岗位，协助老师处理各种表格，小李必须要熟练地使用表格制作软件。WPS 表格是一款国产软件，在表格制作与数据计算上功能强大。制作与编辑是表格处理的第一步，通过学习 WPS 表格的工作界面，可以认识工作簿、工作表、单元格之间的关系，掌握工作簿、工作表的基本操作，学习数据输入方法，掌握数据填充方法，设置数据有效性及单元格格式。

🖑 知识储备

WPS 功能多样，可以满足多种办公需要。启动 WPS 表格后有新建空白项目和设计师精心设计的表格母版，WPS 还有强大的云端保存功能，可将表格保存在云端，随时随地办公。

1. 工作簿的基本操作

（1）WPS 表格的工作界面

WPS 表格工作界面主要由 WPS 表格首页、文件标签、"文件"菜单、快速访问工具栏、选项卡、功能区、按钮区、名称框、编辑栏、行号、列号、工作表编辑区、工作表标签、状态栏和滚动条等部分组成。WPS 2019 表格窗口的界面如图 4-1-1 所示。

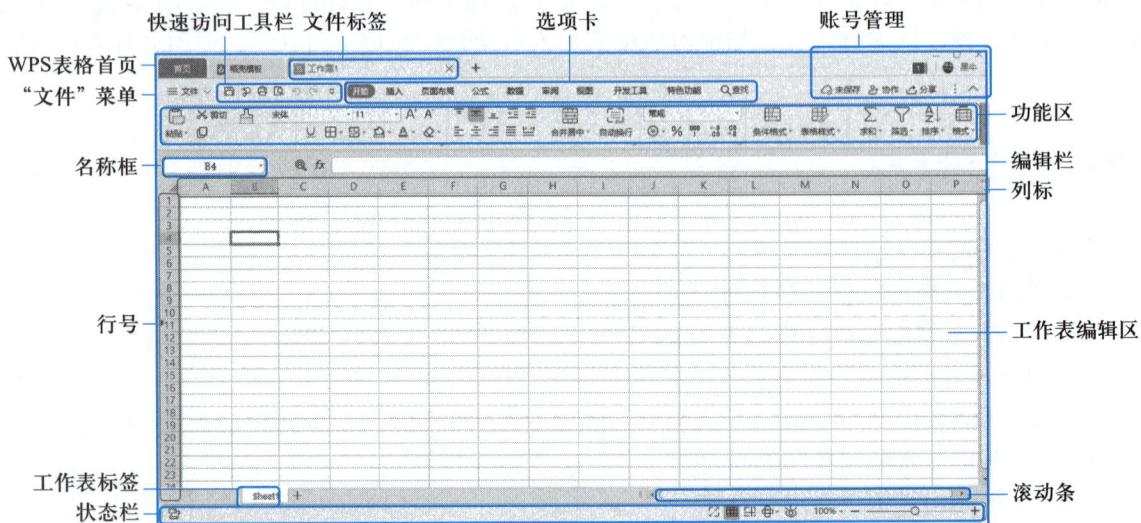

图 4-1-1　WPS 2019 表格窗口界面

（2）新建并保存工作簿

在 WPS 表格中，如果要制作表格，需要先新建并保存工作簿，以便日后查看和编辑表格中的数据。具体操作：选择"文件"→"新建"命令，然后在打开的窗口中选择空白文档或相应模板，完成新建工作簿文件，默认文件扩展名为 xlsx。

（3）加密保护工作簿

在 WPS 表格中，可以使用密码保护工作簿的结构和工作簿内容，以防止他人查看和修改表格中的数据，单击"审阅"选项卡中的"保护工作簿"按钮，打开对话框输入密码即可。

（4）分享工作簿文件

在实际办公过程中，有些表格数据需要多人录入、编辑或多个领导审核、查看，此时，可以采用 WPS 表格的分享功能将表格分享给他人，单击"审阅"选项卡中的"共享工作簿"按钮，在打开的"共享工作簿"对话框中选中"允许多用户同时编辑,同时允许工作簿合并"复选框，单击"确定"按钮，并分享即可完成在线文档创建。

（5）工作簿、工作表和单元格的关系

① 工作簿是指在 WPS 表格环境中用来储存并处理工作数据的文件。在 WPS 表格中，一个工作簿文件就像一本书。每个工作簿可以包含多个工作表，这些工作表可以存储不同类型的数据。WPS 表格默认的工作簿名是 book1，其扩展名是 xlsx。

② 每一个工作簿文件在默认状态下打开 1 个工作表，以 Sheet1 命名，在工作表标签旁可单击"+"按钮添加工作表。WPS 表格中每个工作簿中最多可以有 255 个工作表。工作表的名字显示在工作簿文件窗口底部的标签里，在标签上单击工作表的名字可以实现在同一工作簿中不同工作表间的切换。表格由 1048576 行和 16384 列构成。行的编号是由上到下用 1 ~ 1048576 之间的阿拉伯数字来表示，列的编号则由左到右采用字母 A、B…Y、Z、BA、BB、BC…IV 等来表示。

③ 每张工作表由多个长方形的"存储单元"构成，称为"单元格"，输入的数据都保存在这些单元格内。正在操作的单元格称为"活动单元格"。单元格区域是指一组被选中的单元格，如 A1 : C3 这个单元格区域就代表了从 A1 到 C3 矩形区域共 9 个单元格。当然，单元格区域可以是相邻或彼此分离的。对一个单元格区域的操作就是对该区域中的所有单元格执行相同的操作。当单元格区域被选中后，所选范围内的所有单元格都变成蓝色（此颜色为默认设置），取消时又恢复原样。每个单元格都有固定的地址。例如 Sheet1!B2 代表 Sheet1 工作表中的第 2 行的第 B 列单元格。单元格地址中可以包含工作簿名称和工作表名称，如果没有这两个名称，则表明在当前工作簿、当前工作表中操作。

2. 工作表的基本操作

（1）添加和删除工作表

- 添加工作表：在工作表标签上右击，在弹出的快捷菜单中选择"插入"命令，打开"插入工作表"对话框，在"插入数目"数值框中输入新建的工作表数量，在"插入"栏中设置新工作表的插入位置，单击"确定"按钮。
- 删除工作表：选择需要删除的单张或多张工作表，在工作表标签上右击，并在弹出的快捷菜单中选择"删除工作表"命令，即可删除当前选择的工作表。

（2）重命名工作表

在 WPS 表格中，插入的工作表将自动以 Sheet1、Sheet2、Sheet3……的形式命名，为了方便查看和管理工作表，也可以将工作表重命名为与工作表中内容相符的名称。其方法是：在工作表标签上双击，此时，工作表名称进入可编辑状态（工作表名称呈蓝底白字显示），输入新的工作表名称后，按 Enter 键即可重命名工作表。

（3）移动或复制工作表

右击工作表标签，在弹出的快捷菜单中选择"移动工作表"或"复制工作表"命令，选择目标位置即可。

（4）设置工作表标签颜色

WPS 表格中默认的工作表标签颜色是相同的。为了帮助区别工作簿中的各个工作表，右击工作表标签，在弹出的快捷菜单中选择"工作表标签颜色"命令，在其级联菜单中选择合适的选项即可。

（5）隐藏和显示工作表

为了避免重要的工作表被其他人看到并更改内容，可以将其隐藏，直到需要查看的时候再将隐藏的工作表重新显示出来。操作方法为右击工作表标签，在弹出的快捷菜单中选择"隐藏工作表"或"取消隐藏工作表"命令。

（6）保护工作表

为防止他人在未经授权的情况下编辑或修改工作表中的数据，可以为工作表设置密码。右击工作表标签，在弹出的快捷菜单中选择"保护工作表"命令，选择保护区域，并设置密码即可。如果需要打开编辑，则单击"审阅"选项卡中的"撤销工作表保护"按钮，在打开的提示框中输入正确密码后才可编辑。

3. 单元格的基本操作

（1）插入和删除单元格

单击"开始"选项卡中的"行和列"下拉按钮，在弹出的下拉列表中选择相应选项即可。

（2）合并单元格

在制作表格标题和不规则表格时，经常需要将多个连续的单元格合并为一个单元格。单击"开始"选项卡中的"合并居中"下拉按钮，在弹出的下拉列表中选择合并居中方式。

（3）调整单元格的行高和列宽

当工作表中单元格的行高或列宽不合理时，不仅会影响单元格中数据的显示，还会影响单元格的美观，因此，可以根据需要调整单元格的行号和列宽。单击"开始"选项卡中的"行和列"下拉按钮，在弹出的下拉列表中选择"行高"和"列宽"命令即可。

4. 数据录入

WPS 的数据类型与 Excel 相似，主要包含文本型、数值型、日期型、时间型等，另外还有一种"常规"，就是默认的数据类型。通过右击单元格，在弹出的快捷菜单中选择"设置单元格格式"命令，在打开的对话框"数字"选项卡中可以查看和设置相应数据类型。

（1）导入外部数据源

在制作表格时，如果需要的数据是以其他文件（如 Excel 文件、文本文件、数据库文件等）形式保存到计算机中的，可以通过 WPS 表格提供的导入数据功能将其导入。单击"数据"选项卡中的"导入数据"下拉按钮，然后在弹出的下拉列表中选择导入的数据类型和数据文件即可。

（2）限定录入数据

在录入表格数据时，可以通过下拉列表限定输入的数据，提高数据录入的准确性。单击"数据"选项卡中的"插入下拉列表"按钮在打开的对话框中输入限定数据，如图 4-1-2 所示。

（3）检索数据错误

在录入表格数据时，可以通过 WPS 表格提供的数据有效性功能限制单元格中输入的数据范围和类型，如图 4-1-3 所示。

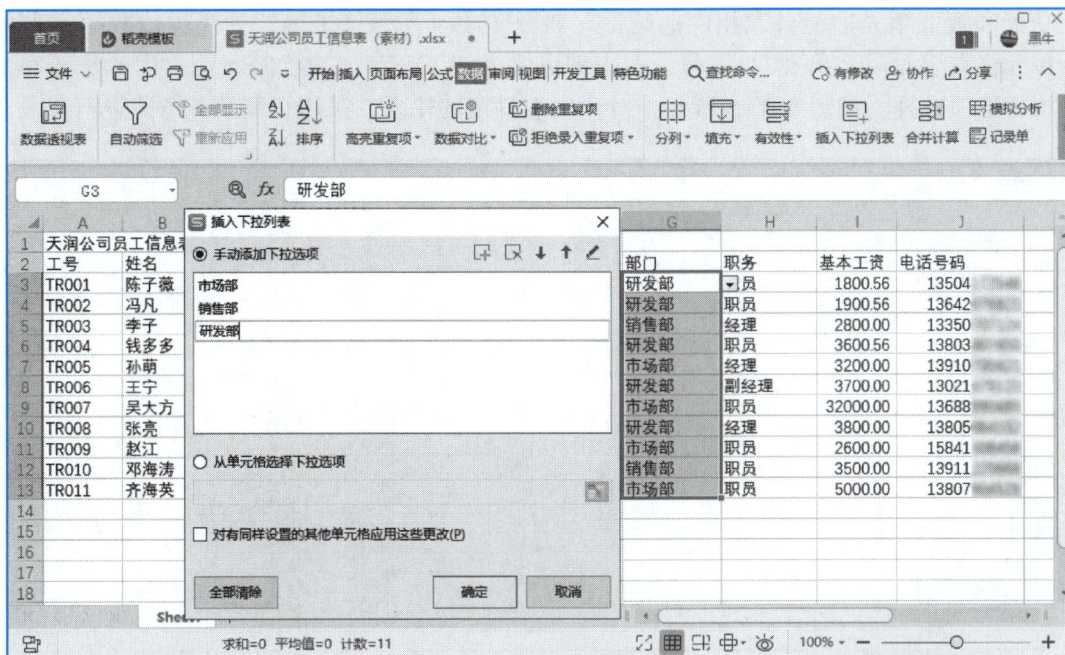

图 4-1-2　下拉列表输入数据

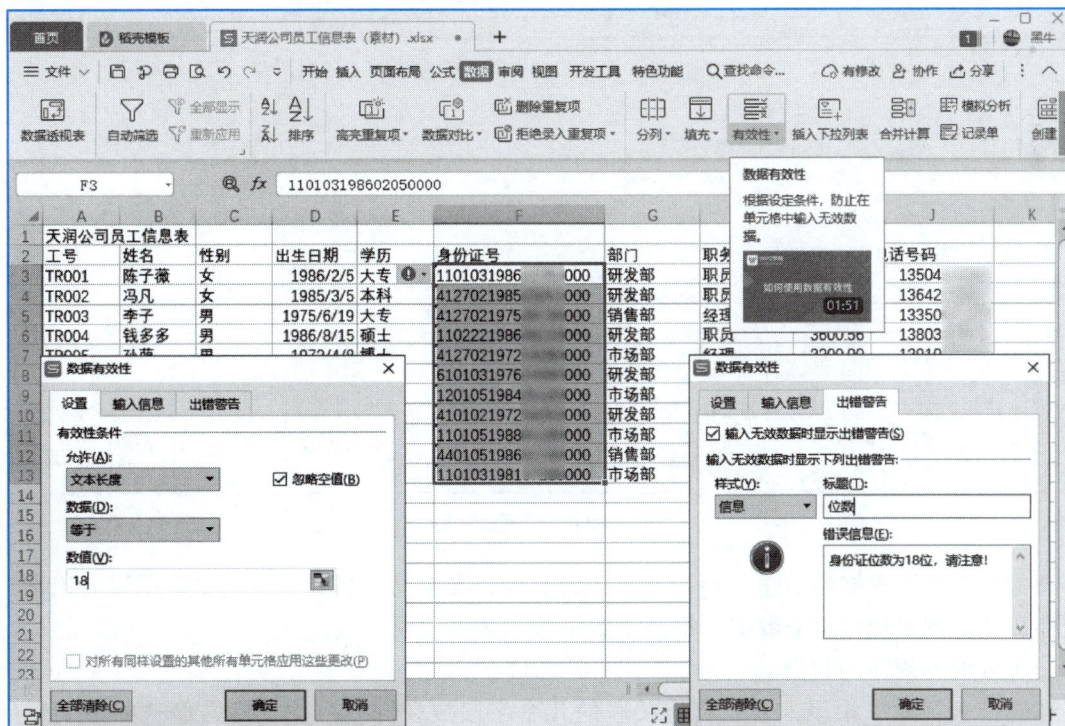

图 4-1-3　数据有效性设置

（4）自动录入数据

在工作表同一行或同一列中输入相同或有规律的数据时，可以通过 WPS 表格提供的自动填充功能和智能填充功能录入相应的数据。如图4-1-4所示"工号"列为连续数据，当光标位于单元格右下角时，出现"+"号，双击即可完成"工号"列的数据录入，并在图4-1-4中进行填充选项选择。如图4-1-5所示，对于出生日期的输入，采用智能填充方式进行。

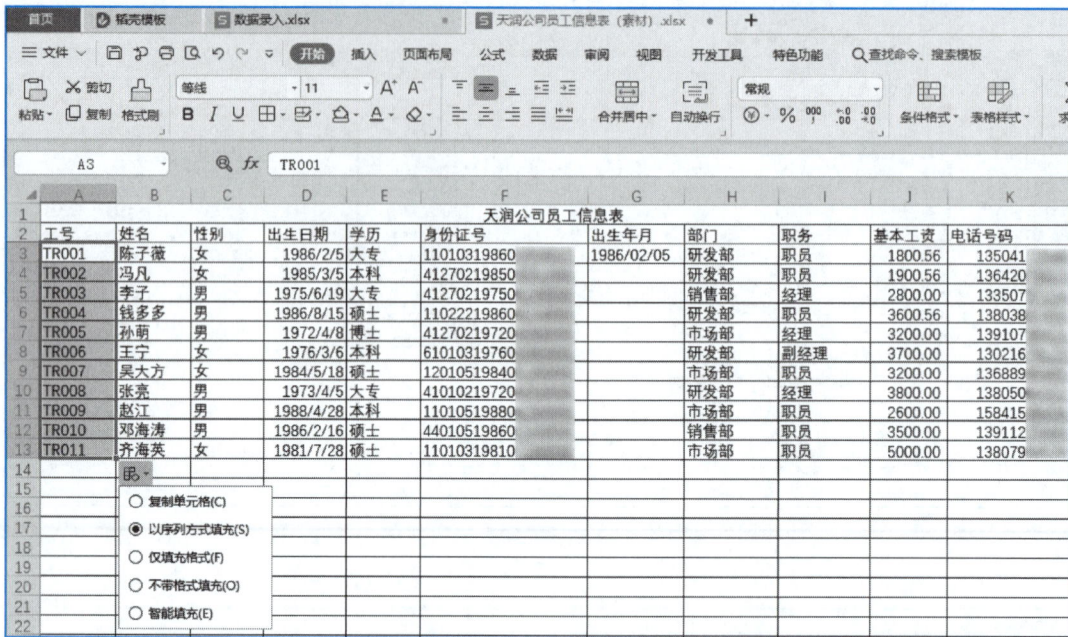

图4-1-4　自动填充序列

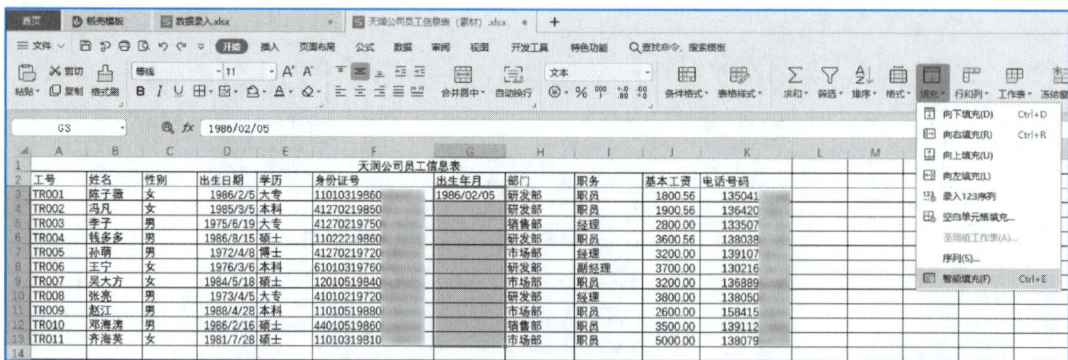

图4-1-5　智能填充

　　智能填充可以根据当前输入的一组或多组数据，参考前一列或后一列中数据智能识别数据的规律，然后按照规律填充数据，提高了数据录入效率。

（5）分列有规律的数据

　　在制作表格时，很多人喜欢将有关联的几个字段放在同一列中显示，但这并不利于后期数据的计算和分析，此时，可使用WPS表格提供的分列功能，快速将一个单元格中的数据按照指定的条件在多列单元格中显示。如图4-1-6所示，首先建立3列空白列表头分别命名为"年""月""日"，将出生日期的分列后置于"年""月""日"3列。

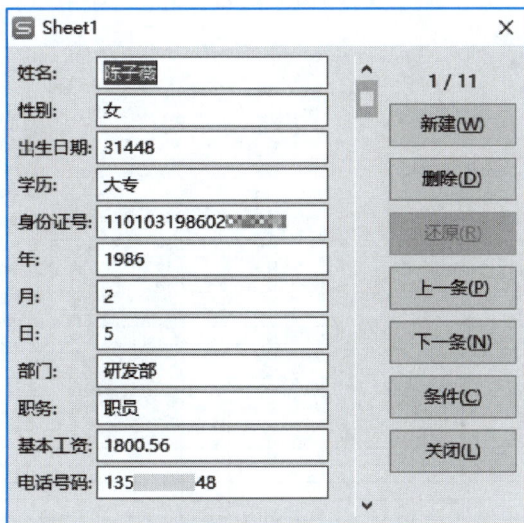

图 4-1-6　分列数据

5. 数据编辑

（1）使用记录单修改数据

使用记录单可以方便地对表格中的数据记录执行添加、修改、查找和删除等操作，避免输入和修改数据时来回切换行、列位置，有利于数据的管理。选定表头及表格内数据。单击"数据"选项卡中"记录单"按钮，打开如图 4-1-7 所示对话框。

微课 4-1
电子表格数据编辑

图 4-1-7　记录单编辑

（2）突出显示重复项

当需要查找表格中相同的数据时，可以通过设置高亮突出显示重复项，这样既快速又方便。单击"数据"选项卡中的"重复项"下拉按钮，在弹出的下拉列表中选择"设置高亮重复项"命令即可完成。

（3）快速定位单元格

在编辑和查看表格数据时，经常需要定位到某个单元格或单元格区域，如果表格中的数据比较多，要想快速找到目标单元格就会有些困难，此时可使用 WPS 表格提供的定位功能，根据条件快速定位。

6. 表格美化

（1）单元格格式

单元格样式集合了字体格式、数字格式、对齐方式、边框和底纹等效果的样式，可用于快速更改单元格的效果。先选定单元格或区域，右击，在弹出的快捷菜单中选择"设置单元格格式"命令，在打开的对话框中设置相关选项。

（2）套用表格样式

使用表格样式可以快速美化选定单元格区域。选定整张表格或单元格区域，单击"开始"选项卡中的"表格样式"下拉按钮，在弹出的下拉列表中选择所需要的格式即可。

（3）条件格式运用

- 如图 4-1-8 所示，设置"部门"列的"研发部"显示为红色文本，单击"开始"选项卡中的"条件格式"下拉按钮，在弹出的下拉列表中选择"突出显示单元格规则"→"等于"命令，在打开的对话框中设定突出显示单元格规则，条件为"等于研发部"，选择"红色文本"，单击"确定"按钮。
- 对于"工资""年""月""日"这些数据列，应用条件格式中的数据条、色阶、图标集则更为直观。
- 条件格式中"项目选取规则"，可以设置"前 10""后 10""前 10%""后 10%""高于平均值""低于平均值"和"其他规则"进行操作。

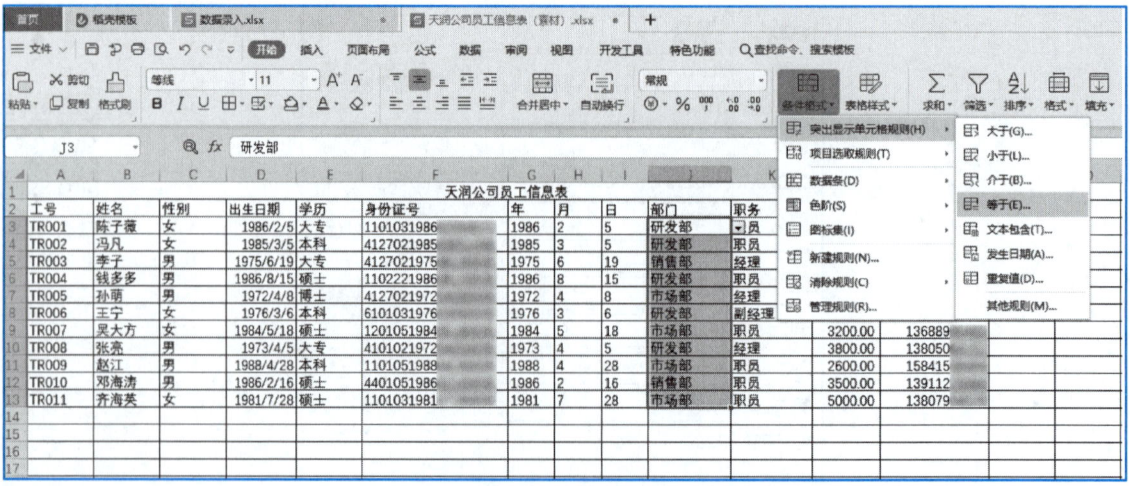

图 4-1-8　条件格式应用

（4）冻结窗格

如果要冻结图 4-1-8 中前两行，须将光标定位到第 3 行，单击"开始"选项卡中的"冻结窗格"下拉按钮，在弹出的下拉列表中选择"冻结至第 2 行"命令，接下来数据行滚动查看时，第 1 行和第 2 行始终固定位置不变。

任务实施

1. 员工信息表的录入

要求完善图 4-1-9 的员工信息表，填入 QQ 邮箱。

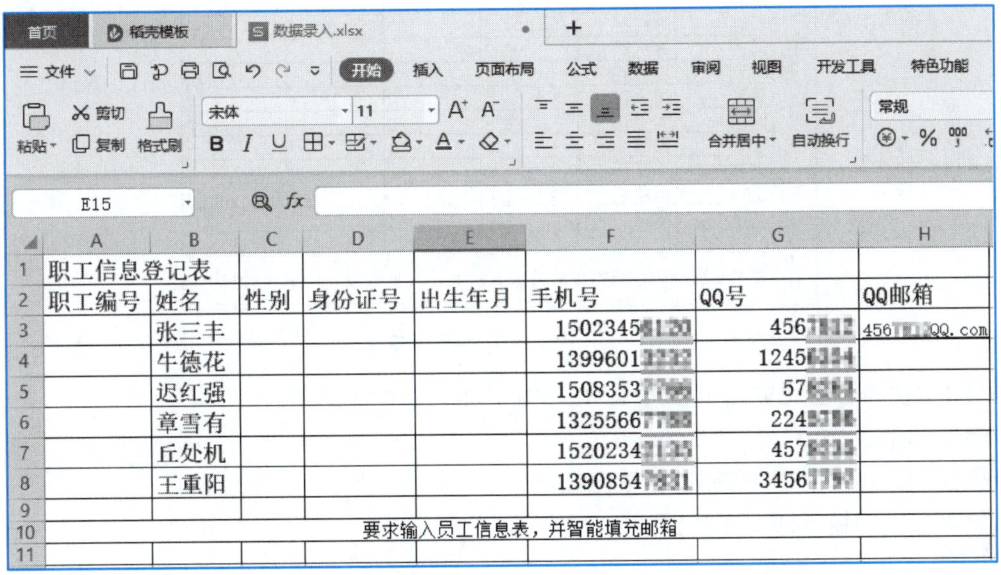

图 4-1-9　QQ 邮箱填充

具体操作步骤如下：

步骤 1：输入第 1 个邮箱 "4567×××@QQ.com"。

步骤 2：然后选择 "QQ 邮箱"列的 h3：h8，单击"开始"选项卡中的"填充"下拉按钮，在弹出的下拉列表中选择"智能填充"命令即可完成。

> 提示：本例中，QQ 邮箱的填充，还可以使用快捷键 Ctrl+E 来完成，输入数据前需要确定数据类型，"职工编号""身份证号数据"为文本类型；"出生年月"均为日期类型；"性别"列为文本类型，使用下拉列表输入；"手机号"为常规类型；"QQ 号"为常规类型。

2. 在不连续的单元格中，填入相同的数据

在下列中的奇数单元格中输入 "8/3"，如图 4-1-10 所示，具体操作步骤如下：

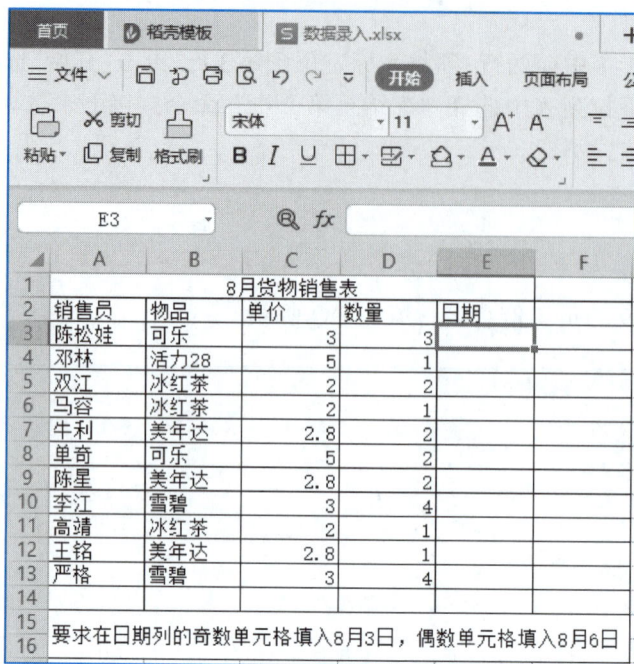

图 4-1-10   日期数据填充输入

步骤 1：选择奇数单元格 E3、E5、E7、E9、E11、E13。

步骤 2：输入"8/3"。

步骤 3：按组合键 Ctrl+Enter，填充完成。

偶数单元格的输入同上述步骤。

3. 下拉式列表

具体操作步骤，如图 4-1-11 所示。

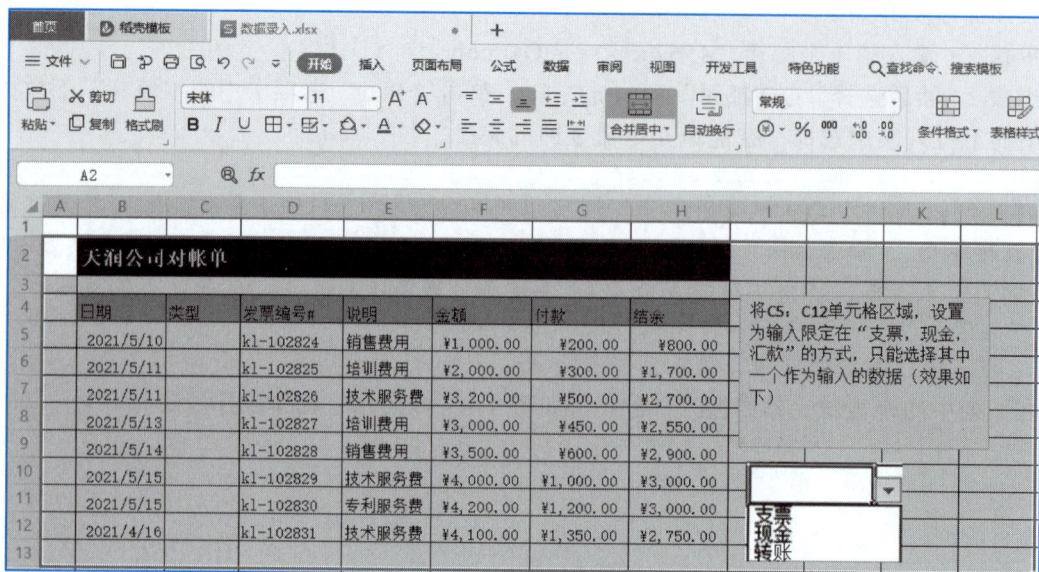

图 4-1-11   下拉列表输入

步骤 1：选择"类型"列的第 5 行～第 12 行。

步骤 2：单击"数据"选项卡中的"插入下拉列表"按钮。

步骤 3：在打开的对话框中选中"手动添加下拉选项"单选按钮，单击"+"号，分别录入"支票""现金""转账"3 个选项，单击"确定"按钮。

> **提示**：如果"支票""现金""转账"3 个选项在单元格存在，可选择从单元格中选择下拉选项。

4. 表格制作流程

对表格制作的具体步骤作归纳，如图 4-1-12 所示。

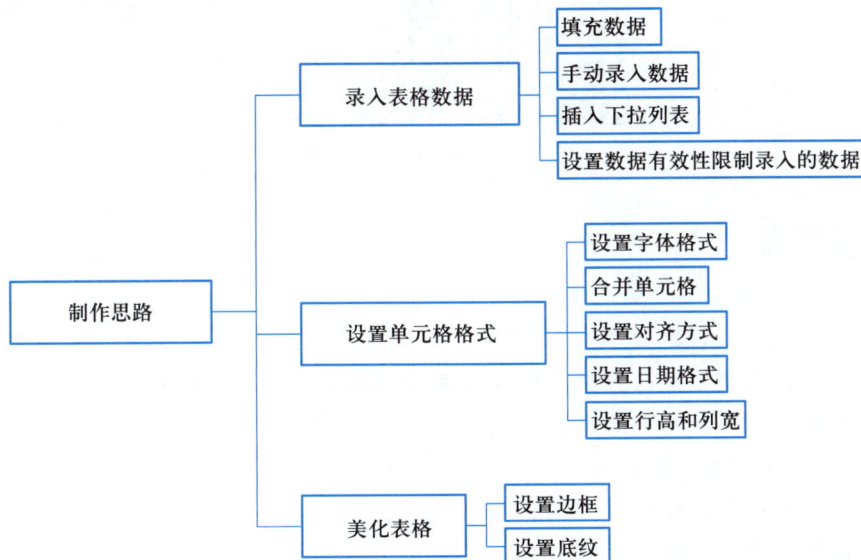

图 4-1-12　表格制作流程

本项目内容围绕表格制作和编辑展开，讲述了表格制作、数据输入、数据编辑、表格美化等内容，结合了 WPS 表格的实际操作方法，请根据表格制作流程图进行学习和思考。

任务 4.2　计算 WPS 表格中的数据

🖑 任务描述

小李学习了表格制作后，将通过认识 WPS 运算符，掌握相对地址、绝对地址、混合地址之间的关系，掌握公式录入的基本操作，学习常用函数的使用，掌握计算方法，对班级期末成绩表进行计算和统计。任务实施的效果如图 4-2-1 所示。

	A	B	C	D	E	F	G	H	I	J
1	2021-2022年度第一学期期末考试成绩表									
2	班级	姓名	语文	数学	英语	总分	平均分	及格否	等级	名次
3	1班	马蓉蓉	93	87	88	268	89.33	√	良好	14
4	1班	宝宝	93	96	91	280	93.33	√	优秀	1
5	2班	成哥	80	87	83	250	83.33	√	良好	33
6	1班	张丰	41	47	54	142	47.33	×	不及格	54
7	2班	黄药	86	85	94	265	88.33	√	良好	15
8	3班	王重阳	87	88	85	260	86.67	√	良好	23
9	3班	周白通	84	92	76	252	84.00	√	良好	31
10	2班	独明珠	95	76	91	262	87.33	√	良好	17
11	2班	马小云	75	97	84	256	85.33	√	良好	27
12	3班	张忌	82	79	91	252	84.00	√	良好	31
13	1班	张翠山	78	96	84	258	86.00	√	良好	24
14	3班	岳不群	52	66	59	177	59.00	×	不及格	53
15	1班	恒山	57	66	63	186	62.00	√	及格	52
16	2班	卡丽	90	89	82	261	87.00	√	良好	21
17	2班	赵敏	88	96	85	269	89.67	√	良好	12
18	1班	宋青书	72	81	78	231	77.00	√	中等	41
19	1班	志奎	97	90	82	269	89.67	√	良好	12
20	1班	张翡	79	82	73	234	78.00	√	中等	39
21	2班	可心	64	88	81	233	77.67	√	中等	40
22	2班	金宝	77	75	79	231	77.00	√	中等	41
23	2班	大全	74	68	74	216	72.00	√	中等	49

L	M	N	O
成绩统计表			
课程	大语	高数	英语
参考人数	54	54	54
最高分	98	98	95
最低分	41	47	54
平均分	80.98	83.96	81.46
85～100人数	27	33	24
70～84人数	16	15	23
60～69人数	6	5	5
60分以下人数	5	1	2
及格率	0.91	0.98	0.96
优良率	0.50	0.61	0.44
1班成绩和	1413	1479	1429
2班成绩和	1626	1606	1587
3班成绩和	1334	1449	1383
1班平均成绩	78.50	82.17	79.39
2班平均成绩	85.58	84.53	83.53
3班平均成绩	78.47	85.24	81.35

图 4-2-1 任务 4.2 效果图

知识储备

1. 输入公式与编辑公式

微课 4-2
电子表格数据处理

（1）运算符

运算符是进行数据计算的基础。WPS 的运算符包括算术运算符、关系运算符、连接运算符和引用运算符。

1）算术运算符

算术运算符包括 +（加）、–（减）、*（乘）、/（除）、%（百分比）、^（乘方）；运算结果：数值型。

2）关系运算符

关系（比较）运算符“=”（等于）、“>”（大于）、“<”（小于）、“>=”（大于或等于）、“<=”（小于或等于）、“<>”（不等于）；运算结果为：逻辑值 TRUE、FALSE。

3）连接运算符

通常用“&”表示，运算结果为连续的文本值。

第 1 种字符型单元格连接：B1=“足球比赛”，B2=“赛程表”，如果 D1=B1&B2，则运算结果：D1=“足球比赛赛程表”。注意，如果要在公式中直接输入文本，必须用双引号把输入的文本括起来。

第 2 种数字连接：E1=123&456，运算结果：E1=123456。

4）引用运算符

“：”冒号可作为区域运算符，用于单元格区域中数据的引用。

“，”逗号可作为联合运算符，用于对单元格数据的引用。

例如，求 A1：A3 运算结果，表示由 A1、A2、A3 共 3 个单元格组成的区域。

例如，求 SUM（A1，A2，A5）运算结果，表示对 A1、A2、A5 共 3 个单元格中的数据求和。

这 4 类运算符的优先级从高到低依次为：引用运算符、算术运算符、连接运算符、关系运算符。所有运算中括号最优先，每类运算符根据优先级计算，当优先级相同时，按照自左向右规则计算。

（2）输入公式

公式可以是由一种运算，一个函数或多个运算和函数组成。WPS公式是对数据进行处理的算式，相当于数学中的表达式。

例如，公式"=A1+B3"由等号、运算数和运算符三部分组成。

（3）编辑公式

对单元格中的公式可以像对单元格中的其他数据一样进行编辑，包括进行修改、复制、移动和删除等操作。

（4）公式返回错误值及其产生原因

见表4-2-1。

表4-2-1　公式返回错误代码及其产生原因

返回的错误值	产生的原因
#####!	公式计算的结果太长，单元格宽度不够
@div/0!	除数为0
#N/A	公式中无可用的数值或缺少语法参数
#NAME?	除数中公式中使用的名称非法或使用了不存在的名称，或拼写错误
#NULL!	使用了不正确的区域运算，或存在不正确的单元格引用
#NUM!	在需要数字参数的函数中使用了不能接受的参数，或公式计算结果数字太大或大小，Excel无法表示
#REF!	单元格引用无效
#VALUE!	需要数字或逻辑时填入了文本

2. 单元格的引用

在公式中使用单元格引用的作用是引用一个单元格或一组单元格的内容，这样可以使用工作表不同部分的数据进行所期望的计算。在WPS中，可以使用相对引用、绝对引用及混合引用来表示单元格的位置。在创建的公式时必须正确使用单元格的引用类型。

（1）单元格的相对引用

下面以计算3门学科的总成绩为例。将C5单元格成为活动单元格，在编辑栏中输入"=C2+C3+C4"，将C2、C3、C4共3个单元格求和并置于C5单元格中，将公式复制到D5单元格，发现D5单元格中的公式与C5单元格的公式不一致，原因是相对引用时，单元格行列会发生变化，具体操作请自行实践。

（2）单元格的绝对引用

在列字母及行号的前面加上"$"号，这样就变成了绝对引用。例如，在C5单元格中输入"=$C$2+$C$3+$C$4"，再把C5中的公式复制到D5单元格中，数据在D5单元格中与C5单元格一致。

（3）单元格的混合引用

在某些情况下，复制时只想保留行号固定不变或保留列号固定不变，这时可以使用混合引用。例如，引用 $C5 使得列号保持不变，引用 C$5 则是行号保持不变。

（4）单元格的三维引用

WPS 表格中，工作表名称和工作簿名称出现在单元格的引用中，则为三维引用，例如"=[工资报表 .xlsx]Sheet1!C2"这个公式引用的是"工资报表"工作簿中"Sheet1"工作表中"C2"单元格。用得较多的三维引用是对工作表的引用，既可以引用单元格，也可以引用区域。

（5）公式的自动填充

输入公式后，可进行横向或纵向填充，利用填充柄进行填充，当光标移至单元格的右下方出现"+"时双击即可完成。

3. 插入和使用函数

（1）手工输入函数

对于一些单变量的函数或者一些简单的函数，可以采用手工输入的方法。手工输入函数的方法与在单元格中输入公式的方法一样。先在编辑栏中输入"="号，然后直接输入函数即可。例如，可以在单元格中输入下列函数"=SQRT（B2：B4）""=SUM（C3：C9）"。

（2）使用"函数"对话框输入函数

对于比较复杂的函数或者参数比较多的函数，则经常使用"函数"对话框来输入。"函数"对话框可以引导用户一步一步地输入一个复杂的函数，以避免在输入过程中产生错误。

具体步骤：选择要输入函数的单元格，单击"公式"选项卡中的"插入函数"按钮或者单击"公式"选项卡中的"全部"下拉按钮，在弹出的下拉列表中选择所需要的函数。

4. 常用函数

（1）WPS 函数的分类

WPS 函数分为财务、逻辑、文本、日期和时间、查找与引用、数学和三角及其他函数。其中，应用最多是常用函数。函数公式中的符号、标点、括号必须在英文状态下输入。

（2）常用函数介绍

① 求和函数 SUM。

② 求平均值函数 AVERAGE。

③ IF 条件判断函数。单击单元格后选择 IF 函数，分别输入条件表达式、条件成立时的返回值、条件不成立时的返回值。

④ RANK 函数。RANK 函数是一个排名函数，将某个数据置于这个数据所在的区域进行比较，参数"0"或省略为降序排列，非 0 表示升序排列。

⑤ COUNT 函数统计数值单元格个数。

⑥ COUNTIF 函数统计满足一定条件的数值单元格个数。

⑦ SUMIF 函数对满足一定条件的数据求和。

⑧ AVERAGEIF 函数对满足一定条件的数据求平均值。

🖐 任务实施

1. 学生成绩表数据处理

如图 4-2-2 所示，以下将对学生成绩表进行计算总分、计算平均分，判断是否及格和确定等级、计算名次等处理。

	A	B	C	D	E	F	G	H	I	J	K	L	M	N	O
1	2021-2022年度第一学期期末考试成绩表											成绩统计表			
2	班级	姓名	语文	数学	英语	总分	平均分	及格否	等级	名次		课程	大语	高数	英语
3	1班	马蓉蓉	93	87	88	268						参考人数			
4	1班	宝宝	93	96	91	280						最高分			
5	2班	成哥	80	87	83	250						最低分			
6	1班	张丰	41	47	54	142						平均分			
7	2班	黄药	86	85	94	265						85~100人数			
8	3班	王重阳	87	88	85	260						70~84人数			
9	3班	周白通	84	92	76	252						60~69人数			
10	2班	独明珠	95	76	91	262						60分以下人数			
11	2班	马小云	75	97	84	256						及格率			
12	3班	张忌	82	79	91	252						优良率			
13	1班	张翠山	78	96	84	258						1班成绩和			
14	3班	岳不群	52	66	59	177						2班成绩和			
15	1班	恒山	57	66	63	186						3班成绩和			
16	2班	卡丽	90	89	82	261						1班平均成绩			
17	2班	赵敏	88	96	85	269						2班平均成绩			
18	1班	宋青书	72	81	78	231						3班平均成绩			

图 4-2-2　学生成绩表

（1）计算总分

使用求和函数 SUM，在 F3 单元格中输入公式“=SUM（C3：E3）”。

（2）计算平均分

在 G3 单元格中输入公式“=ROUND（AVERAGE（C3：E3），1）”（要求四舍五入，保留 1 位小数），ROUND 是四舍五入函数，两个函数组合使用。

（3）判断是否及格和确定等级

IF 函数的简单使用，H3 单元格公式为“=IF（G3>=60，" 及格 "，" 不及格 "）”。

IF 函数的嵌套使用，I3 单元格公式为“=IF（G3>=90，" 优秀 "，IF（G3>=80，" 良好 "，IF（G3>=70，" 中等 "，IF（G3>=60，" 及格 "，" 不及格 "））））”。

（4）计算名次

使用 RANK 函数，在 J3 单元格中输入公式“=RANK（F3，$F$3：$F$56，0）”，F3 为比较的单元格，“$F$3:$F$56”是比较数据范围，0 或忽略表示降序排列，非 0 值表示升序排列。

（5）计算最高分和最低分

使用 MAX 函数和 MIN 函数，在 C60 单元格中输入公式“=MAX（C3：C56）”，在 C61 单元格中输入公式“=MIN（C3：C56）”。

（6）统计总人数

使用 COUNT 函数，在 M3 单元格中输入公式“=COUNT（C3：C56）”。

2. 学生成绩表数据处理 Ⅱ

以下将对学生成绩表进行统计及格人数、计算及格率和优良率等操作。

（1）统计及格人数和满足其他条件的人数

使用 COUNTIF 函数：

在 M7 单元格中输入公式“=COUNTIF（C3：C56，">=85"）”。

在 M8 单元格中输入公式“=COUNTIF（C3：C56，">=70"）-M7”。

在 M9 单元格中输入公式“=COUNTIF（C3：C56，">=60"）-M7-M8”。

在 M10 单元格中输入公式“=COUNTIF（C3：C56，"<60"）”。

（2）计算及格率和优良率（85 分以上）

使用公式中的运算符（除法运算符）。

在 M11 单元格中输入公式"=（M7+M8+M9）/M3"。

在 M12 单元格中输入公式"=M7/M3"。

设置及格率和优良率为百分比格式。

（3）计算不同班级各科总分

使用 SUMIF 函数：

M13 单元格中公式为"=SUMIF（$A$3：$A$56，"1 班"，C3：C56）"。

M14 单元格中公式为"=SUMIF（$A$3：$A$56，"2 班"，C3：C56）"。

M15 单元格中公式为"=SUMIF（$A$3：$A$56，"3 班"，C3：C56）"。

（4）计算不同班级各科平均分

使用 AVERAGEIF 函数：

M16 单元格中公式为"=AVERAGEIF（$A$3：$A$56，"1 班"，C3：C56）"。

M17 单元格中公式为"=AVERAGEIF（$A$3：$A$56，"2 班"，C3：C56）"。

M18 单元格中公式为"=AVERAGEIF（$A$3：$A$56，"3 班"，C3：C56）"。

3. VLOOKUP 查找函数应用

[例 4-2-1]　如图 4-2-3 所示，在 B15 单元格中输入公式"=VLOOKUP（A15，$B$3：$D$10，3，FALSE）"，其中 A15 代表需要查找的目标值，$B$3：$D$10 代表查找范围，3 代表查找后返回列值，FALSE 表示精确查找。本例查找数据来自本表内，请自行学习查找其他工作表中的数据。

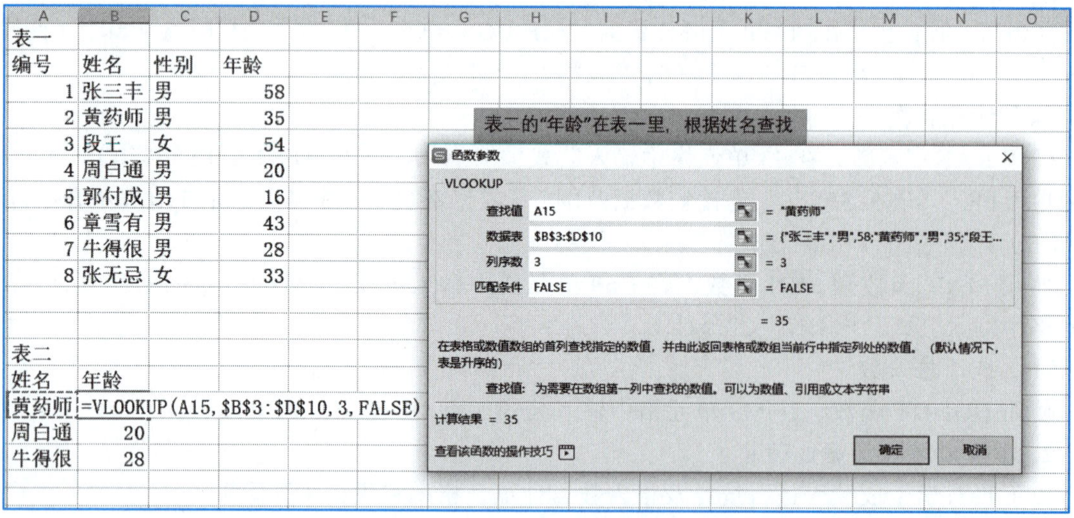

图 4-2-3　VLOOKUP 函数 1

[例 4-2-2]　如图 4-2-4 所示，在单元格 C2 中用公式向导完成，查找数据来自另一张工作表。

本项目内容以表格计算为主要内容进行展开，讲述了输入公式与编辑公式、运算符种类及优先级、单元格引用、插入函数与使用函数、常见函数等内容，结合学生成绩表的实际操作方法，在任务实施环节大量使用了公式，这些公式是进行计算的基础。

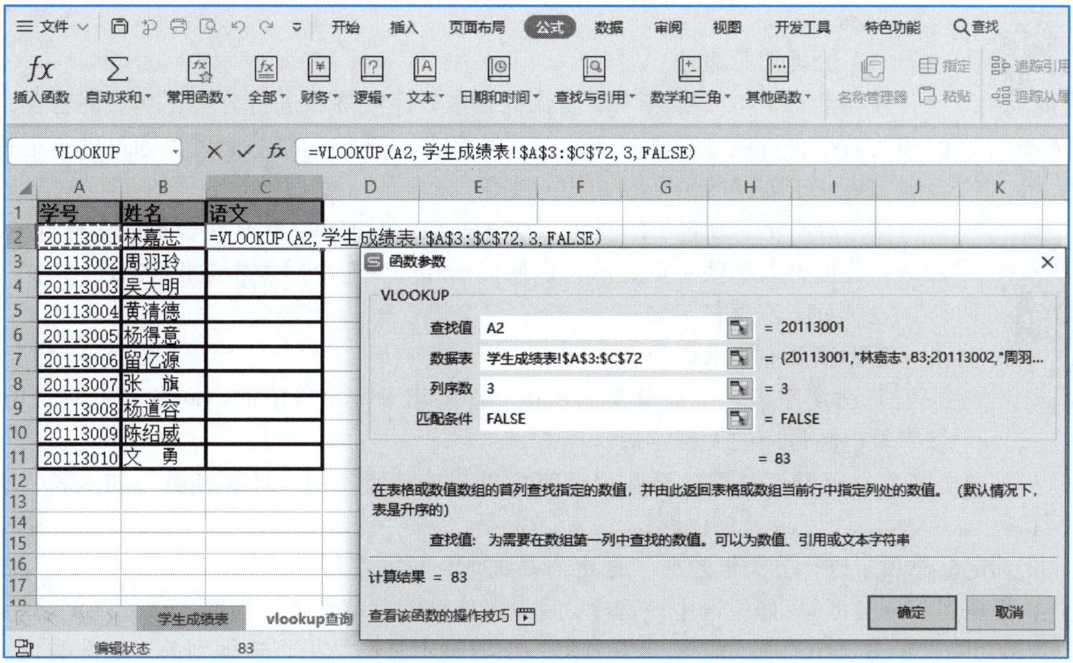

图 4-2-4　VLOOKUP 函数 2

任务 4.3　分　析　数　据

任务描述

在很多实际应用中，常常需要根据某些条件对数据记录进行排序、筛选、分类汇总以及建立数据透视表等操作，以提取有用数据进行分析，如在期末成绩表中选出成绩优秀的学生、对成绩进行排名等。

知识储备

1. 数据清单

数据清单是指在 WPS 表格中以关系数据库方式存放在一个连续单元格区域中的数据，是一种包含一行列标题和多行数据且每行同列数据的类型和格式完全相同的表，清单中每一列的第 1 个单元格内容为字段名，字段行以下的各行称为记录。

2. 排序

在 WPS 表格中，排序是指将数据以某一个或几个关键字段为基准，将记录按值的升序或降序方式进行排序。

3. 筛选

筛选，就是在数据清单中查找满足特定条件的记录，它是一种查找数据的快速方法。使用筛选可以在数据清单中仅显示满足条件的数据，而将不符合条件的数据暂时隐藏起来。筛选主要分为自动筛选（简单筛选）和高级筛选两类。

微课 4-3
数据排序

微课 4-4
数据筛选

4. 分类汇总

（1）分类汇总概述

分类汇总是指按照某一字段将记录按升序或降序进行分类，然后对各类记录的相关数据进行统计，如求和、求平均数等。分类汇总功能可以通过数据透视表实现，更便于数据的更新和结构的变化。

使用分类汇总功能，用户可以建立分级数据清单，实现对数据的多样性统计，每一级数据可以单独一页显示，以便显示和隐藏每个分类汇总的明细行。

（2）分类汇总相关知识

分类汇总主要术语及含义如下。

① 分类字段：记录分类的依据，即将记录按字段值的不同分为不同的几组，该字段也是排序的关键字段。

② 汇总方式：在分类汇总中，对数值型字段进行统计所使用的计算函数，如求和、求平均值等。

③ 选定汇总项：进行分类汇总时，选定需要进行计算的字段。

④ 替换当前分类汇总：如果选中该选项，后一次分类汇总结果将替换前一次分类汇总结果，只得到最后一次的分类汇总操作结果；否则后一次分类汇总的结果将追加到前一次分类汇总的结果上。

⑤ 每组数据分页：分类汇总完成后，WPS 表格将产生三级汇总结果，可以根据需要单击分类汇总后左上角的"汇总级别"按钮，显示折叠或展开相应级别的数据。选中该选项后，三级数据将会每一组数据自动分页，方便打印。

⑥ 汇总结果显示在数据下方：选中该选项后，汇总结果将显示在记录明细行下方；不选中此选项，汇总结果将显示在记录明细行的上方。默认方式为选中该项，将结果显示在记录明细行下方，方便数据查阅。

5. 数据透视表

（1）数据透视表概述

数据透视表是一种交互式的表格，可以选择多个字段的不同组合，用于快速数据汇总、分析数据之间的关系，查看不同的数据信息。当改变数据透视表字段布置时，将重新计算数据，如果原始数据发生更改，则可以更新数据透视表。

（2）数据透视表结构的基本概念

① "行"区域：数据透视表中最左侧的标题，位于"数据透视表"表中"行"区域内的内容。

② "列"区域：数据透视表中最上面的标题，位于"数据透视表"表中"列"区域内的内容。

③ "筛选器"区域：数据透视表中最上面的标题，位于"数据透视表"表中"筛选"区域内的内容。

④ "值"区域：要统计的数据列，位于数据透视表的"数值"区域，用于执行各种计算。

🖑 任务实施

1. 排序

（1）单字段排序

WPS 表格中，将某个字段按指定的条件进行排序的方式称为单字段排序，该字段称为关键字段。

[例 4-3-1]　在"2021年度职工考勤汇总表"工作表中，将数据记录以"迟到（次数）"字段进行降序操作。

步骤 1：打开 WPS 表格文件"2021年度职工考勤汇总表"工作表。

步骤 2：选择关键字段"迟到（次数）"所在列的任何一个单元格，如图 4-3-1 所示的数据窗口。

	A	B	C	D	E	F	G
1				2021年度职工考勤汇总表			
2	工号	姓名	学历	部门	迟到（次数）	早退（次数）	旷工（天数）
3	1011001	冯兩	硕士	研发部	0	1	0
4	1011002	夏雪	大专	销售部	5	0	2
5	1011003	成城	大专	销售部	8	4	1
6	1011004	刘清美	博士	研发部	12	3	5
7	1011005	林为明	博士	研发部	5	0	0
8	1011006	吴正宏	本科	生产部	2	0	1
9	1011007	任征	硕士	生产部	4	4	0
10	1011008	宋明珠	硕士	生产部	9	0	0
11	1011009	马仁甫	大专	生产部	6	7	4
12	1011010	钟尔慧	大专	秘书处	0	1	3
13	1011011	李好	大专	策划部	4	3	1
14	1011012	王萌萌	本科	生产部	7	0	5

图 4-3-1　选择排序关键字段

步骤 3：在如图 4-3-2 中，单击"数据"选项卡中的"排序"下拉按钮，在弹出的下拉列表中选择"自定义排序"命令，或单击"开始"选项卡中的"排序"下拉按钮，在弹出的下拉列表中选择"自定义排序"命令。

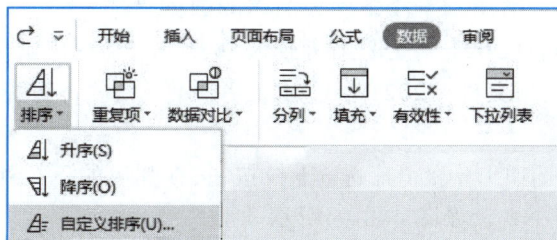

图 4-3-2　字段排序命令

步骤 4：在打开的如图 4-3-3 所示"排序"对话框中，在"主要关键字"下拉列表框中选择"迟到（次数）"，其对应"次序"下拉列表框中选择"降序"，参数设置如图 4-3-3 所示。

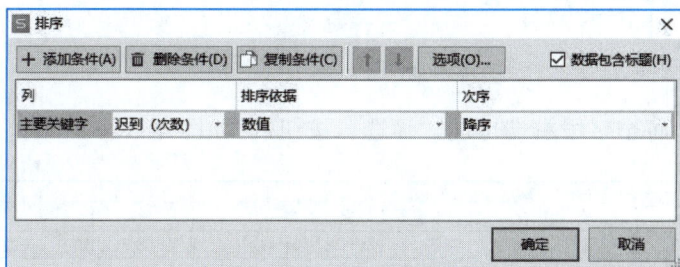

图 4-3-3　字段排序参数设置

步骤 5：单击"确定"按钮，数据降序排序结果如图 4-3-4 所示。

	工号	姓名	学历	部门	迟到（次数）	早退（次数）	旷工（天数）
				2021年度职工考勤汇总表			
3	1011036	石富财	硕士	销售部	18	0	4
4	1011013	赵卓	本科	生产部	14	0	10
5	1011047	李发财	大专	生产部	14	5	4
6	1011051	高晓萍	大专	生产部	14	7	2
7	1011004	刘清美	博士	研发部	12	3	5
8	1011052	冯峥	大专	生产部	12	4	0
9	1011021	张大全	硕士	人事处	11	1	1
10	1011037	沈琳琳	大专	生产部	11	6	5
11	1011029	王玉琴	硕士	人事处	10	0	0
12	1011008	宋明珠	硕士	生产部	9	0	0
13	1011022	张佳	硕士	研发部	9	0	4
14	1011028	徐圣杰	硕士	人事处	9	1	0
15	1011040	沈晖	硕士	生产部	9	1	1
16	1011003	成城	大专	销售部	8	4	1
17	1011015	祝新建	本科	销售部	8	7	0

图 4-3-4　字段排序结果

（2）多字段排序

多字段排序是指先按第一关键字段即主要关键字段进行排序；如果结果关键字段有相同值的记录（图 4-3-4 中有多个人的"迟到天数"相同），再按照第二关键字段即次要关键字段进行排序；如果次要关键字段中有相同的值，再按第三关键字段进行排序，以此类推。

2. 筛选

（1）自动筛选

自动筛选即简单筛选，适用于字段条件较简单的数据筛选。

［**例 4-3-2**］　在工作表"2021 年度职工考勤汇总表"中，筛选出学历为"本科"的数据记录。

步骤 1：打开 WPS 表格文件"2021 年度职工考勤汇总表"，将光标定位于需要筛选的工作表中任意单元格内。

步骤 2：单击"数据"选项卡中的"筛选"下拉按钮，在弹出的下拉列表中选择"筛选"命令，即执行简单（自动）筛选命令，如图 4-3-5 所示。

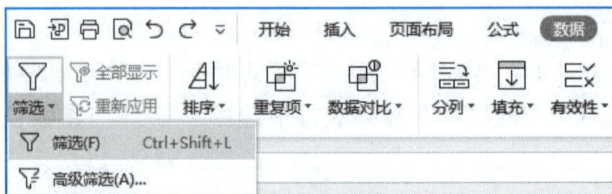

图 4-3-5　自动筛选命令

此时在标题行上每个字段右端出现"筛选"按钮，如图 4-3-6 所示。

图 4-3-6　自动筛选

步骤 3：在"学历"字段右侧单击下三角"筛选"按钮，在如图 4-3-7 所示的列表框中选中"本科"复选框，取消选中其他选项。

步骤 4：单击"确定"按钮，得到筛选结果为条件满足学历"本科"的记录，如图 4-3-8 所示。

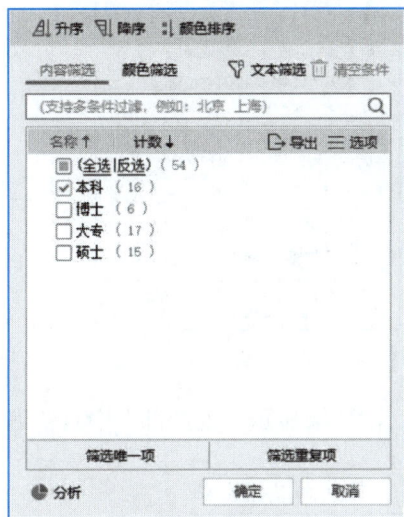

图 4-3-7 选择筛选条件

图 4-3-8 自动筛选结果

（2）高级筛选

当筛选条件比较复杂时，如多个条件之间形成一个或多个关系，就无法使自动筛选功能，需要使用高级筛选。

使用高级筛选时，首先需要设置好筛选条件，再按筛选的步骤来操作。WPS 表格主要包含两种条件的筛选。一种是"与"筛选条件，另一种为"或"筛选条件。其中，使用"与"筛选条件可以筛选出同时满足两个条件的数据；而使用"或"筛选条件可以筛选出满足两个条件之一的数据。

［例 4-3-3］ 在"2021 年度职工考勤汇总表"工作表中筛选"生产"部门中且"迟到（次数）"不超过 5 次的所有记录。

步骤 1：打开 WPS 表格"2021 年度职工考勤汇总表"，在条件区域"I3：J4"区域输入筛选条件，如图 4-3-9 所示。

图 4-3-9 高级筛选条件区域

步骤 2：单击"数据"选项卡中的"筛选"下拉按钮，在弹出的下拉列表中选择"高级筛选"命令，如图 4-3-10 所示。

步骤 3：打开如图 4-3-11 所示"高级筛选"对话框，设置筛选结果存放方式为"在原有区域显示筛选结果"，数据源列表区域为"$A$2：$G$56"，条件区域为"Sheet1!$I$3：$J$4"。

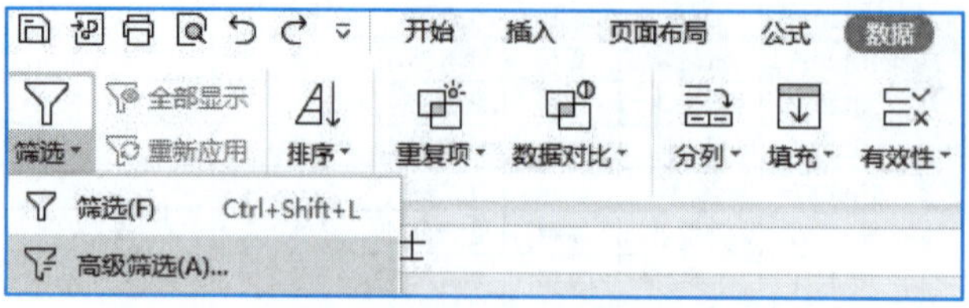

图 4-3-10　高级筛选命令

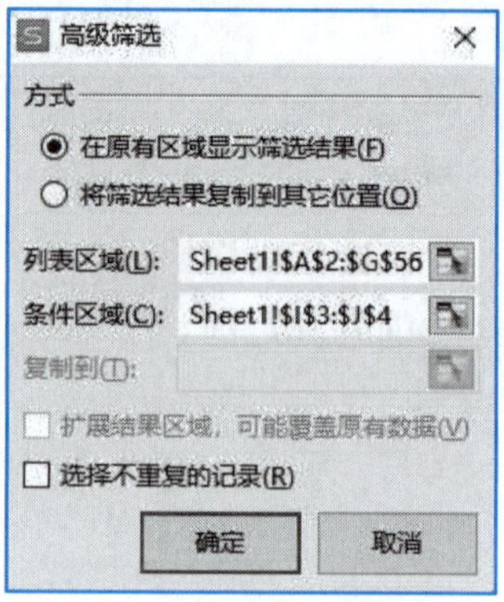

图 4-3-11　高级筛选参数设置

步骤 4：单击"确定"按钮，查看筛选结果，如图 4-3-12 所示，结果显示"生产部"中且"迟到（次数）"不超过 5 次的所有记录。

图 4-3-12　例 4-3-3 的高级筛选结果

[例 4-3-4]　在表格文件"2021 年度职工考勤汇总表"工作表中筛选"生产部"中且学历为"博士"和"销售部"中学历为"硕士"的所有记录。

步骤 1：打开 WPS 表格文件"2021 年度职工考勤汇总表"工作表，在条件区域"I3：J5"区域确定筛选条件，如图 4-3-13 所示。

图 4-3-13　高级筛选条件区域

步骤 2：单击"数据"选项卡中的"筛选"下拉按钮，在弹出的下拉列表中选择"高级筛选"命令，如图 4-3-10 所示。在打开的如图 4-3-14 所示"高级筛选"对话框中，设置筛选结果存放方式为"将筛选结果复制到其他位置"，数据源列表区域为"$A$2：$G$56"，条件区域为"Sheet1!$J$3：$K$5"。

步骤 3：在如图 4-3-14 所示的"高级筛选"参数设置对话框中，单击"复制到"选项右边的折叠按钮，打开"高级筛选"对话框，如图 4-3-15 所示，选择数据源下方的 A58 单元格。

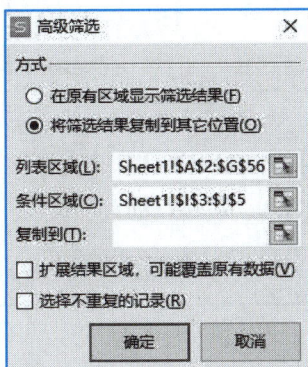

图 4-3-14　高级筛选参数设置　　图 4-3-15　高级筛选结果区域

步骤 4：单击"高级筛选"对话框右侧的折叠按钮，返回"高级筛选"对话框，各项参数设置结果如图 4-3-16 所示。

步骤 5：单击"确定"按钮，查看筛选结果，如图 4-3-17 所示。

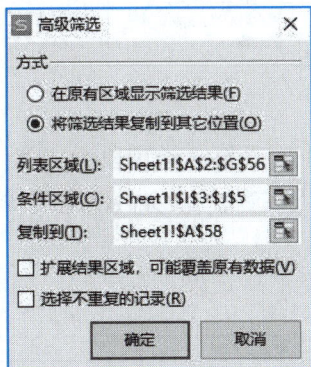

图 4-3-16　完成高级筛选参数设置

58	工号	姓名	学历	部门	迟到（次数）	早退（次数）	旷工（天数）
59	1011036	石富财	硕士	销售部	18	0	4
60	1011038	沈东霞	博士	生产部	7	2	0
61	1011044	李珍珍	硕士	销售部	7	12	6

图 4-3-17　例 4-3-4 的高级筛选结果

3. 分类汇总

（1）操作要求

① 执行分类汇总之前，必须先将分类字段作为关键字段进行排序，将关键字段值相同记录排列在一起。注意，汇总的关键字段一定是已排序字段，二者必须相同。

② 分类字段一般是文本字段，并且该字段中具有多个相同字段名的记录，如"学历"，否则分类汇总失去操作意义。

（2）分类汇总应用

[例 4-3-5]　将 WPS 表格文件"2021 年度职工考勤汇总表"的数据按部门分类，对"迟到（次数）""早退（次数）"进行求和操作。

步骤 1：打开 WPS 表格文件"2021 年度职工考勤汇总表"工作表，按排序的方法对"部门"字段进行"升序"（或"降序"）排列，如图 4-3-18 所示。

步骤 2：选择源数据区域 A2：G56，单击"数据"选项卡中的"分类汇总"按钮，打开如图 4-3-19 所示的对话框。

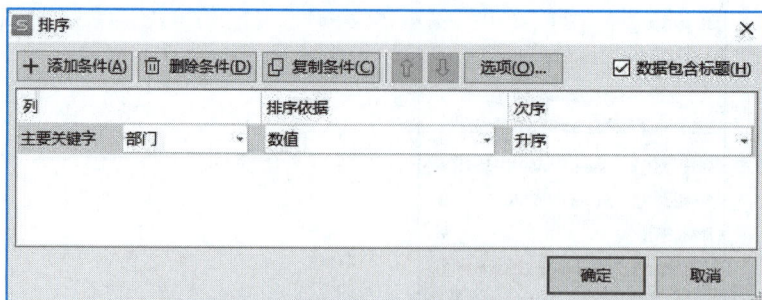

图 4-3-18   部门升序排序

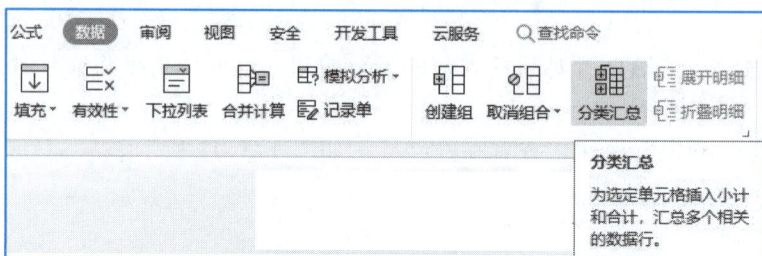

图 4-3-19   分类汇总命令

步骤 3：在打开的如图 4-3-20 所示"分类汇总"对话框中，设置分类字段为"部门"，汇总方式为"求和"，选定汇总项为"迟到（次数）"和"早退（次数）"，分别选中"替换当前分类汇总"和"汇总结果显示在数据下方"两个复选框。

步骤 4：单击"确定"按钮，得到如图 4-3-21 所示的分类汇总结果。

图 4-3-20   分类汇总参数

1	2021年度职工考勤汇总表						
2	工号	姓名	学历	部门	迟到（次数）	早退（次数）	旷工（天数）
3	1011011	李好	大专	策划部	4	3	1
4				策划部 汇总	4	3	
5	1011010	钟尔慧	大专	秘书处	0	1	3
6	1011016	赵建民	硕士	秘书处	0	0	0
7	1011020	张金宝	大专	秘书处	8	0	2
8	1011032	王 红	硕士	秘书处	2	3	0
9	1011043	梁佳嘉	大专	秘书处	3	0	4
10	1011046	李国华	本科	秘书处	3	2	0
11				秘书处 汇总	16	6	
12	1011017	张志奎	大专	人事处	7	4	1
13	1011018	张莹翡	大专	人事处	5	1	0
14	1011021	张大全	硕士	人事处	11	1	1
15	1011028	徐圣杰	硕士	人事处	9	1	0
16	1011029	王玉琴	硕士	人事处	10	0	0
17	1011041	钮敏明	大专	人事处	2	1	0
18				人事处 汇总	44	8	

图 4-3-21   分类汇总结果

4. 数据透视表

利用 WPS 数据透视表工具，对"2021 年度职工考勤汇总表"中的数据进行分析，可以快速得到不同部门各个职工的汇总情况，通过对比，可以制作出漂亮的数据透视表。数据透视表的创建示例如下。

[**例 4-3-6**]　建立表格文件"2021 年度职工考勤汇总表"的数据透视表。其中，"报表筛选"字段为"姓名"，"列标签"字段为"学历"，"行标签"段为"部门"，"数值"字段为"迟到（次数）""早退（次数）""旷工（天数）"。

步骤 1：打开表格文件"2021 年度职工考勤汇总表"，选择工作表中需要分析的单元格区域，如 A2：G56，然后单击"数据"选项卡中的"数据透视表"按钮，如图 4-3-22 所示；或单击"插入"选项卡中的"数据透视表"按钮。

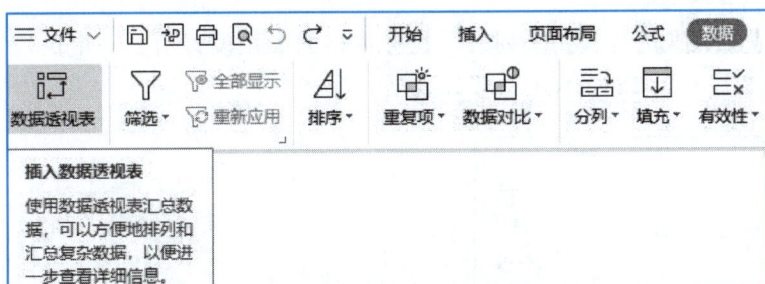

图 4-3-22　"数据透视表"按钮

步骤 2：在打开的如图 4-3-23 所示"创建数据透视表"对话框中，选中"请选择要分析的数据"栏中"请选择单元格区域"单选按钮，即本工作表的数据区域 Sheet1!\$A\$2：\$G\$56；在"请选择放置数据透视表的位置"栏中，为了不影响数据透视表的源数据，可以选中"现有工作表"单选按钮，并设置某个区域，如本例中的 Sheet1!\$K\$5：\$Z\$23。

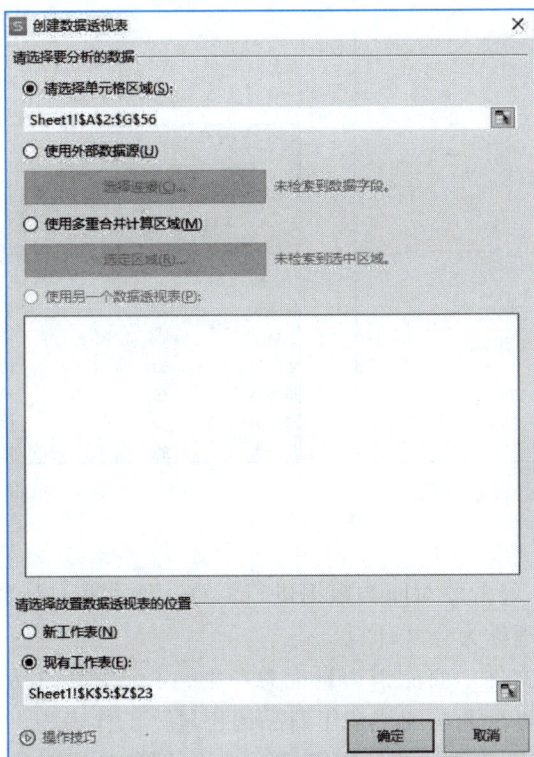

图 4-3-23　创建数据透视表

步骤 3：单击"确定"按钮，在打开的数据透视表编辑窗口中，右侧显示如图 4-3-24 所示"数据透视表"任务窗格，从其中"数据透视表区域"列表框中选择相应的字段，然后拖动到下面的 4 个字段布局列表框中即可，分别为"筛选器""列""行""值"，可以完成数据透视表的创建。

将工作表中的"姓名"字段拖动到"报表筛选"区域；"学历"拖动到"列"标签；"部门"拖动到"行"标签，将各个职工的"迟到（次数）""早退（次数）""旷工（天数）"字段拖动到"值"。参数设置结果如图 4-3-24 所示。

步骤 4：完成"数据透视表字段列表"任务窗格的参数设置后，一个比较实用的数据透视表就建立完成，如图 4-3-25 所示显示部分数据。

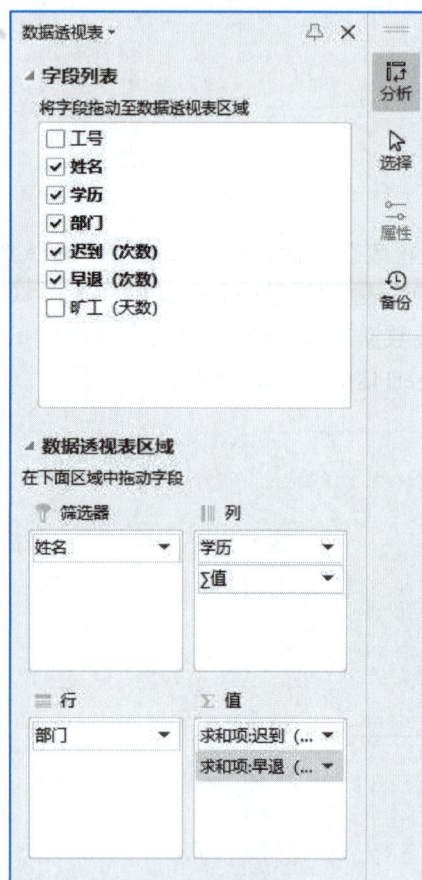

图 4-3-24　数据透视表参数

姓名	(全部)		
	学历	值	
	本科		博士
部门	求和项:迟到（次数）	求和项:早退（次数）	求和项:迟到（次数）
策划部			
秘书处	3	2	
人事处			
生产部	50	19	7
销售部	18	20	
研发部	15	12	26
总计	86	53	33

图 4-3-25　数据透视表效果

5. 合并计算

在 WPS 表格处理中，经常要对同类数据进行汇总，如求和、计数、求平均值、求最大值、求最小值等，这类数据处理称为合并计算。

［例 4-3-7］ 在表格文件"商品销售量汇总"中，4 个季度商品销售量分别位于前 4 个工作表中，计算全年商品销售量汇总到"全年商品销售量"工作表中。

步骤 1：打开 WPS 表格文件"商品销售量汇总"，部分数据清单如图 4-3-26 所示。

步骤 2：将光标切换到需要保存结果的工作表"全年商品销售量"的第 1 个单元格 B3 中。在如图 4-3-27 所示中，单击"数据"选项卡中的"合并计算"按钮。

图 4-3-26　一季度商品销售量

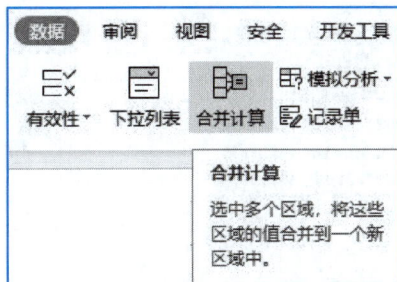

图 4-3-27　合并计算命令

步骤 3：在打开的如图 4-3-28 所示"合并计算"对话框中，参数设置如下：

① "函数"栏中选择"求和"函数。

② 引用位置操作过程如下：

● 将光标定位于"引用位置"文本框内。

● 单击选中工作表"一季度商品销售量"，选择数据区域 B3:B8，再用单击"所有引用位置"栏右侧的"添加"按钮，将数据区域添加到"所有引用位置"中，结果如图 4-3-29 所示。

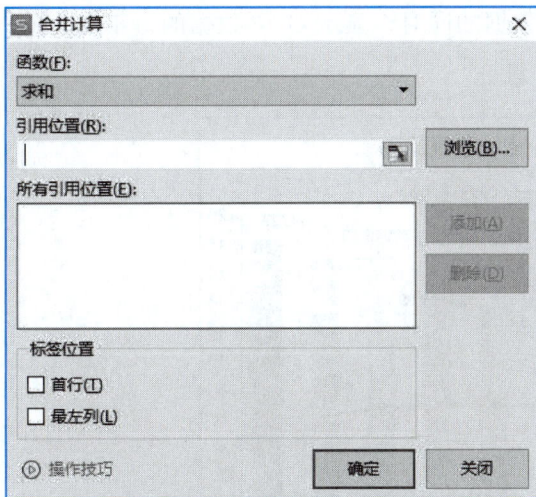

图 4-3-28　"合并计算"对话框

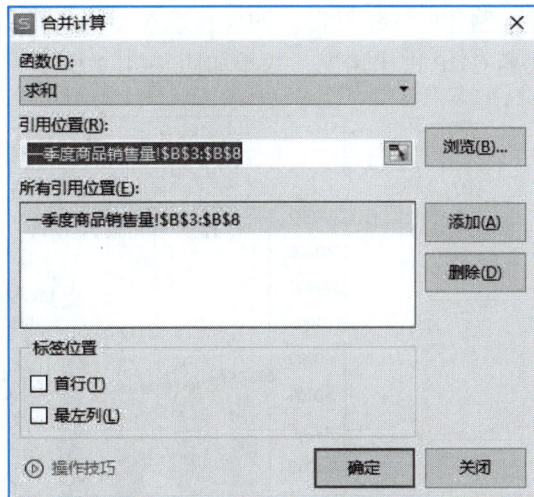

图 4-3-29　合并计算参数

③ 重复上述操作，将其余 3 个季度的销售量数据区域 B3:B8 添加到"所有引用位置"中，最后的参数设置如图 4-3-30 所示。

步骤 4：确定合并计算参数后，在图 4-3-30 中单击"确定"按钮，得到如图 4-3-31 所示结果，工作表"全年商品销售量"的销售量数据为相应前 4 个表数据之和。

图 4-3-30　合并计算全部参数

图 4-3-31　合并计算结果

任务 4.4　编 辑 图 表

👆 任务描述

现在要统计分析 2010—2020 年我国 GDP 数据变化情况，并且需要在每年 GDP 数据的基础上制作一张统计图，图表要求在反映每年 GDP 数据的同时，显示 GDP 数据的每年变化及在世界 GDP 占比情况，效果如图 4-4-1 所示。

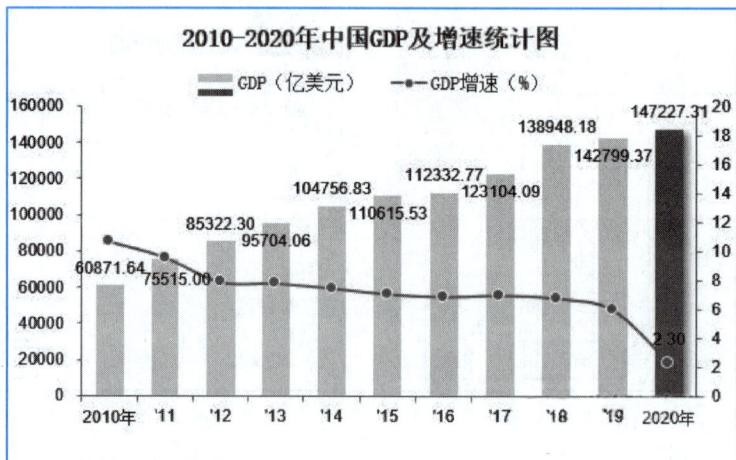

图 4-4-1　图表效果

👆 知识储备

1. 图表概述

（1）图表

图表是指将工作表中的数据用图形表示出来。利用工作表中的数据制作图表，可以更加直观、清晰地表现数据的大小、差异和变化趋势等特征。例如在图 4-4-1 中将我国从 2010 年到 2020 年 GDP 数量用柱形图显示出来，使数据更加易于阅读，方便对数据进行分析和比较。

建立图表后，当工作表区域的数据发生变化时，图表中的图形会自动更新，即时显示最新数据。图表形式是非常丰富的，既可以单个使用，也可以组合使用。

图表实际上是把表格图形化，使用图表的主要目的如下。

① 把表格图形化，使得表格中的数据具有更好的视觉效果。

② 使用图表，可以更加直观、有效地表达数据信息。

③ 利于分析、比较和预测数据。

（2）图表的主要类型及应用

在制作 WPS 图表前，先要了解在日常工作中主要使用的图表有哪些类型，选择合适的图表，才能便于他人理解图形中数据的意义和变化趋势。

WPS 中常用图表类型及特征见表 4-4-1。

表 4-4-1　常用图表类型

图表类型	特征
柱形图	用于比较数据间的大小、多少关系
拆线图	反映在相同时间内数据的变化趋势
饼图	显示各个数据的占比情况
条形图	显示各个数据间的比例分配关系，与柱形图相似
面积图	强调各个部分与整体间的关系
XY 散点图	描述的是数据的分布情况
股价图	描绘数据的变化趋势和走向
雷达图	直观对比数据的大小

2. 视图模式

（1）普通视图

普通视图是 WPS 的默认视图方式，在该视图下，可以显示所有的表格格式，主要用于表格的录入及编辑工作，方便对表格格式进行设置。

（2）页面视图

页面视图以页面设置参数显示表格，此时表格的显示效果与打印效果完全一致，用户可从中看到各种对象在表格中的实际打印位置，对页眉和页脚、页边距等对象的格式设置非常方便。

（3）分页预览视图

在打印数据较多的表格文件时，表格可能无法在一张打印纸中显示，数据被分为好几页，此时使用表格的分页预览视图，可以帮助用户预览分页区域，每两页数据之间用蓝色虚线分隔。

（4）阅读模式

如果 WPS 表格行和列数据比较多，在普通模式下查找编辑数据容易发生错误，此时将 WPS 表格切换到阅读模式，当单击某单元格时，与该单元格处于同一行和同一列的数据以高亮度方式显示；当移动表格页面时，可以快速、方便地定位想要查看的数据。

任务实施

1. 图表的应用

［例 4-4-1］ 建立表格文件“中国 2010—2020 年 GDP 数据表”工作表数据的“堆积形柱形图”图表。

步骤 1：打开素材中的表格文件“中国 2010—2020 年 GDP 数据表”，工作表内容如图 4-4-2 所示，在工作表中选择单元格区域 A2：D13 中的数据。

	A	B	C	D
1	中国2010—2020年GDP数据表			
2	年份	GDP(万亿美元)	年度增长率	占世界比例
3	2010	6.09	10.64%	9.16%
4	2011	7.55	9.55%	10.25%
5	2012	8.53	7.86%	11.33%
6	2013	9.57	7.77%	12.36%
7	2014	10.48	7.43%	13.17%
8	2015	11.06	7.04%	14.73%
9	2016	11.23	6.85%	14.72%
10	2017	12.31	6.95%	15.16%
11	2018	13.89	6.75%	16.11%
12	2019	14.28	5.95%	16.31%
13	2020	14.72	2.35%	17.37%

图 4-4-2 工作表数据

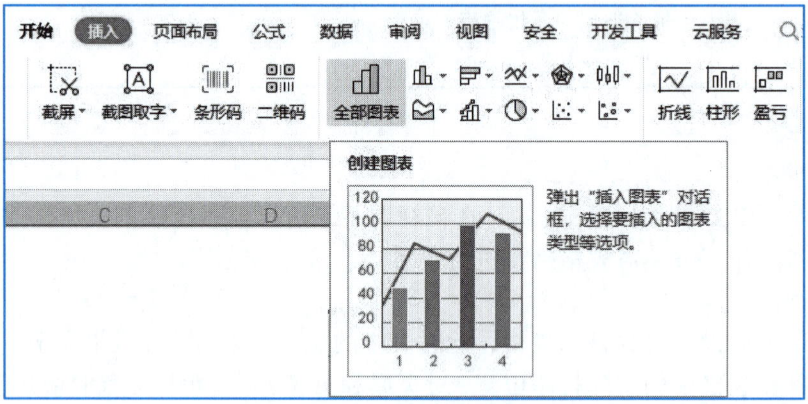

图 4-4-3 插入图表

步骤 2：单击“插入”选项卡中的“全部图表”按钮，如图 4-4-3 所示，或在该命令右侧选择所需的图表类型。

步骤 3：打开如图 4-4-4 所示“插入图表”对话框，在选择“柱形图”中的“堆积柱形图”图表类型。

图 4-4-4　选择"堆积柱形图"图表

步骤 4：单击如图 4-4-4 所示对话框中的"插入"按钮，完成图表的创建，生成如图 4-4-5 所示的"堆积柱形图"图表效果。

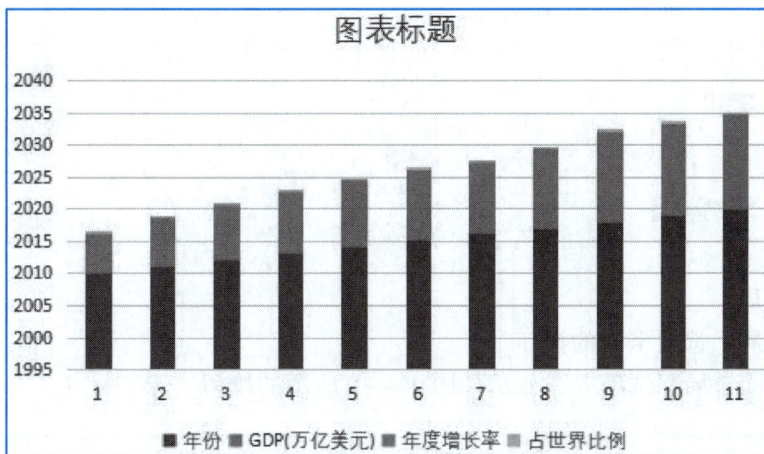

图 4-4-5　堆积柱形图图表效果

2. 页面设置

在 WPS 表格应用中，经常需要打印表格，在表格打印出来之前，通常要对打印的表格进行页面的参数设置，这样打印出来的表格才美观。

（1）使用"页面布局"视图

单击"视图"选项卡中的"页面布局"按钮，如图 4-4-6 所示。

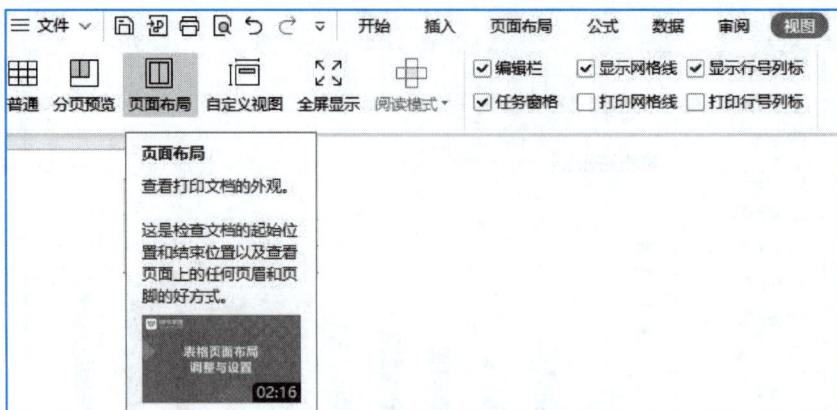

图 4-4-6 "页面布局"按钮

在"页面布局"下，表格的数据显示效果如图 4-4-7 所示。

添加页眉			
中国2010—2020年GDP数据表			
年份	GDP(万亿美元)	年度增长率	占世界比例
2010	6.09	10.64%	9.16%
2011	7.55	9.55%	10.25%
2012	8.53	7.86%	11.33%
2013	9.57	7.77%	12.36%
2014	10.48	7.43%	13.17%
2015	11.06	7.04%	14.73%
2016	11.23	6.85%	14.72%
2017	12.31	6.95%	15.16%
2018	13.89	6.75%	16.11%
2019	14.28	5.95%	16.31%
2020	14.72	2.35%	17.37%

图 4-4-7 页面布局视图表格数据显示效果

（2）页面布局

1）"页面布局"选项卡中的按钮

切换到"页面布局"选项卡，显示如图 4-4-8 所示的按钮。

图 4-4-8 "页面布局"选项卡

2）"页面布局"主要设置

在如图 4-4-8 所示"页面布局"选项卡中，主要有"页边距""纸张方向""纸张大小""打印区域"等命令按钮，可以对表格页面进行参数设置。

① 页边距：在图 4-4-8 中单击"页边距"下拉按钮，在弹出的下拉列表框中，可以选择预设的页边距大小，或选择"自定义边距"命令，打开如图 4-4-9 所示的"页面设置"对话框，自定义页面边距大小。

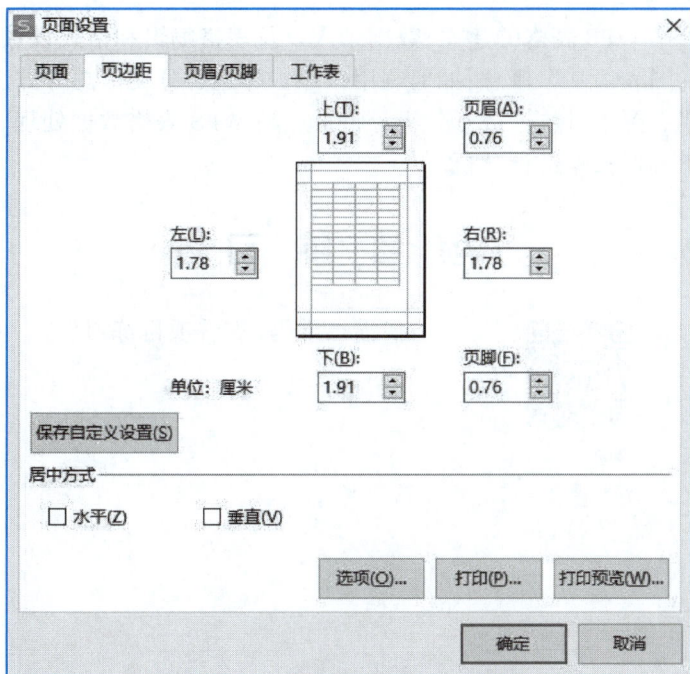

图 4-4-9　"页面设置"对话框

② 纸张方向：纸张方向主要有"纵向"和"横向"两种设置，默认为"横向"。

③ 纸张大小：在图 4-4-8 中单击"纸张大小"下拉按钮，在弹出的下拉列表中可以选择预设的打印纸张大小，或选择"其他纸张大小"命令，自定义打印纸大小。WPS 默认纸张大小为 A4。

④ 打印区域：当一张工作表中有很多行和列，表格数据较多，如果只需要打印其中的某一部分数据，这时就需要设置打印区域。选中需打印的数据区域，在图 4-4-8 中单击"打印区域"下拉按钮，在弹出的下拉列表中选择"设置打印区域"命令，设置打印区域。反之，则取消之前选择的打印区域。

⑤ 打印缩放：有时表格太大，内容较多，打印时将在多张打印纸上输出，如果要将表格打印在一页纸上，可以通过缩小打印的内容来解决该问题。在图 4-4-8 中单击"打印缩放"下拉按钮，在弹出的如图 4-4-10 所示下拉列表中选择所需的命令进行打印缩放。

⑥ 打印标题：打印一份多页的 WPS 表格时，除第 1 页外，打印出来的内容都没有表头，给数据的查看带来不便。通过调整页面布局参数，可以实现在打印表格时，每页带标题或表头打印。

⑦ 页眉页脚：WPS 表格的页眉页脚设置方法与 WPS 文字相同，可以参考 WPS 文字部分相关内容。注意，WPS 表格页眉和页脚内

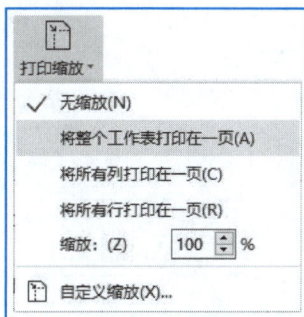

图 4-4-10　打印缩放

容及格式设置后，在打印预览时才能看见。

项 目 小 结

　　本项目主要学习了 WPS 表格的建立、数据录入以及表格编辑和格式设置；表格中记录排序、筛选、数据透视表、图表等基本概念；如何利用排序、筛选、分类汇总等方法对数据进行处理；以及使用数据透视表、图表对数据进行分析等，重点是 WPS 表格数据处理、表格的格式设置，以及如何利用各种工具对数据进行分析。

项 目 练 习

项目 4
项目练习

扫描二维码，查看项目练习。

项目 **5**

演示文稿制作

项目概述

　　演示文稿是 WPS 系列办公软件中的一个重要组件，用于制作和播放多媒体演示文稿，也叫 PPT。本项目将讲解 WPS 演示的一些基本操作以及如何丰富幻灯片的内容等知识，以帮助读者快速掌握演示文稿的制作方法。

项目目标

【知识目标】

（1）了解演示文稿的应用场景，熟悉相关工具的功能、操作界面和制作流程

（2）了解演示文稿制作的基础知识

（3）理解幻灯片母版的概念，了解幻灯片的放映类型

【技能目标】

（1）能在新建幻灯片中输入文本、使用文本框、复制移动幻灯片、编辑文本、删除占位符、对幻灯片中文本格式的设置，以及掌握艺术字、图形图片、形状、表格、媒体文件的使用方法

（2）动手实践幻灯片切换的效果、持续时间、使用范围、换片方式、自动换片时间等；通过对案例中对象动画的分析和演示，完成标题、文本动画及其他各类对象进入、强调、退出、路径等动画效果的设计

【素质目标】

（1）培养团队协作能力和沟通能力

（2）培养演示文稿内容的策划能力

（3）培养文稿编辑的逻辑能力和审美能力

任务 5.1   编辑演示文稿

☞ 任务描述

演示文稿通常是由多张幻灯片组成的，因此首先需要掌握幻灯片的相关操作，如幻灯片的选择、添加、复制和移动等。每张幻灯片或多或少都会有一些文字信息，因此，文本内容的输入与编辑就显得尤为重要。WPS 演示中还提供了丰富的图片处理功能，可以轻松插入图片文件，并可以根据需要对图片进行裁剪、设置亮度或对比度以及设置特殊效果等编辑操作。为了突出整个演示文稿的气氛，还可以为演示文稿添加背景音乐、视频等。

☞ 知识储备

1. 新建与删除幻灯片

默认情况下，在新建的空白演示文稿中只有一张幻灯片，而一篇演示文稿通常需要使用多张幻灯片来表达需要演示的内容，这时就需要在演示文稿中添加新的幻灯片。在编辑演示文稿时，若发现有多余的幻灯片，可将其删除。

（1）新建幻灯片

在演示文稿中插入幻灯片的方法主要有以下几种。

方法 1：通过快捷菜单。在导航窗格中使用右击某张幻灯片，在弹出的快捷菜单中选择"新建幻灯片"命令，即可在当前幻灯片下方添加一张同样版式的空白幻灯片，如图 5-1-1 所示。

图 5-1-1   新建幻灯片 1

方法 2：通过快捷按钮。在导航窗格中使用光标指向某张幻灯片，该幻灯片下方会出现"新建幻灯片"按钮，单击该按钮，即可在当前幻灯片下方添加一张同样版式的空白幻灯片，如图 5-1-2 所示。

图 5-1-2　新建幻灯片 2

（2）幻灯片版式

幻灯片版式是指占位文本框在幻灯片中的默认布局方式，WPS 演示中内置了 10 种幻灯片版式。新建的演示文稿其第 1 张幻灯片默认为"标题幻灯片"版式，新建的第 2 张及其后的幻灯片默认使用"标题与内容"版式，在"开始"选项卡中单击"版式"下拉按钮，在弹出的下拉列表中即可查看或更改幻灯片版式，如图 5-1-3 所示。

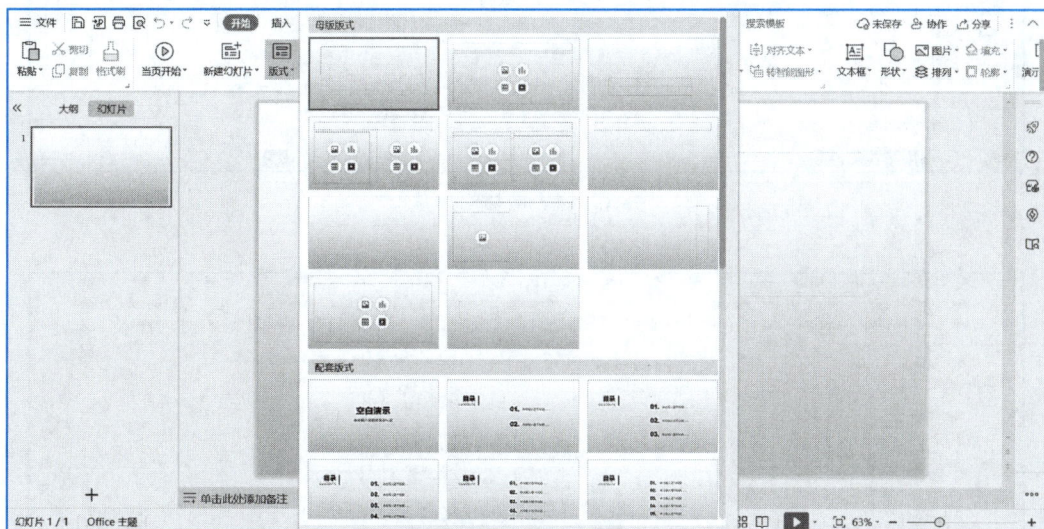

图 5-1-3　幻灯片版式

（3）删除幻灯片

在编辑演示文稿的过程中，如果要删除多余的幻灯片，可通过以下两种方法实现。

方法 1：通过快捷菜单：选中需要删除的幻灯片，右击，在弹出的快捷菜单中选择"删除幻灯片"命令即可。

方法 2：通过快捷键：选中需要删除的幻灯片，按 Delete 键即可。

2. 移动与复制幻灯片

移动幻灯片即调整幻灯片的位置，而复制幻灯片即创建一张相同的幻灯片，移动和复制幻灯片均可跨文档操作。

（1）移动幻灯片

移动幻灯片的方法如下。

方法1：通过命令操作：在导航窗格中右击要移动的幻灯片，在弹出的快捷菜单中选择"剪切"命令，或在选中幻灯片后按Ctrl+X组合键进行剪切，然后右击目标位置的前一张幻灯片，在弹出的快捷菜单中选择"粘贴"命令，或在选中目标位置的前一张幻灯片后按Ctrl+V组合键进行粘贴即可，如图5-1-4所示。

方法2：通过光标拖动。在导航窗格选中要移动的幻灯片，按住鼠标左键并拖动，当拖动到需要的位置后释放鼠标左键即可，如图5-1-5所示。

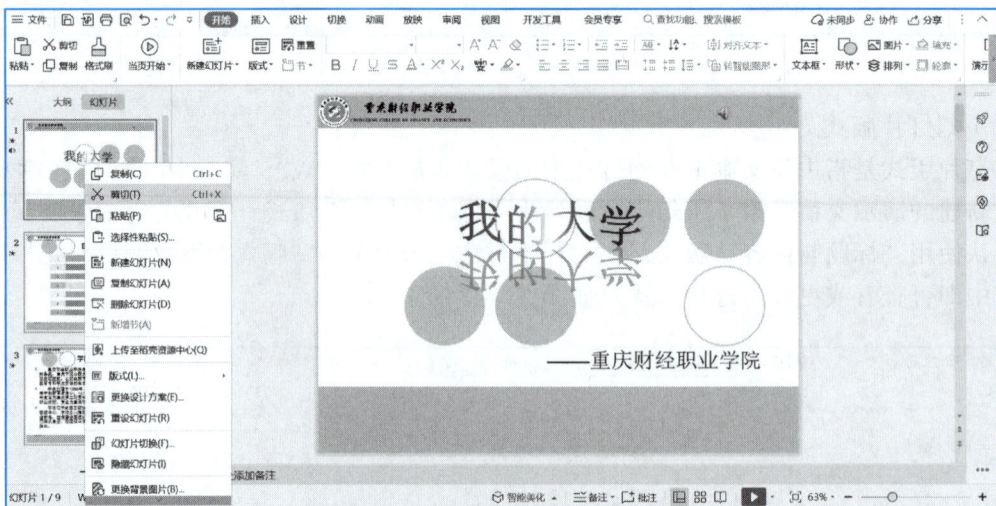

图5-1-4　剪切幻灯片

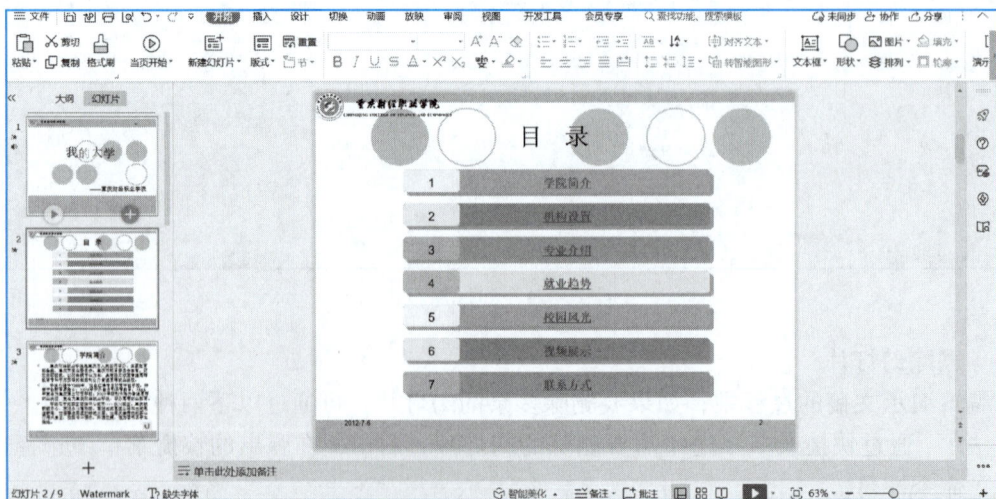

图5-1-5　粘贴幻灯片

（2）复制幻灯片

复制幻灯片的方法如下。

方法：复制到任意位置。在导航窗格中右击要复制的幻灯片，在弹出的快捷菜单中选择"复制"命令，或在选中幻灯片后按 Ctrl+C 组合键进行复制，然后右击目标位置的前一张幻灯片，在弹出的快捷菜单中选择"粘贴"命令，或在选中目标位置的前一张幻灯片后按 Ctrl+V 组合键进行粘贴即可，如图 5-1-6 所示。

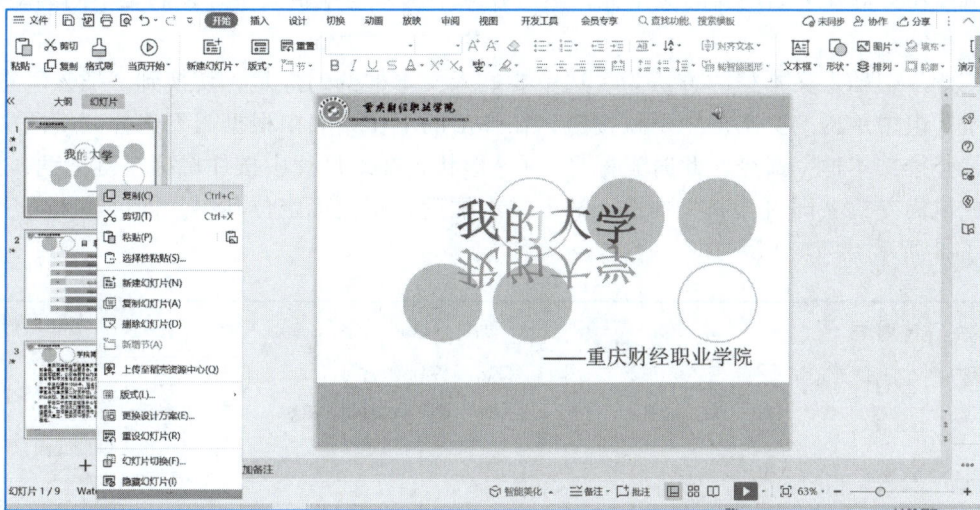

图 5-1-6 复制幻灯片

3. 在幻灯片中输入与编辑文字

（1）使用占位符

新建幻灯片后，在幻灯片中看到的虚线框就是占位文本框。虚线框内的"单击此处添加标题"或"单击此处添加文本"等提示文字为文本占位符。单击文本占位符，提示文字将会自动消失，此时便可在虚线框内输入相应的内容了，如图 5-1-7 所示。

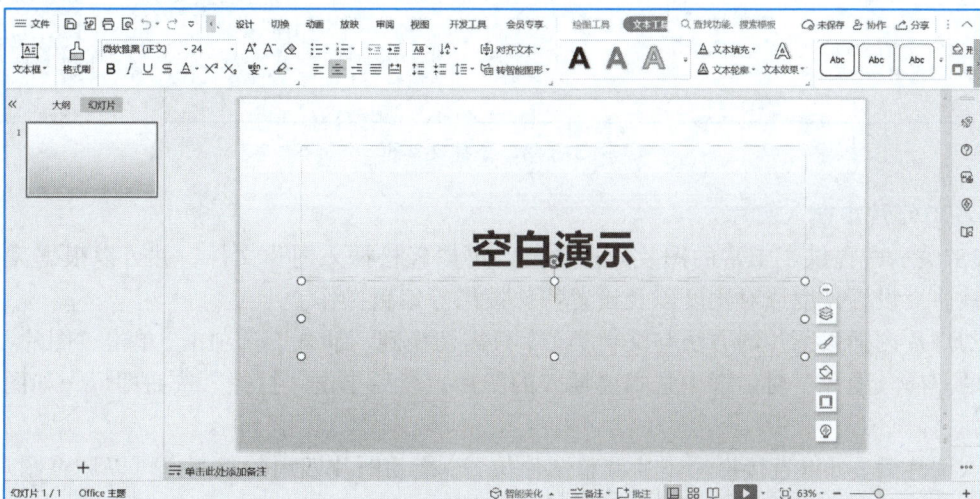

图 5-1-7 文本占位符

可以移动和改变占位文本框大小。选中占位文本框，将光标指向文本框边框处，当光标指针变为"+"形状时按住鼠标左键拖动，即可移动占位文本框。将光标指向占位文本框四周，出现的控制点，当指针呈双向箭头形状时，按住鼠标左键拖动，即可调整其大小。

（2）使用文本框

在幻灯片中，占位文本框其实是一个特殊的文本框，它出现在幻灯片中的固定位置，包含预设的文本格式。在编辑幻灯片时，用户除了可以通过鼠标调整占位文本框的位置和大小之外，还可以在幻灯片中绘制新的文本框，然后在其中输入与编辑文字，以满足不同的幻灯片设计需求。

在幻灯片中插入文本框的方法为：选中要插入文本框的幻灯片，切换到"插入"选项卡，在"文本"组中单击"文本框"下拉按钮，在弹出的下拉列表中根据需要选择"横向文本框"命令或"竖排文本框"命令，此时光标呈"+"形状，在幻灯片中按住鼠标左键拖动，到适当位置释放鼠标左键，即可绘制文本框。插入文本框后，将光标定位其中，即可输入文字内容，如图 5-1-8 所示。

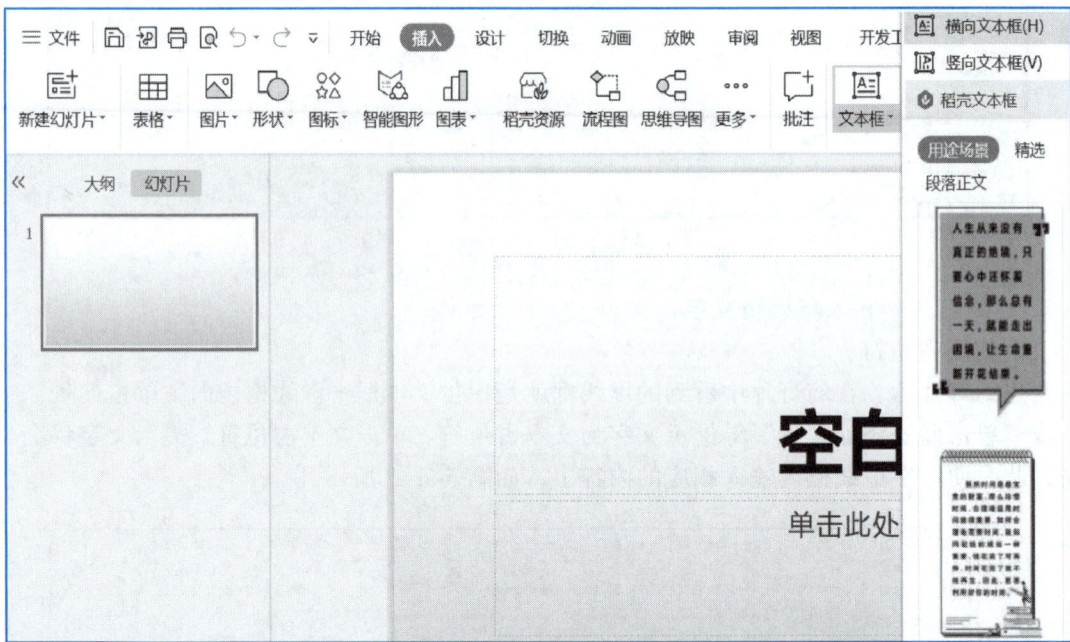

图 5-1-8　添加文本框

4. 在幻灯片中插入图片

WPS 演示中提供了丰富的图片处理功能，可以轻松插入图片文件，并可以根据需要对图片进行裁剪、设置亮度或对比度以及设置特殊效果等编辑操作。

在幻灯片内插入图片的方法与文档类似，只需切换到"插入"选项卡，单击"图片"按钮，在打开的"插入图片"对话框中选择要插入的图片，然后单击"打开"按钮即可，如图 5-1-9 所示。

插入图片后，可以直接拖动图片调整图片位置，拖动图片四周的控制点可以调整图片大小，拖动图片上方的"旋转"按钮可以旋转图片，如图 5-1-10 所示。

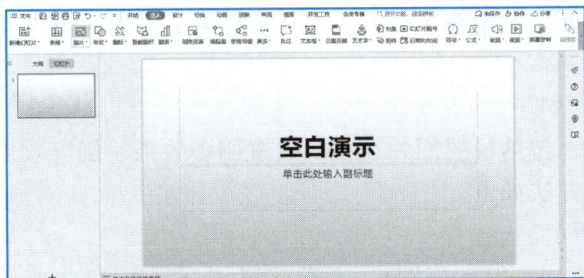

(a)　　　　　　　　　　　　　　　　(b)

图 5-1-9　插入图片

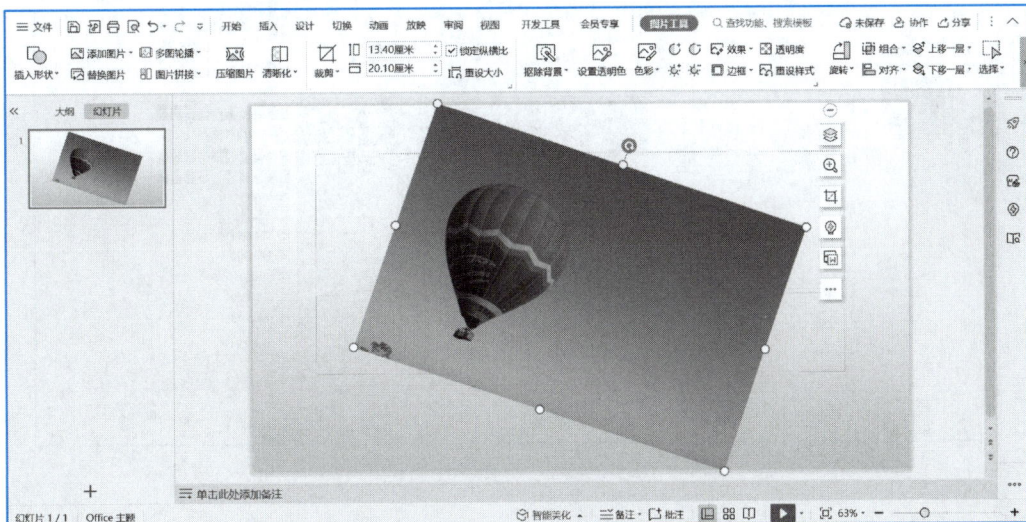

图 5-1-10　调整图片

5. 裁剪图片

WPS 演示提供了图片裁剪功能，可以对插入的图片进行调整，以剪除不需要的部分，裁剪图片的方法如下。

选中图片，切换到"绘图工具"选项卡，单击"裁剪"按钮，此时图片四边将出现黑色控制点，将光标指针指向控制点并按住鼠标左键进行拖动，裁剪图片到需要的位置后按下 Enter 键即可，如图 5-1-11 所示。

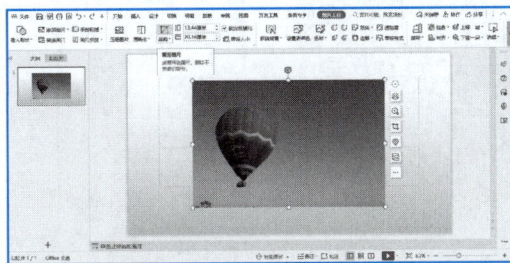
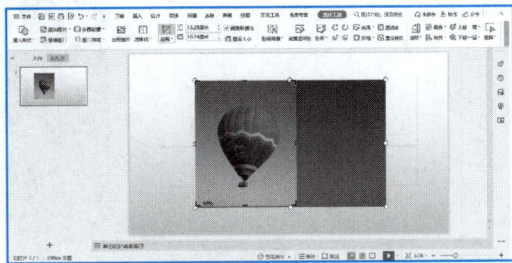

(a)　　　　　　　　　　　　　　　　(b)

图 5-1-11　裁剪图片

裁剪图片后，图片并不是真的被剪掉，而是被隐藏了，若需要还原图片，只需反方向裁剪图片即可恢复。

6. 美化图片

插入图片后，可以对图片进行美化操作，包括设置图片边框、设置阴影效果、倒影效果以及柔化边缘效果等，使图片更加美观，操作方法如下。

步骤 1：设置图片边框，如图 5-1-12 所示。

① 选中图片，切换到"图片工具"选项卡，单击"边框"下拉按钮。

② 在弹出的下拉列表中选择一种边框颜色，即可为图片添加边框。

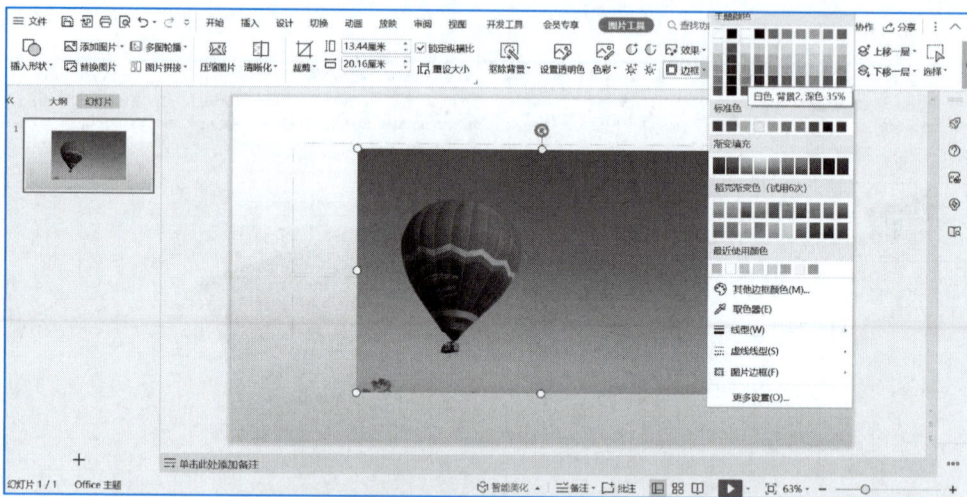

图 5-1-12　设置图片边框

步骤 2：添加阴影效果，如图 5-1-13 所示。

① 单击"图片效果"下拉按钮。

② 在弹出的下拉列表中展开"阴影"子列表，在其中选择一种阴影效果即可。

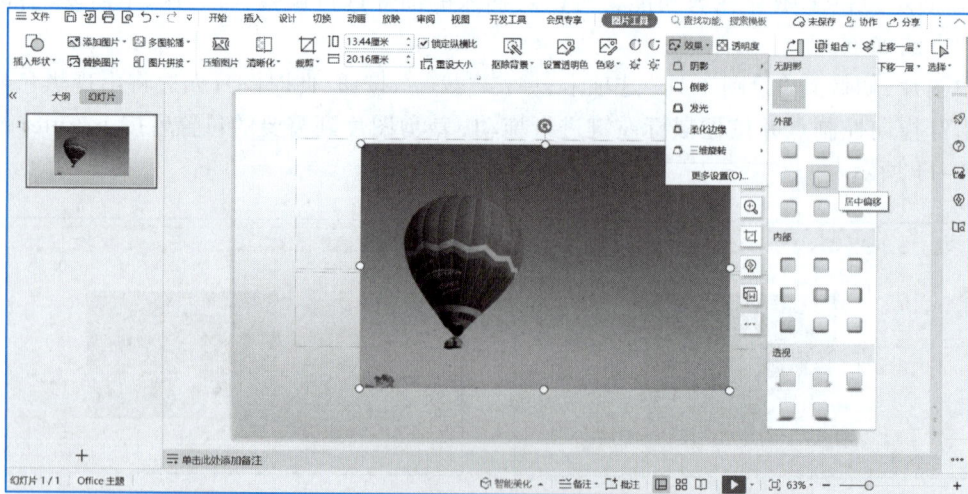

图 5-1-13　设置图片阴影

7. 在幻灯片中插入声音

（1）添加音频

为了增强播放演示文稿时的现场气氛，经常需要在演示文稿中加入背景音乐。WPS 演示支持多种格式的声音文件，如 MP3、WAV、WMA、AIF 和 MID 等。下面介绍如何在幻灯片中插入计算机中的声音文件。

步骤 1：单击功能按钮。打开"素材"演示文稿，切换到"插入"选项卡，单击"音频"下拉按钮，如图 5-1-14 所示。

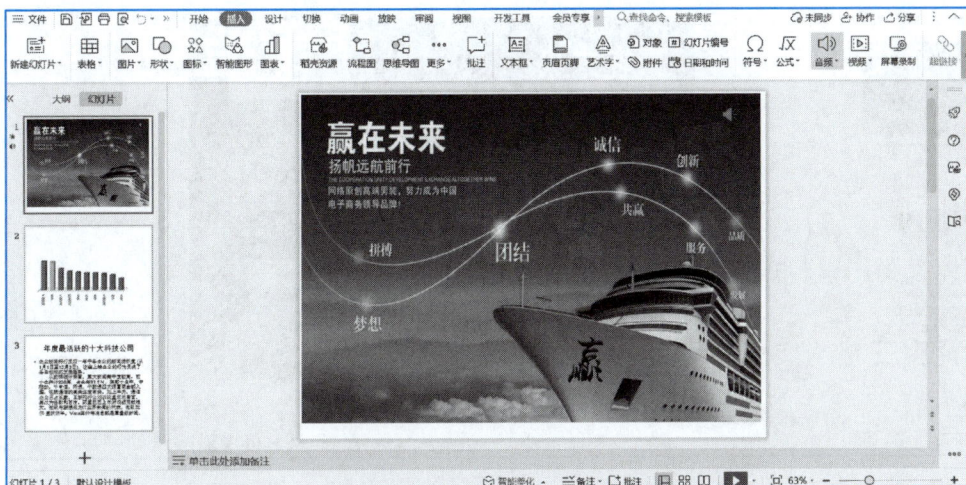

图 5-1-14　插入音频

步骤 2：选择音频文件。

① 在弹出的下拉列表中选择"嵌入音频"命令，打开"插入音频"对话框，选中要插入的音频文件。

② 单击"打开"按钮，如图 5-1-15 所示。

图 5-1-15　选择音频文件

步骤 3：放置声音模块。

所选声音插入到幻灯片中，将幻灯片中的声音模块拖放到文档适合的位置即可。

步骤 4：设置背景音乐。插入的音频默认只会在当前幻灯片中播放，如果希望将其设置为在所有幻灯片中播放，在选中音频图标后单击"音频工具"选项卡中的"设为背景音乐"按钮即可，如图 5-1-16 所示。

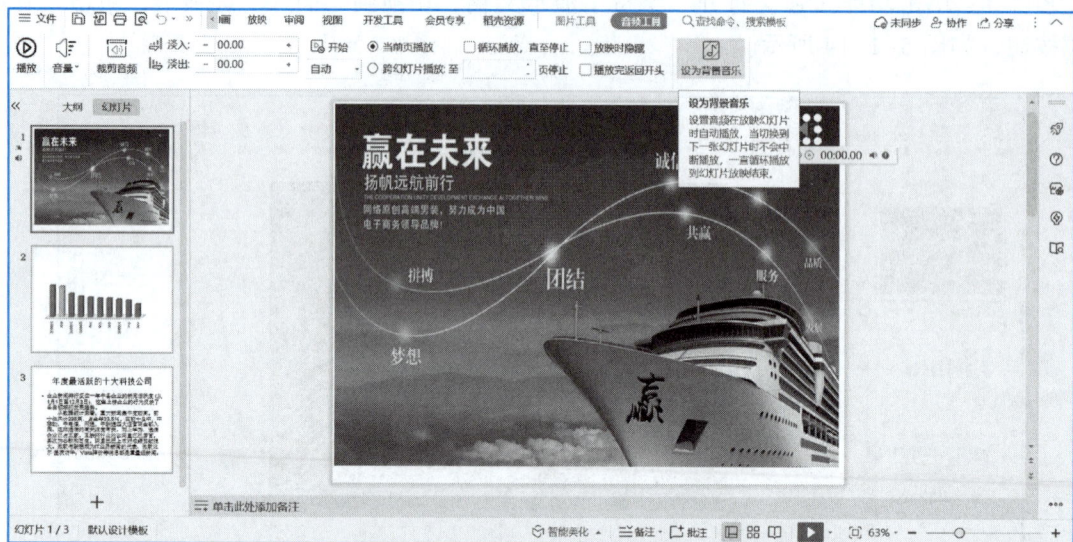

图 5-1-16　设置背景音乐

（2）播放音频

添加音频后，可以播放音频，试听音频效果。除了通过放映幻灯片来试听音频效果外，还可以通过以下两种方法直接播放音频。

方法 1：选中声音图标，即可出现"音频控制"面板，单击"播放"按钮即可播放音频。

方法 2：选中声音图标，切换到"音频工具"选项卡，单击"播放"按钮即可。

8. 母版设计幻灯片

（1）认识幻灯片母版

幻灯片母版是一种视图方式，它类似于演示文稿的"后台"，通过它可以对幻灯片中的各个版式进行编辑。在编辑幻灯片时，输入的内容或插入的对象只会在某一张幻灯片中显示，而通过母版对版式进行编辑，其内容则会应用到所有使用该版式的幻灯片中。在"视图"选项卡中单击"幻灯片母版"按钮，即可进入母版视图，如图 5-1-17 所示。

进入母版视图后，在导航窗格中可以看到 1 张主幻灯片及 10 张子幻灯片，其中 10 张子幻灯片分别对应幻灯片的 10 个版式。对主幻灯片进行的所有编辑均会应用到这 10 张子幻灯片中，也可以分别对每个子幻灯片母版进行编辑。

（2）编辑母版

以下通过实例介绍幻灯片母版的基本使用方法，以及如何将母版保存为模板。

步骤 1：进入母版视图。

在"视图"选项卡中单击"幻灯片母版"按钮，进入母版视图。

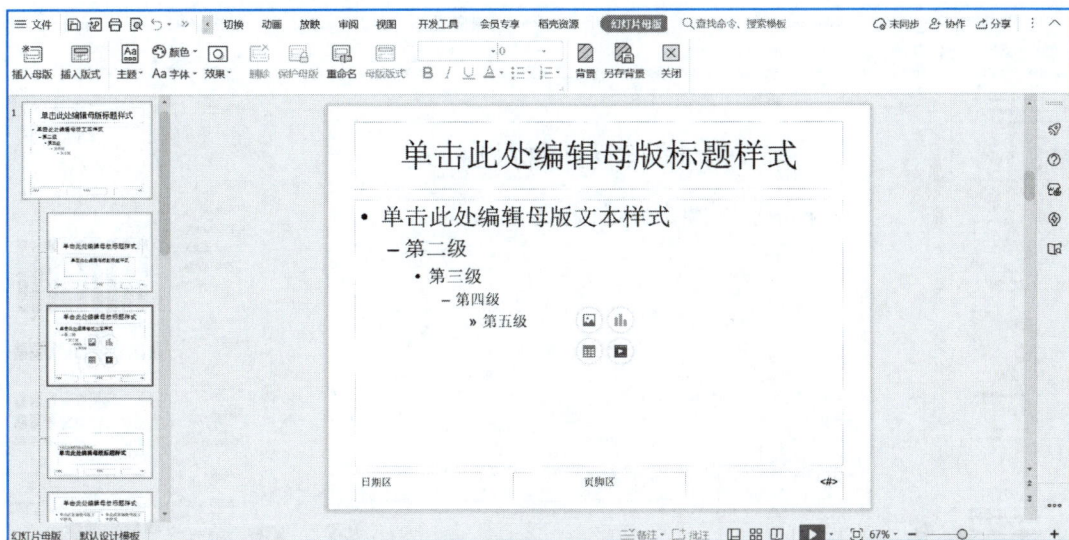

图 5-1-17　幻灯片母版

步骤 2：编辑主幻灯片。

① 在导航窗格中选中主幻灯片母版。

② 单击"幻灯片母版"选项卡中的"背景"按钮，如图 5-1-18 所示。

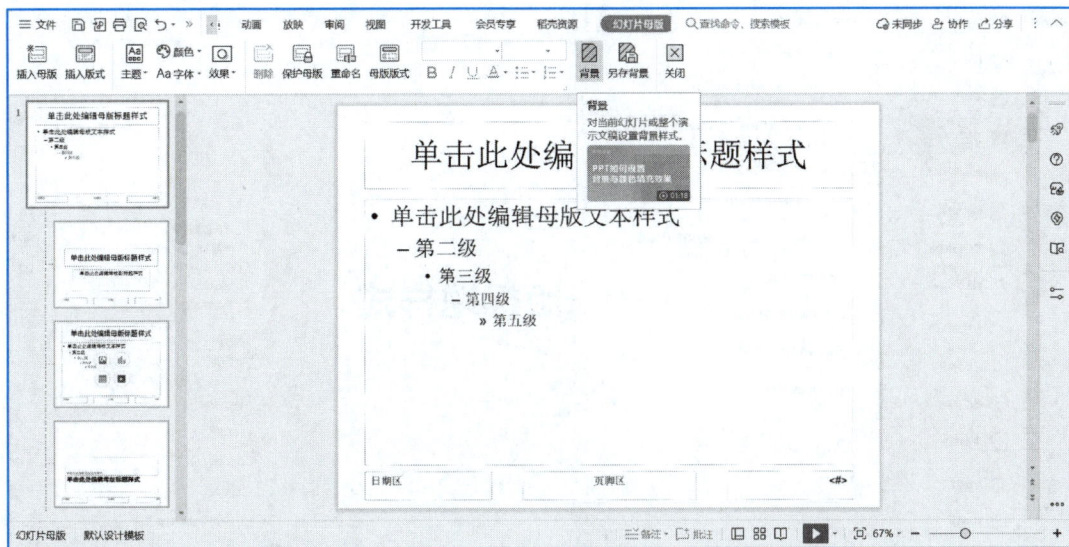

图 5-1-18　编辑母版

步骤 3：设置背景色。

① 弹出"填充"任务窗格，选择填充方式为"渐变填充"。

② 分别设置渐变样式、角度和色标颜色，如图 5-1-19 所示。

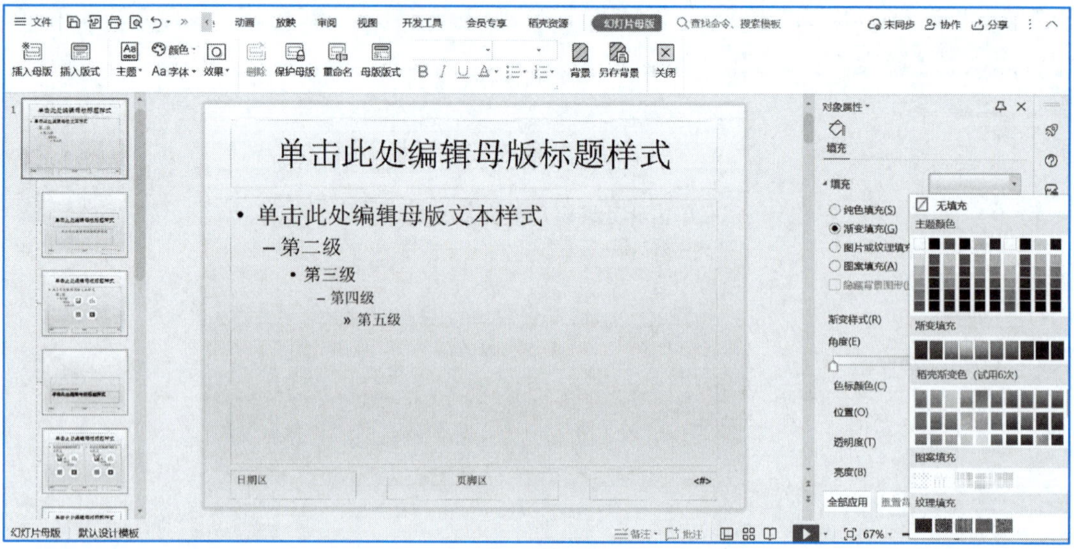

图 5-1-19　设置背景色

步骤 4：保存为模板。

母版制作完成后，可以将其保存为模板以便日后使用。选择"文件"→"另存为"→"WPS演示模板文件（*.dpt）"命令，如图 5-1-20 所示。

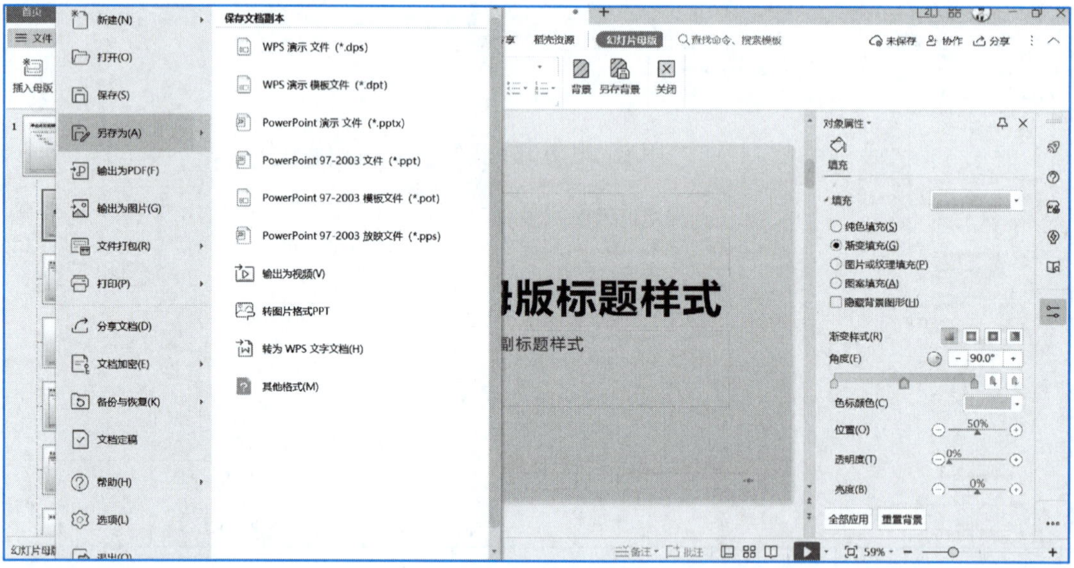

图 5-1-20　保存模板

步骤 5：保存设置。

① 在打开的"另存文件"对话框中，设置文件名及保存路径，如图 5-1-21 所示。

② 单击"保存"按钮即可。

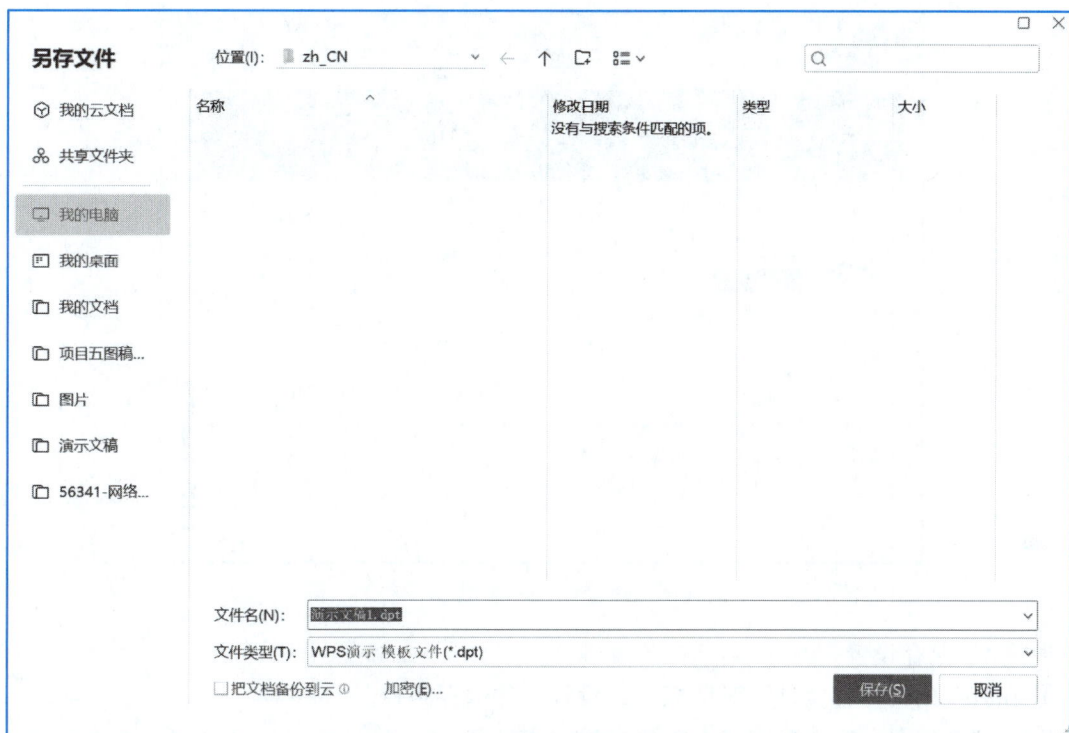

图 5-1-21　保存设置 1

任务实施

企业宣传演示文稿是企业形象识别系统的一个重要组成部分，所以在设计该类演示文稿时需要具有一定的专业性，同时企业理念、历史、业绩、规划等都较抽象，因此还需要结合对象的应用来实现可视化、直观化的表达效果。

（1）新建空白演示文稿

要制作企业宣传演示文稿，首先需要从创建空白演示文稿开始，操作方法如下。

步骤 1：启动程序。

启动 WPS 2019 程序，程序启动后，选择主界面中的"新建"命令，如图 5-1-22 所示。

步骤 2：选择新建项目。

① 进入"新建"页面，单击页面上方的"演示"按钮。

② 单击"空白文档"下的"+"按钮，如图 5-1-23 所示。

步骤 3：执行保存命令。

此时将新建一个名为"演示文稿 1"的空白演示文稿，单击窗口左上角的"保存"按钮，如图 5-1-24 所示。

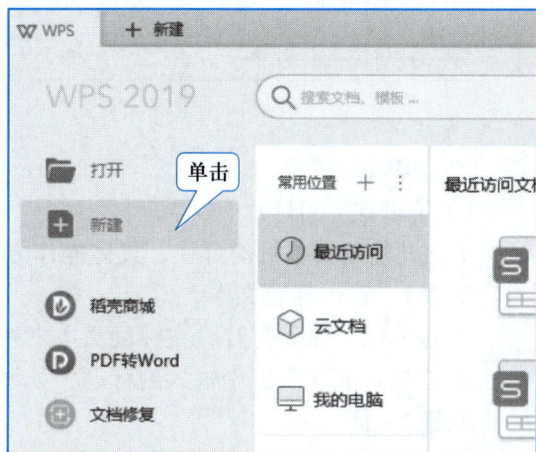

图 5-1-22　启动程序

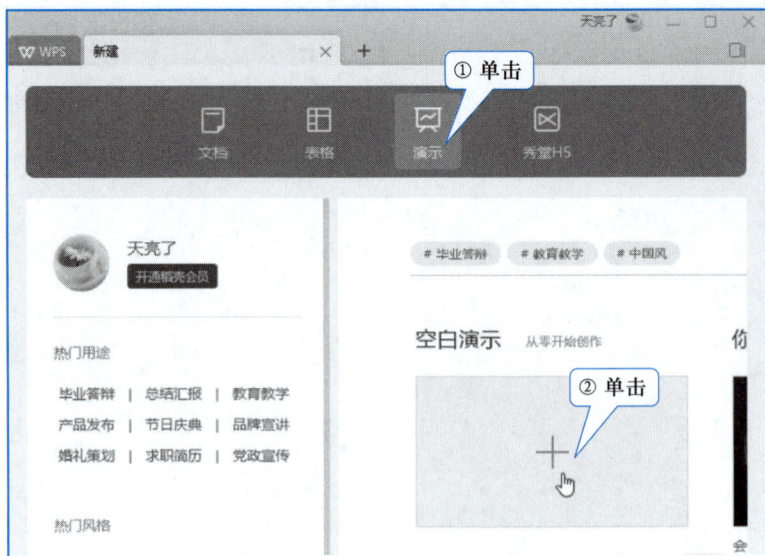

图 5-1-23　选择新建项目

步骤 4：保存设置。

① 在打开的"另存文件"对话框中，设置文件保存路径。

② 在"文件名"文本框中输入需要设置的文件名。

③ 单击"保存"按钮，如图 5-1-25 所示。

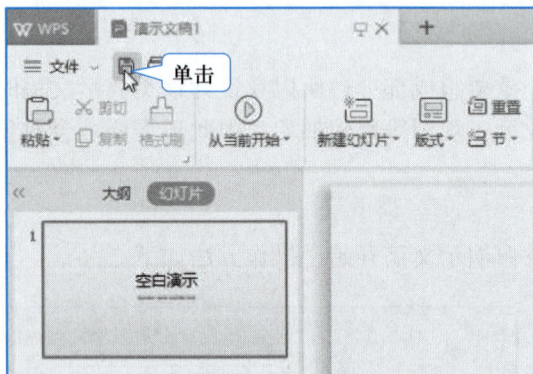

图 5-1-24　保存

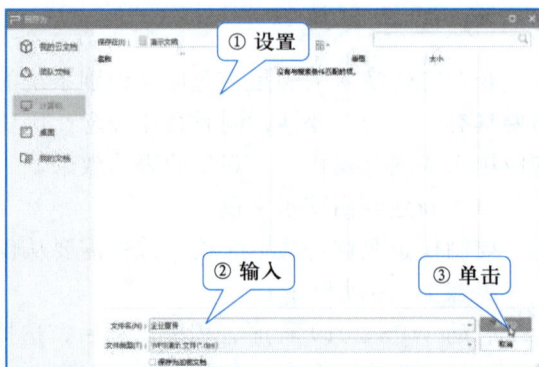

图 5-1-25　保存设置 2

（2）编辑幻灯片

1）编辑首页幻灯片

下面开始编辑首页幻灯片，具体操作方法如下。

步骤 1：输入标题文本。

① 选择第一张幻灯片，在标题文本框中输入主标题。

② 在副标题文本框中输入副标题，如图 5-1-26 所示。

步骤 2：插入图片。

切换到"插入"选项卡，单击"图片"按钮，如图 5-1-27 所示。

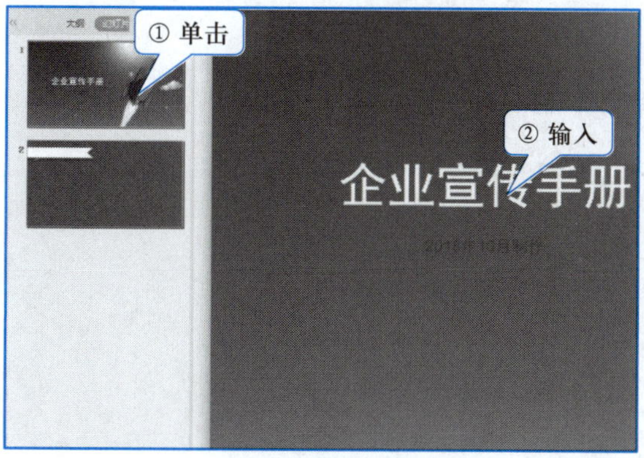

图 5-1-26 输入标题文本

图 5-1-27 输入副标题

步骤 3：选择图片。

① 打开"插入图片"对话框，在素材文件夹中选中"公司 Logo.png"文件。

② 单击"插入"按钮，如图 5-28 所示。

图 5-1-28 选择图片

步骤 4：调整图片。

① 所选图片将被插入到当前幻灯片中，拖动图片四周的控制点调整图片大小。

② 拖动图片到如图所示的位置，如图 5-1-29 所示。

2）编辑"目录"幻灯片

"目录"幻灯片的作用是让阅读者了解该演示文稿的大概内容，是专业演示文稿不可缺少的内容之一，下面介绍"目录"幻灯片的制作方法。

步骤 1：输入目录文本。

① 新建第 2 张幻灯片，在标题文本框中输入文本"目录"。

图 5-1-29　调整图片

② 在内容文本框中输入目录内容，如图 5-1-30 所示。

图 5-1-30　输入目录文本

步骤 2：插入图片。

插入素材文件"图片 1.png"，然后调整图片大小和位置，效果如图 5-1-31 所示。

图 5-1-31　插入图片

3）编辑"公司概述"幻灯片

接下来编辑"公司概述"幻灯片，操作方法如下。

步骤 1：更改幻灯片版式。

① 新建第 3 张幻灯片，切换到"开始"选项卡，单击"版式"下拉按钮。

② 在弹出的下拉列表中选择版式选项，如图 5-1-32 所示。

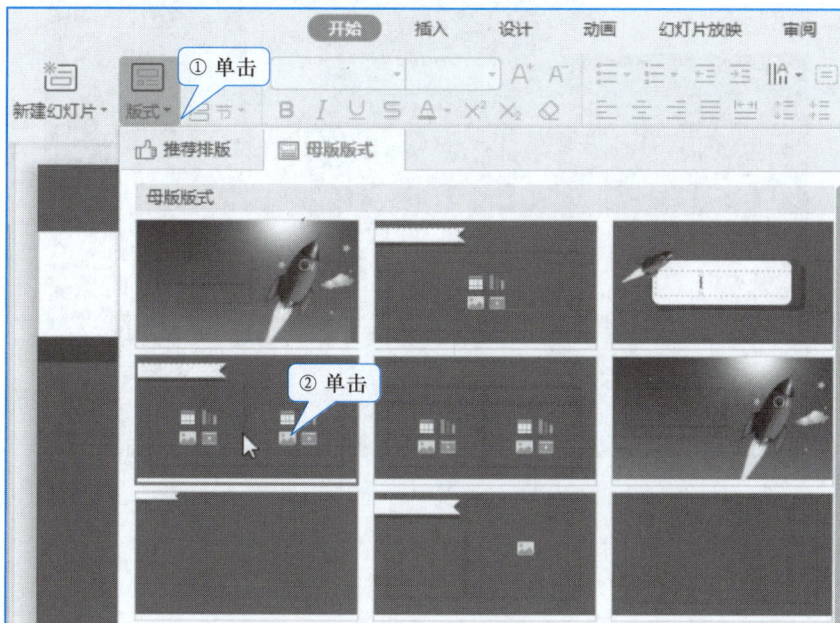

图 5-1-32　更改版式

步骤 2：输入文本。

① 在标题文本框中输入文本"公司概述"。

② 在左下方的内容文本框中输入公司概述内容，并调整字体大小，如图 5-1-33 所示。

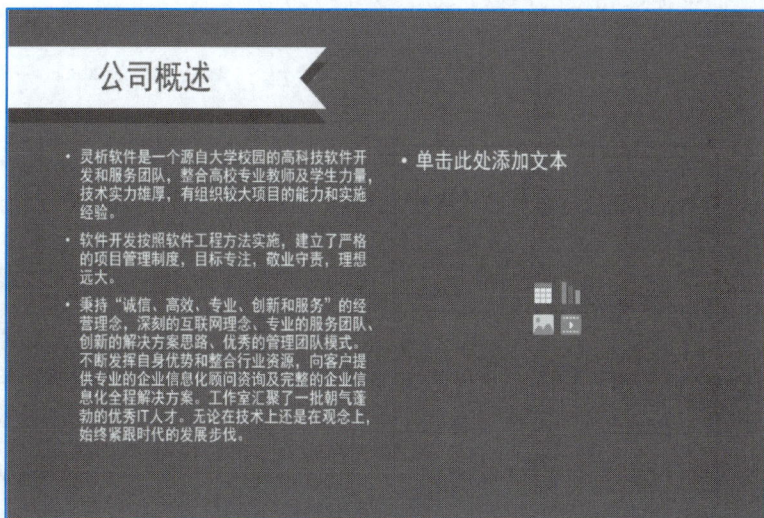

图 5-1-33　输入文本

步骤 3：插入图片。

删除右下角的文本框，插入素材图片"图片 2.jpg"，然后调整图片大小和位置，效果如图 5-1-34 所示。

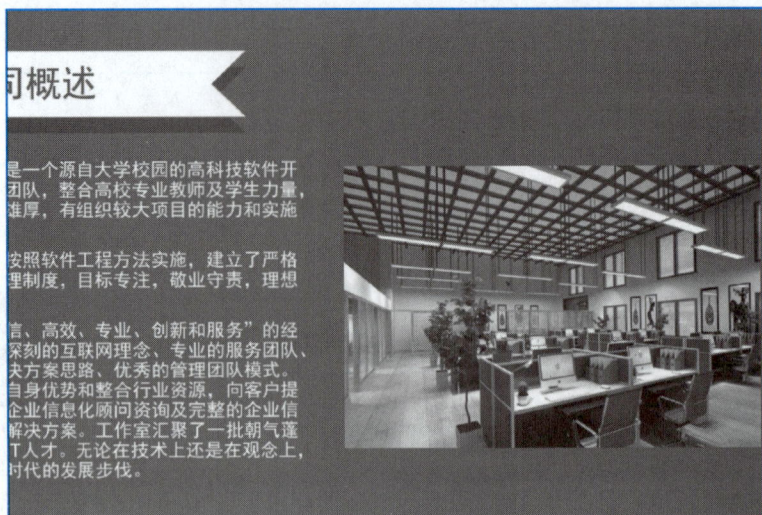

图 5-1-34　插入图片

4）编辑"团队优势"幻灯片

接下来编辑"团队优势"幻灯片，操作方法如下。

步骤 1：更改幻灯片版式。

新建第 4 张幻灯片，在"开始"选项卡中单击"版式"下拉按钮，在弹出的下拉列表中选择如图 5-1-35 所示的版式。

步骤 2：输入文本。

① 在标题文本框中输入文本"团队优势"。

② 在内容文本框中输入相应的内容，如图 5-1-36 所示。

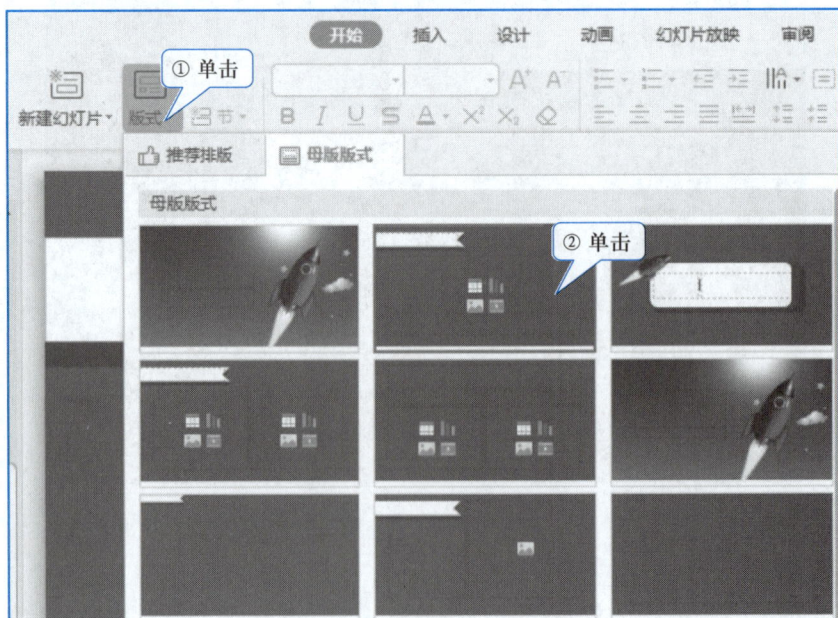

图 5-1-35　更改幻灯片版式

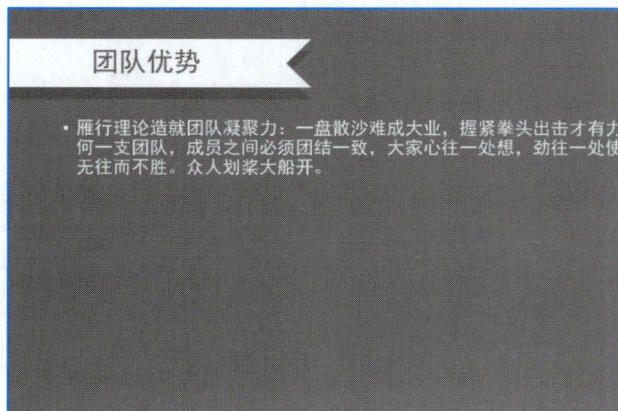

图 5-1-36　输入文本

步骤 3：插入图片。

插入素材图片"图片 3"，然后调整图片大小和位置得到如图 5-1-37 所示的效果。

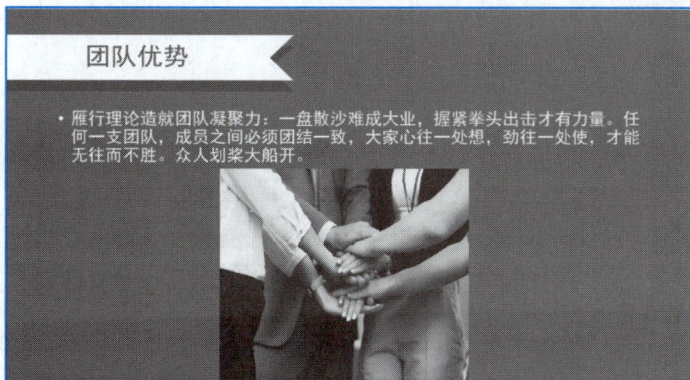

图 5-1-37　插入图片

5）编辑"业务范围"幻灯片

步骤 1：输入文本。

① 新增第 5 张幻灯片，在标题文本框中输入文本"业务范围"。

② 在内容文本框中输入相关内容，如图 5-1-38 所示。

步骤 2：插入图片。

插入素材图片"图片 4.jpg"，然后调整图片大小及位置到如图 5-1-39 所示的效果。

6）编辑"结尾"幻灯片

步骤 1：更改幻灯片版式。

新建第 7 张幻灯片，在"开始"选项卡中单击"版式"下拉按钮，在弹出的下拉列表中选择如图 5-1-40 所示的版式。

步骤 2：输入文本。

在标题文本框中输入文本"谢谢观赏！"，删除内容文本框，如图 5-1-41 所示。

图 5-1-38　输入文本

图 5-1-39　插入图片

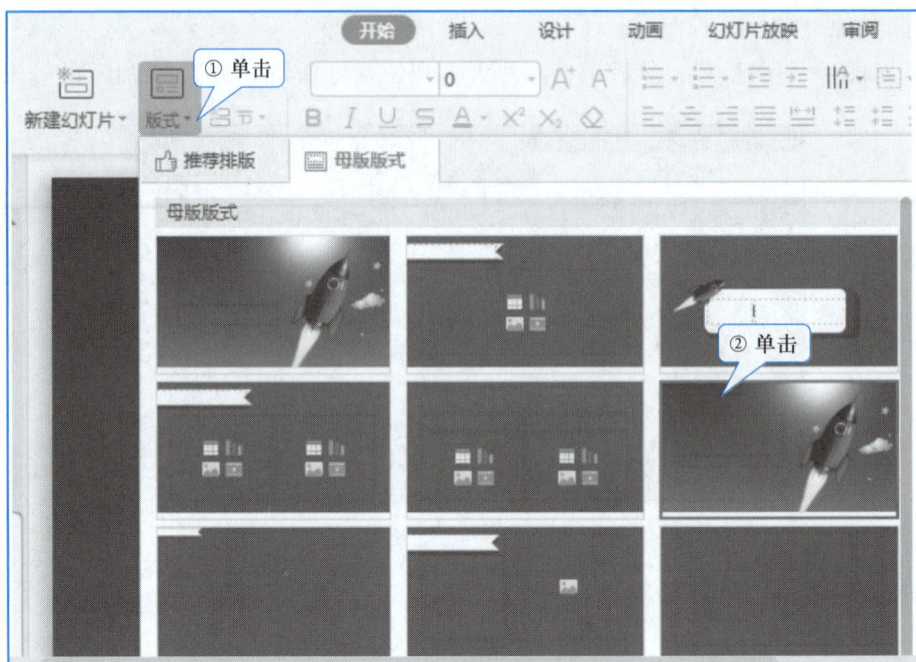

图 5-1-40　更改幻灯片版式

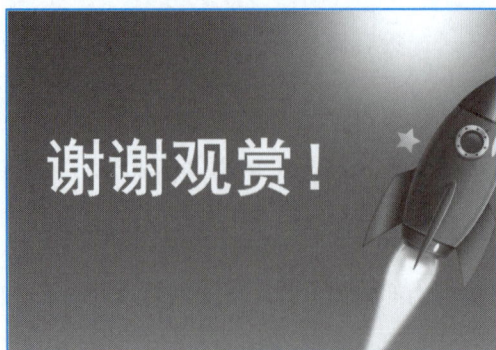

图 5-1-41　输入文本

（3）美化幻灯片

演示文稿内容编辑完成后，还可以对各张幻灯片进行美化，使演示文稿更加漂亮，操作方法如下。

步骤 1：调节图片亮度。

选择第 2 张幻灯片，选中右侧的图片，切换到"图片工具"选项卡，连续单击"增加亮度"按钮，调节图片亮度，如图 5-1-42 所示。

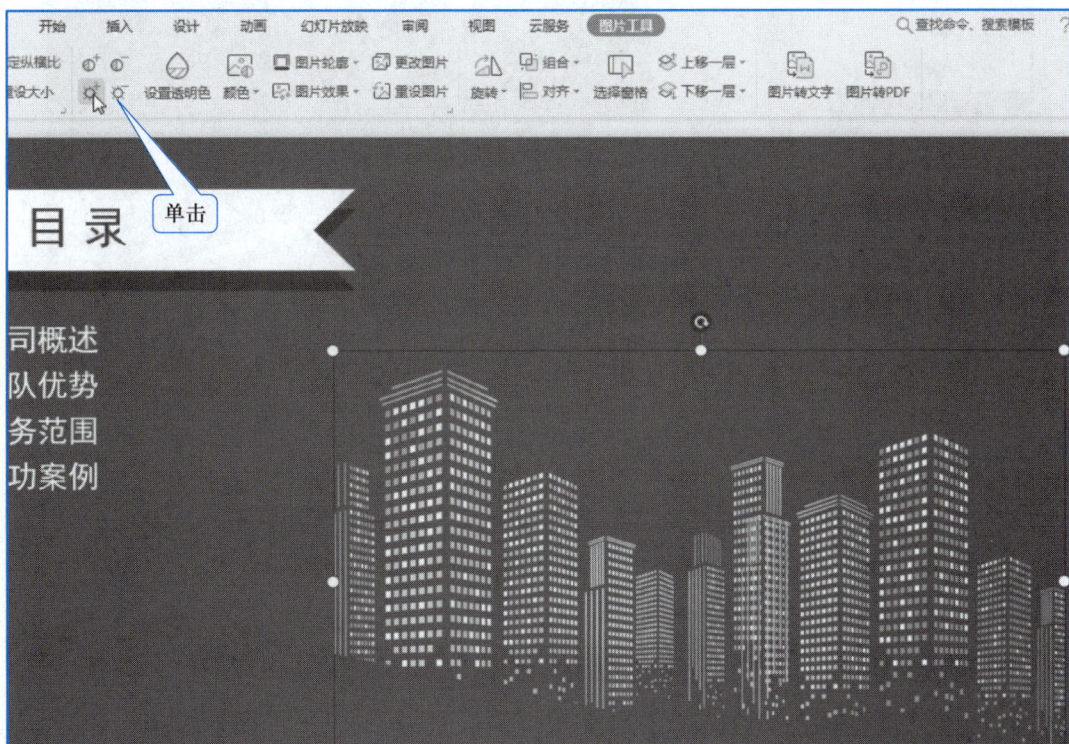

图 5-1-42　调节图片亮度

步骤 2：设置柔化边缘。

① 选择第 3 张幻灯片，选中右侧的图片，切换到"图片工具"选项卡，单击"图片效果"下拉按钮。

② 在弹出的下拉列表中选择"柔化边缘"→"10 磅"命令，如图 5-1-43 所示。

步骤 3：设置图片倒影。

① 选择第 6 张幻灯片，选中左下方的图片，切换到"图片工具"选项卡，单击"图片效果"下拉按钮。

② 在弹出的下拉列表中选择"倒影"→"全倒影，接触"命令，如图 5-1-44 所示。

步骤 4：完成效果。

使用同样的方法为右下方图片设置倒影效果，完成效果如图 5-1-45 所示。

图 5-1-43　设置柔化边缘

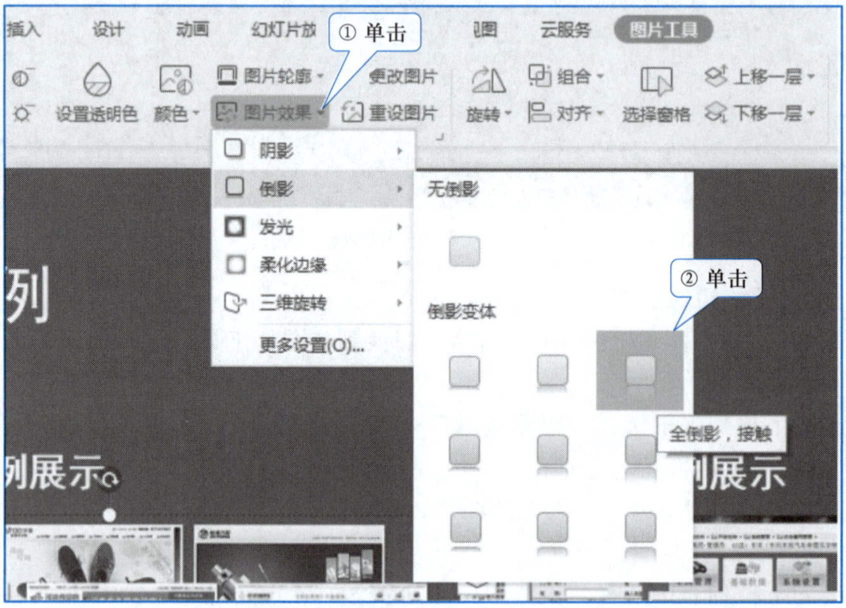

图 5-1-44　设置图片倒影

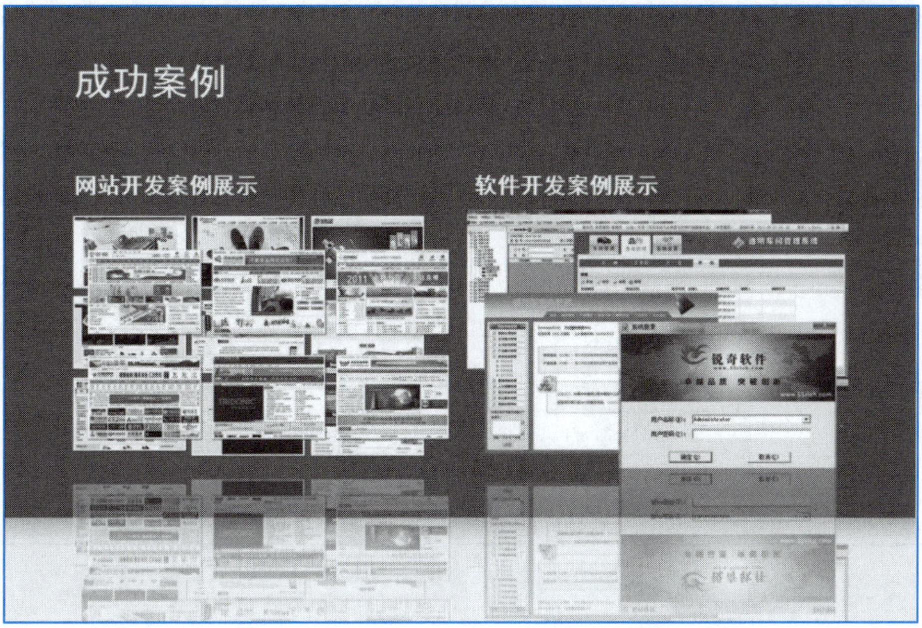

图 5-1-45　完成效果

任务 5.2　美化演示文稿

👆 任务描述

动画是演示文稿中不可缺少的元素，可以使演示文稿更富有吸引力，增强幻灯片的视觉效果。WPS 演示中提供了丰富的动画效果，可以为演示文稿的文本、图片、图形和表格等对象创造出更精彩的视觉效果。演示文稿的放映是设置幻灯片的最终环节，优秀的演示文稿加上完美的放映能给观众带来一次难忘的视觉享受。

微课 5-2
演示文稿
美化

👆 知识储备

1. 设置一个动画效果

对象的动画效果分为进入动画、强调动画、退出动画和路径动画几类。进入动画即对象出现的动画效果，强调动画即对象在显示过程中的动画效果，退出动画即对象消失的动画效果，而路径动画是指对象按照指定轨迹运动的动画效果。用户可以为对象添加任意一种类型的动画效果，操作方法如下。

步骤 1：打开"自定义动画"任务窗格。

打开"中秋贺卡"素材文件，切换到"动画"选项卡，单击"自定义动画"按钮，打开"自定义动画"任务窗格，如图 5-2-1 所示。

步骤 2：添加动画。

① 选中第 1 张幻灯片左侧的图片，在"自定义动画"任务窗格中单击"添加效果"按钮。

② 在弹出的动画列表中选择"进入"组中的"缓慢进入"选项，如图 5-2-2 所示。

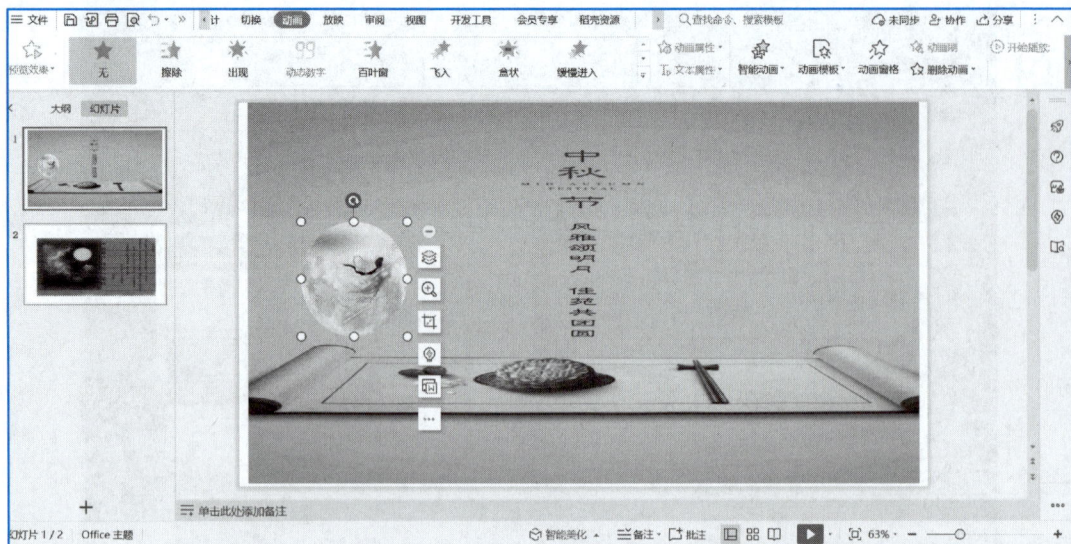

图 5-2-1 "自定义动画"任务窗格

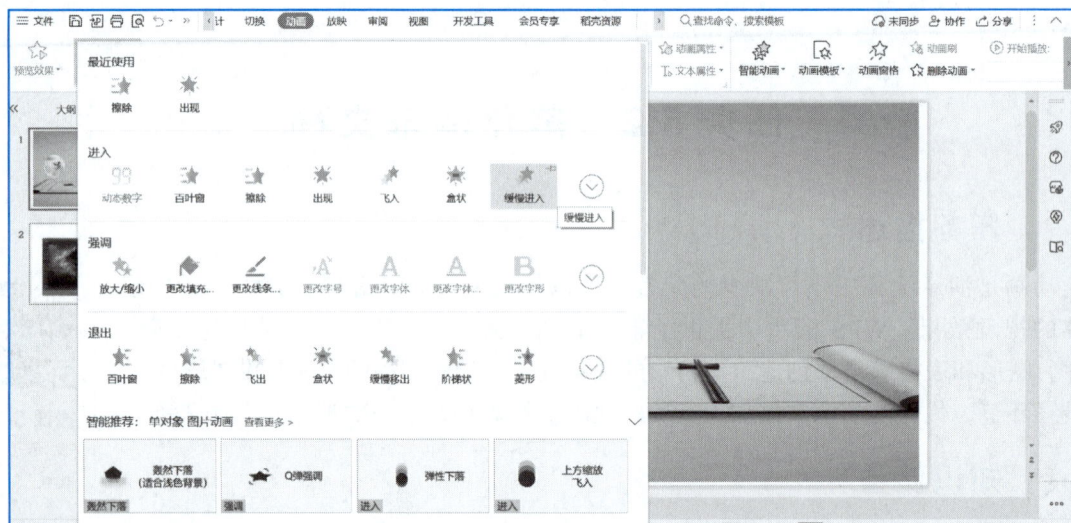

图 5-2-2 添加动画

步骤 3：更改动画。

① 设置动画后将自动演示一遍动画效果，如果对动画不满意，可以在下方的"动画"列表中选中该动画。

② 单击"更改"下拉按钮，在弹出的"动画"列表中选择要更改的动画即可，如图 5-2-3 所示。

步骤 4：设置动画效果。

① 添加动画后，还可以对动画效果进行设置，在动画列表中选中要设置的动画，单击其后的下拉按钮。

② 在弹出的下拉列表中选择"效果选项"命令，如图 5-2-4 所示。

图 5-2-3 更改动画

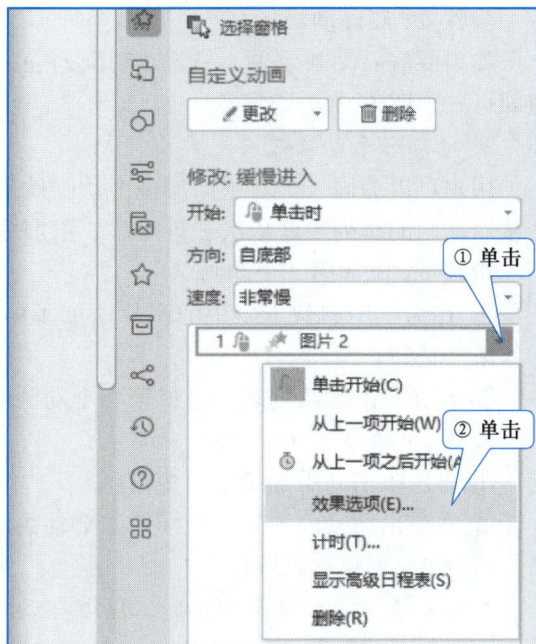

图 5-2-4 设置动画效果

步骤 5：选项设置。

① 打开动画设置对话框，在"效果"选项卡的"方向"下拉列表中可以设置动画进入的方向。

② 在"声音"下拉列表中可以设置动画声音，如图 5-2-5 所示。

步骤 6：选项设置。

① 切换到"计时"选项卡，在"开始"下拉列表中可以设置动画开始方式。

② 在"速度"下拉列表中可以设置动画运行速度。

③ 设置完成后单击"确定"按钮即可，如图 5-2-6 所示。

图 5-2-5 选项设置 1

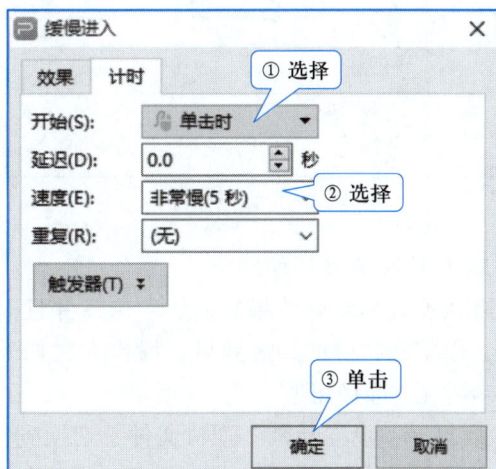

图 5-2-6 选项设置 2

步骤 7：删除动画。

如果要删除动画效果，只需在动画列表中选择要删除的动画，然后单击上方的"删除"按钮即可，如图 5-2-7 所示。

2. 添加多个动画效果

用户可以为同一个对象添加多个动画效果，设置多个动画效果后，在放映幻灯片时，程序会按照动画的排列顺序依次进行播放。添加多个动画效果的方法如下。

步骤 1：添加第 2 个动画．

① 在为"中秋贺卡"中的图片添加了第 1 个动画效果后，再次选中图片对象，单击"添加效果"按钮。

② 在弹出的动画列表中选择第 2 个动画效果，如"陀螺旋"。

步骤 2：添加第 3 个动画。

① 再次单击"添加效果"按钮。

② 在弹出的动画列表中选择第 3 个动画效果，如"棋盘"。

步骤 3：调整动画顺序。

为对象添加多个动画效果后，可以在动画列表中看到所有的动画效果，选中某个动画后，单击下方"上移"或"下移"按钮可以调整动画播放顺序，如图 5-2-8 所示。

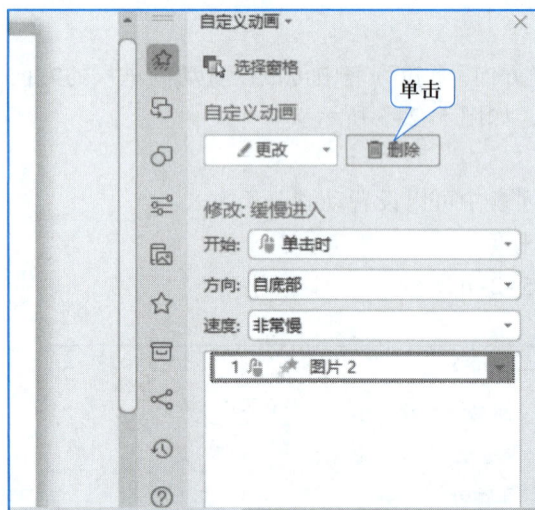

图 5-2-7　删除动画

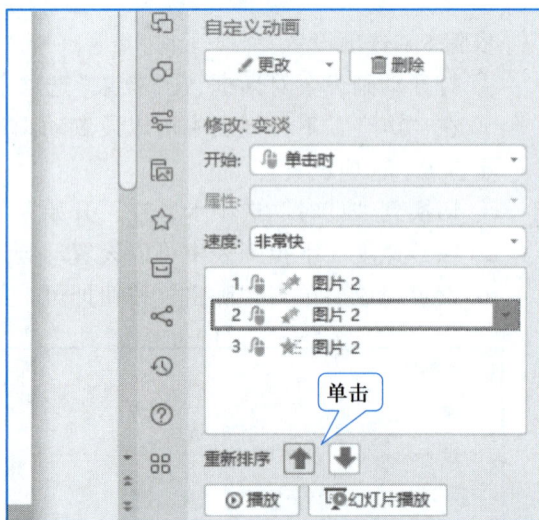

图 5-2-8　调整动画顺序

3. 自动循环播放动画

默认设置的动画效果只播放一遍，并且需要单击才能播放。可以通过设置自动播放和循环播放，以实现特殊的动画效果，操作方法如下。

步骤 1：选择图形。

① 打开"星空动画"素材文件，切换到"插入"选项卡，单击"形状"下拉按钮。

② 在弹出的形状列表中选择"五角星"形状，如图 5-2-9 所示。

步骤 2：添加进入动画。

① 选中星形图形，打开"自定义动画"任务窗格，单击"添加动画"按钮。

图 5-2-9　选择形状

② 在弹出的动画列表中选择"进入"组中的"渐变"动画，如图 5-2-10 所示。

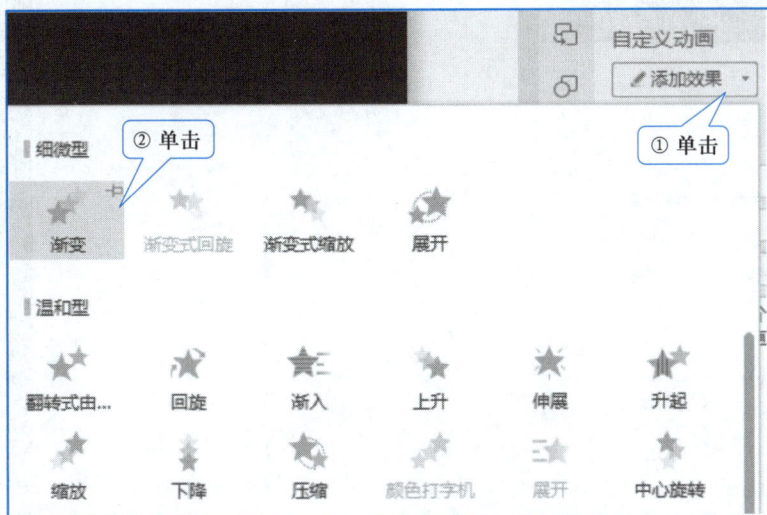

图 5-2-10　添加进入动画

步骤 3：设置动画。

① 在动画列表中选中第 1 个动画，在上方的"开始"下拉列表中选择"之后"命令。

② 在"速度"下拉列表中选择"快速"命令，如图 5-2-11 所示。

步骤 4：添加动画。

① 重新选中星形图形，再次单击"添加效果"下拉按钮。

② 在弹出的动画列表中选择"强调"组中的"忽明忽暗"动画，如图 5-2-12 所示。

步骤 5：设置动画。

① 在动画列表中选中第 2 个动画，单击其后的下拉按钮。

② 在弹出的下拉菜单中选择"计时"命令，如图 5-2-13 所示。

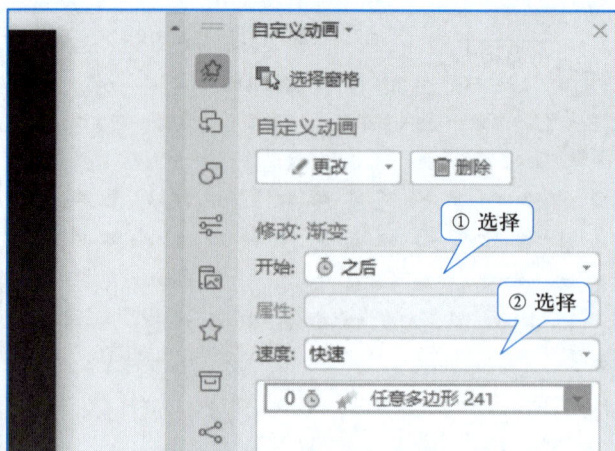

图 5-2-11　设置动画

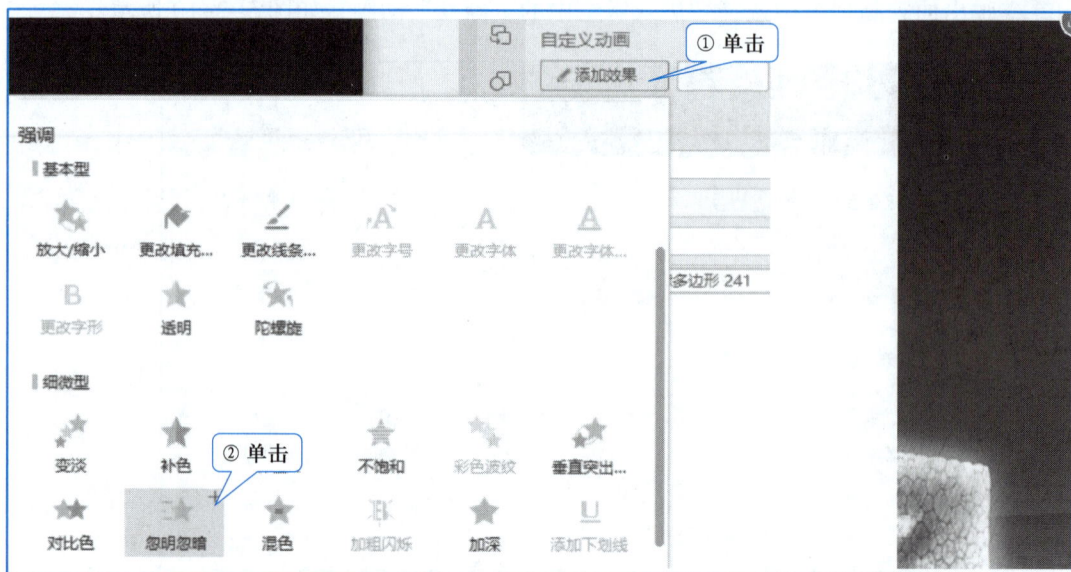

图 5-2-12　添加动画

步骤 6：选项设置。

① 打开"忽明忽暗"对话框，在"计时"选项卡中设置"开始"方式为"之后"。

② 设置"重复"为"直到幻灯片末尾"，如图 5-2-14 所示。

步骤 7：复制图形。

按住 Ctrl 键的同时拖动图形，将星形复制多份，并调整为不同大小，如图 5-2-15 所示。

步骤 8：播放动画。

按 F5 键播放幻灯片，即可看到动画效果，如图 5-2-16 所示。

4. 为幻灯片添加切换效果

为幻灯片添加切换效果，可以使演示文稿的放映更加生动。WPS 演示中提供了多种切换效果，用户可以通过以下两种方法进行添加。

图 5-2-13   设置动画

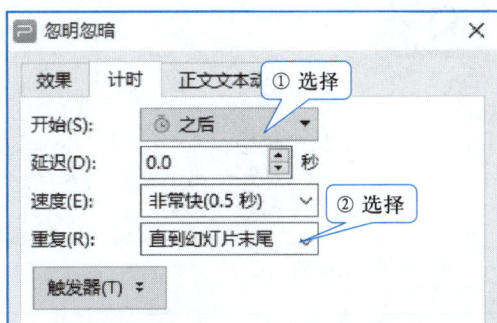

图 5-2-14   选项设置 3

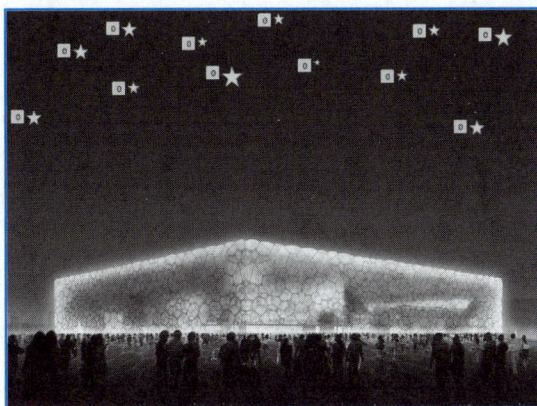

图 5-2-15   复制形状

图 5-2-16   播放动画

　　方法 1：通过功能区添加。选中要设置切换效果的幻灯片，切换到"动画"选项卡，在"切换效果"列表框中单击下拉按钮，在弹出的列表框中选中要添加的动画，如图 5-2-17 所示。

　　方法 2：在"动画"选项卡中单击"切换动画"按钮，打开"切换效果"任务窗格，在"应用于所选幻灯片"列表框中选择要应用的切换效果即可，如图 5-2-18 所示。

5. 为幻灯片设置切换效果

　　为幻灯片添加切换效果后，还可以在"切换效果"任务窗格中对切换效果进行详细设置，下面分别介绍各选项的功能，如图 5-2-19 所示。

- 速度：用于设置切换动画的播放速度，其单位为"毫秒"，数值越大，动画运行时间越长，运行速度越慢。
- 声音：用于设置幻灯片的切换声音。
- 单击鼠标时：选中该复选框，则可以通过单击的方式切换到下一张幻灯片；取消选中该复选框，则无法通过单击的方式进行切换。

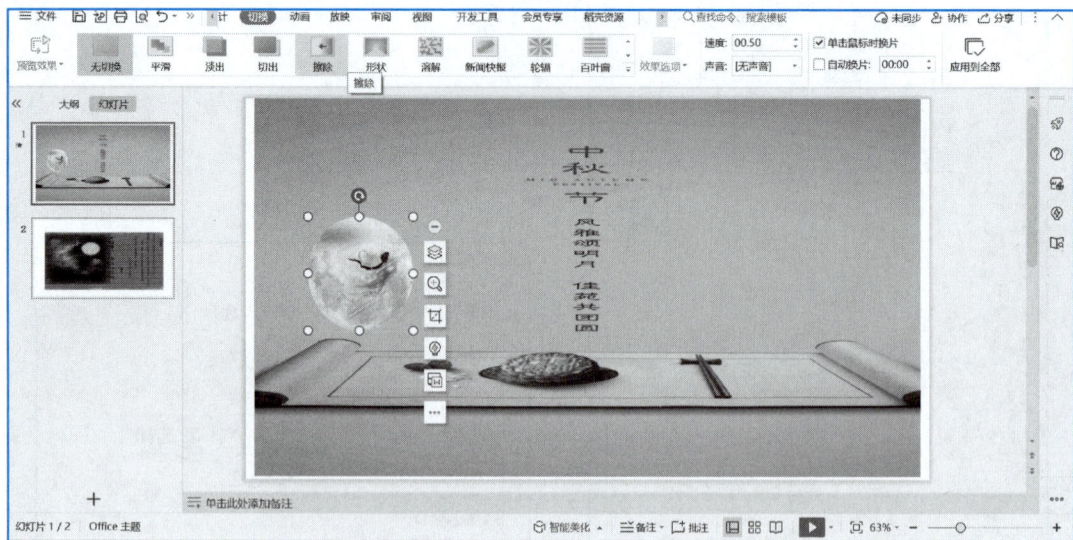

图 5-2-17　添加切换效果

图 5-2-18　添加切换效果

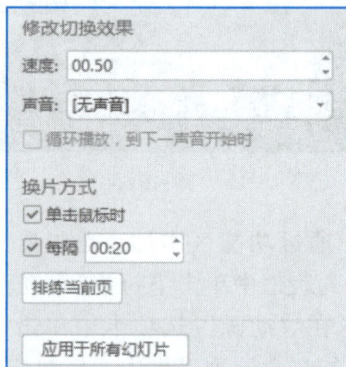

图 5-2-19　设置幻灯片效果

- 每隔：选中该复选框，幻灯片将在播放一定时间后进行自动切换，其播放时间可以在后面的文本框中进行设置，其单位为"秒"。
- 排练当前页：单击该按钮，可以对该幻灯片进行排练计时，从而预估该幻灯片的放映时间。
- 应用于所有幻灯片：单击该按钮可以将当前幻灯片所选切换效果及相关设置应用于该演示文稿的所有幻灯片。

6. 设置放映方式

在放映幻灯片前,通常还需要对放映选项进行设置。切换到"幻灯片放映"选项卡,单击"设置放映方式"按钮,即可打开"设置放映方式"对话框,在其中可以对放映方式进行相关设置,如图 5-2-20 所示。

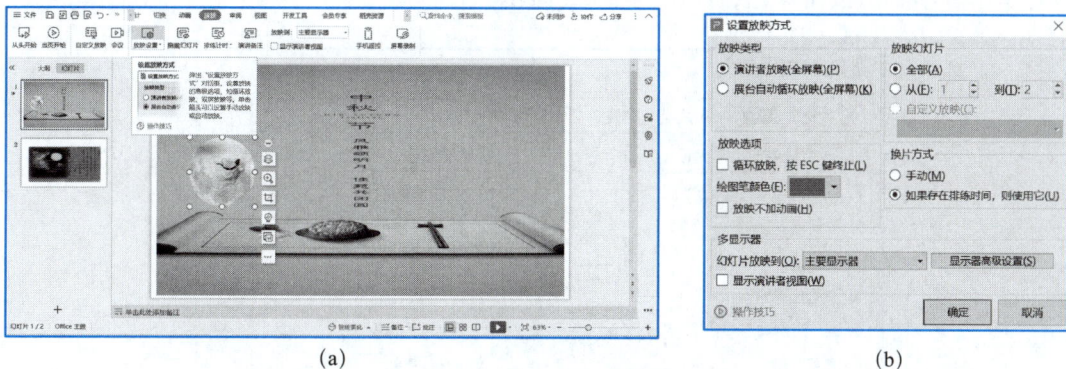

(a)　　　　　　　　　　　　　(b)

图 5-2-20　设置放映方式

（1）设置放映类型

按幻灯片放映时操作对象的不同,可以将放映类型分为"演讲者放映"和"展台自动循环放映"两种,其区别如下。

- 演讲者放映。该方式为常规放映方式,用于演讲者亲自播放演示文稿。对于这种放映方式,演讲者具有完全的控制权,可以自行切换幻灯片或暂停放映。
- 展台自动循环放映。该方式是一种自动运行的全屏放映方式,放映结束后将自动重新放映。操作者不能自行切换幻灯片,但可以单击超链接或动作按钮。

（2）设置可放映幻灯片

在"设置放映方式"对话框的"放映幻灯片"选项组中,可以选择可放映的幻灯片。默认选中"全部"单选项,即放映所有幻灯片。如果选中"从…到…"单选按钮,则可以设置只播放某几张连续的幻灯片。如果需要自定义可放映的幻灯片,需要进行以下设置。

步骤 1:设置自定义放映,切换到"幻灯片放映"选项卡,单击"自定义放映"按钮。

步骤 2:新建播放序列,在打开的"自定义放映"对话框中单击"新建"按钮,如图 5-2-21 所示。

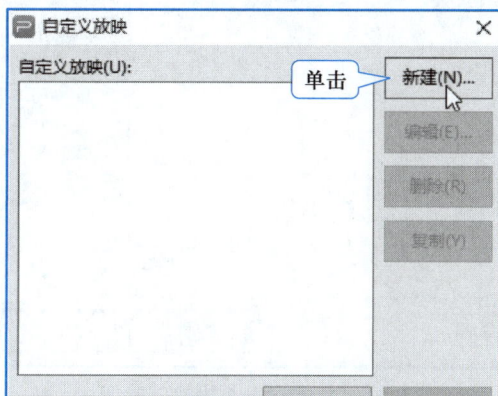

图 5-2-21　新建播放序列

步骤3：设置放映序列。

① 打开"定义自定义放映"对话框，在"幻灯片放映名称"文本框中输入序列名称。

② 在下方的幻灯片列表中依次选中要放映的幻灯片，然后单击"添加"按钮添加到右侧的播放列表中。

③ 单击"确定"按钮保存，如图5-2-22所示。

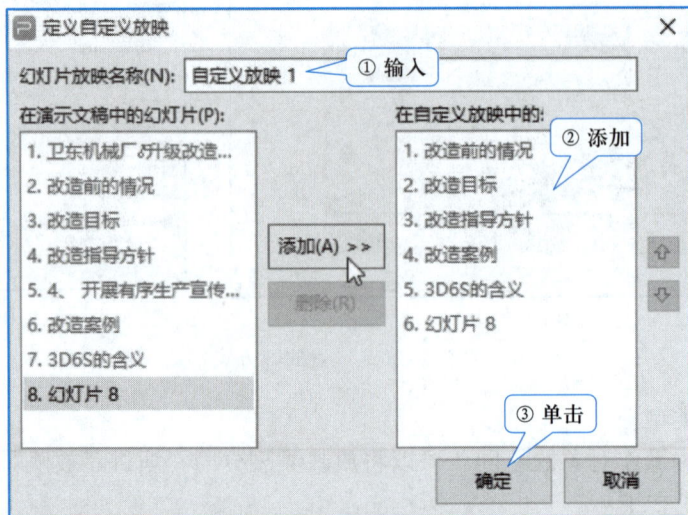

图5-2-22　设置放映序列

步骤4：关闭对话框，返回"自定义放映"对话框，可以看到新建的放映序列已经出现在"自定义放映"列表中，单击"关闭"按钮关闭对话框，如图5-2-23所示。

步骤5：选择自定义放映。

① 重新打开"设置放映方式"对话框，在"放映幻灯片"选项组中选中"自定义放映"单选项。

② 在下方的下拉列表中选择刚才新建的放映序列。

③ 单击"确定"按钮即可，如图5-2-24所示。

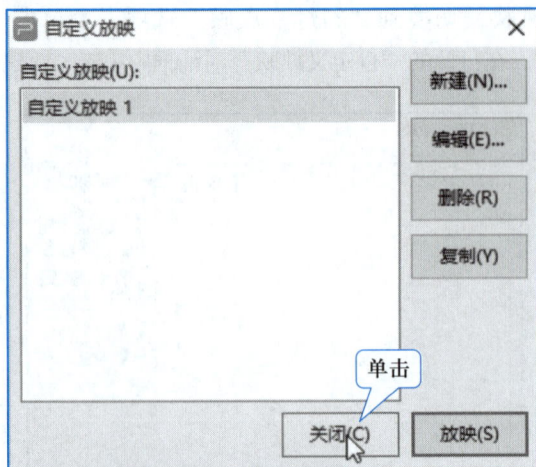

图5-2-23　"自定义放映"对话框

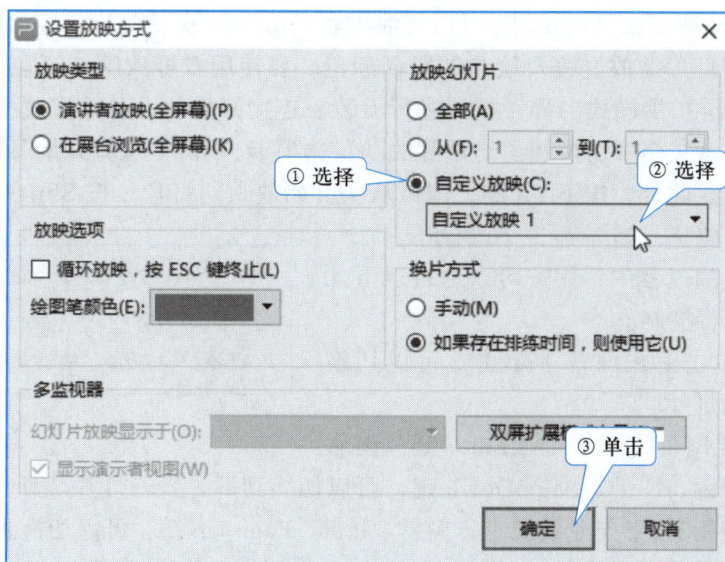

图 5-2-24　"设置放映方式"对话框

7. 使用排练计时放映

排练计时功能就是在正式放映前用手动控制的方式进行换片，并模拟演讲过程，让程序将手动换片的时间记录下来，此后，就可以按照这个换片时间自动进行放映，无须人为控制。

录制与保存排练计时的方法为：打开演示文稿，切换到"幻灯片放映"选项卡，单击"排练计时"按钮，此时将开始播放幻灯片，同时出现"预演"工具栏，自动记录每张幻灯片的放映时间。用户可以模拟现场演讲放映幻灯片，当放映结束时，会出现信息提示框，单击"是"按钮，即可保留排练时间，如图 5-2-25 所示。

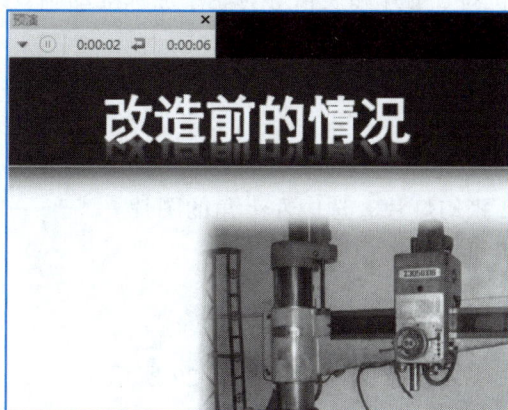

(a)

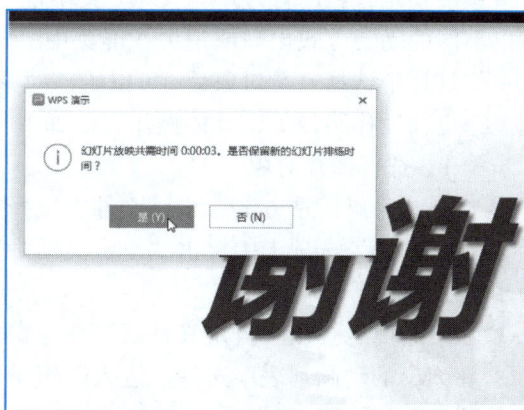

(b)

图 5-2-25　排练时间

录制了排练计时后，在"设置放映方式"对话框的"换片方式"选项组中选中"如果存在排练时间，则使用它"单选项，即可在放映时按照记录的时间自动播放幻灯片。

8. 放映演示文稿

演示文稿的放映可分为两种情况，一种是单屏放映，即在操作者自己的计算机屏幕上放映；

另一种是双屏放映，使用双屏放映时，可以将演讲者视图和播放视图分别显示在不同的屏幕上，观众将只能看到幻灯片播放过程及绘制的屏幕标记。要使用双屏放映，可在"设置放映方式"对话框中单击"双屏扩展模式向导"按钮进行设置。连接好播放设备并完成相应设置后即可播放演示文稿。在演示文稿中切换到"幻灯片放映"选项卡，单击"从头开始"或"从当前开始"按钮即可开始放映。此外，按下 F5 键，即可从头开始放映幻灯片；按 Shift+F5 组合键，即可从当前幻灯片开始放映，如图 5-2-26 所示。

在放映幻灯片的过程中，用户可以通过以下几种方式对幻灯片进行控制。

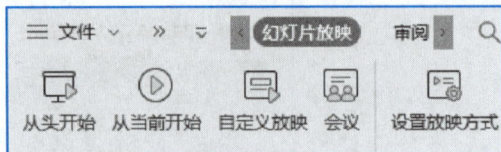

图 5-2-26　放映方式

- 使用鼠标单击：在屏幕中单击，可以切换到下一张幻灯片。
- 使用键盘控制：按空格键、Enter 键、向右或向下方向键、N 键、Page Down 键，可以切换到下一张幻灯片。
- 使用键盘控制：按下向左或向上方向键、P 键、Page Up 键，可以切换到上一张幻灯片。
- 通过快捷菜单控制：在放映的幻灯片中右击，在弹出的快捷菜单中选择"上一张""下一张""第一页"或"最后一页"命令进行切换。
- 通过快捷菜单快速定位：在放映的幻灯片中右击，在弹出的快捷菜单中选择"定位"→"按标题"命令，可以选择要播放的幻灯片。

任务实施

1. 设置对象动画

演示文稿中的动画效果主要分为对象动画和切换动画两种，本例将通过对"升级改造方案"演示文稿设置动画的讲解，介绍如何在演示文稿中设置动画效果。

对象动画是指在幻灯片中为文本、文本框、占位符、图片和表格等对象添加标准动画效果，使其以不同的动态方式出现或消失在屏幕中。

在幻灯片中选择一个对象后，可以给该对象添加一种动画效果，动画效果的类型包括进入、强调、退出和动作路径等，具体操作方法如下。

步骤 1：选择图片对象。

① 打开"升级改造方案"素材文件，选择第 2 张幻灯片，选中左上角的图片。

② 在"动画"选项卡中单击"自定义动画"按钮。

步骤 2：选择动画。

① 窗口右侧将弹出"自定义动画"任务窗格，单击"添加效果"按钮。

② 在弹出的动画列表中选择"进入"组中的"飞入"选项，如图 5-2-27 所示。

步骤 3：查看动画效果。

为图片添加动画后，将自动演示一次动画效果，并在添加了动画的对象左上角显示"1"，表示该动画为该幻灯片中的第 1 个动画。

步骤 4：选择动画。

① 选中右上角的图片，在"自定义动画"任务窗格中单击"添加效果"按钮。

② 在弹出的动画列表中选择"进入"组中的"缩放"选项，如图 5-2-28 所示。

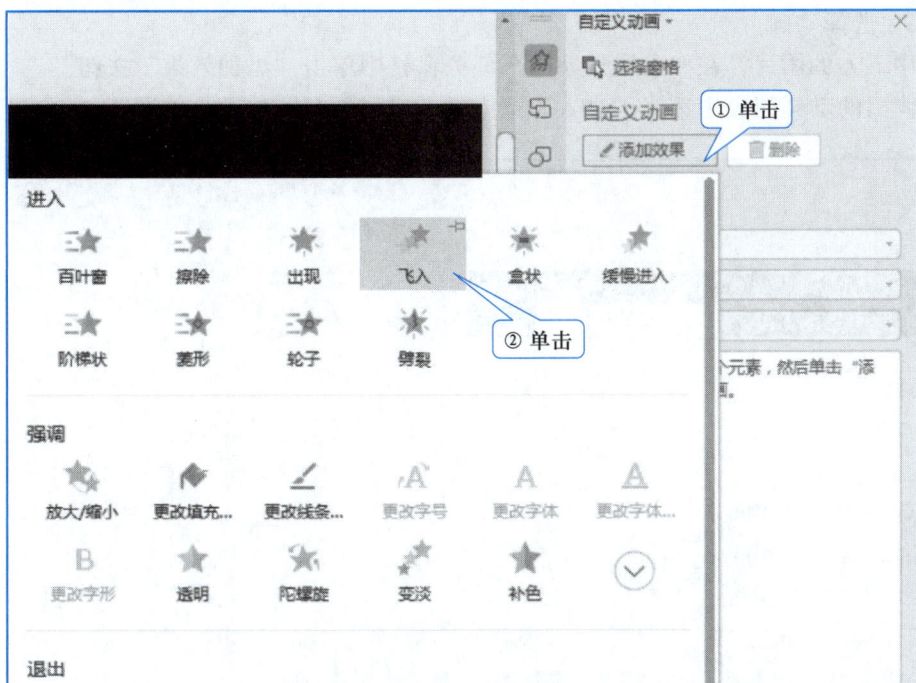

图 5-2-27　选择动画

图 5-2-28　添加动画效果

步骤 5：选择动画。

① 选中下方的图片，在"自定义动画"任务窗格中单击"添加效果"按钮。

② 在弹出的动画列表中选择"进入"组中的"扇形展开"选项，如图 5-2-29 所示。

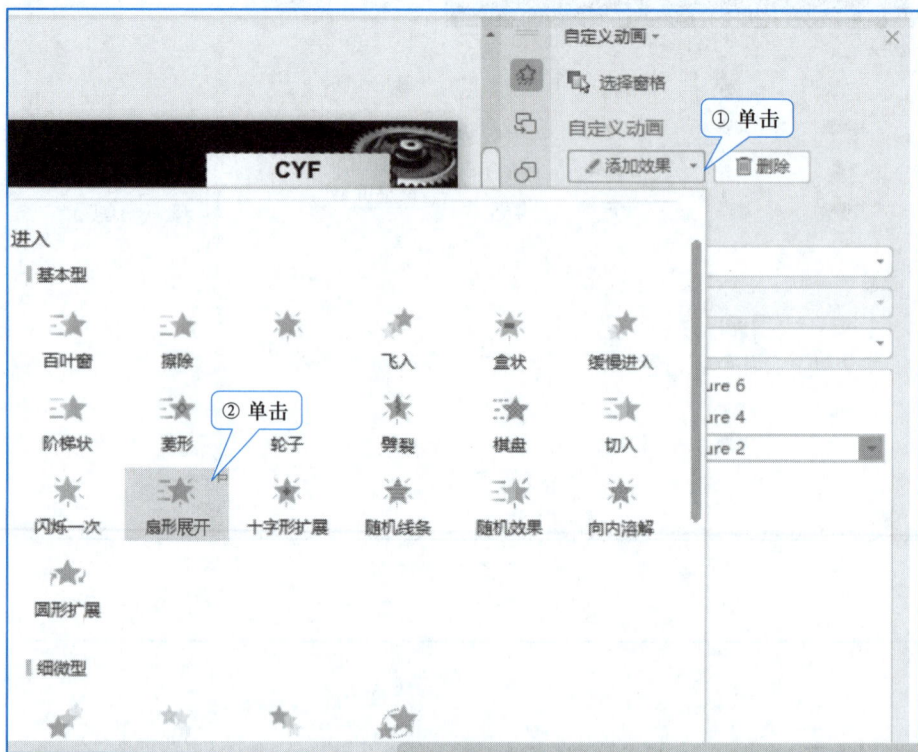

图 5-2-29　添加动画效果

步骤 6：删除动画。

① 添加动画效果后，可以在"自定义动画"任务窗格中看到该幻灯片中的所有动画列表，单击选中某个动画，然后单击其后的箭头按钮。

② 在弹出的下拉菜单中选择"删除"命令可以删除该动画。

2. 设置幻灯片切换动画

幻灯片的切换动画是指在放映幻灯片时，从一张幻灯片消失到下一张幻灯片出现之间的转换效果。切换动画能使幻灯片在放映时更加生动。下面介绍如何为幻灯片设置切换动画。

步骤 1；展开切换效果。

选择第 1 张幻灯片，切换到"动画"选项卡，在"切换效果"列表框中单击▼按钮。

步骤 2：选择切换效果。

在弹出的切换效果选项组中选择"淡出和溶解"组中的"溶解"选项，如图 5-2-30 所示。

步骤 3：设置切换声音。

① 在"动画"选项卡中单击"切换效果"按钮，打开"幻灯片切换"任务窗格。

② 在"声音"下拉列表中选择一种切换声音，如"激光"，如图 5-2-31 所示。

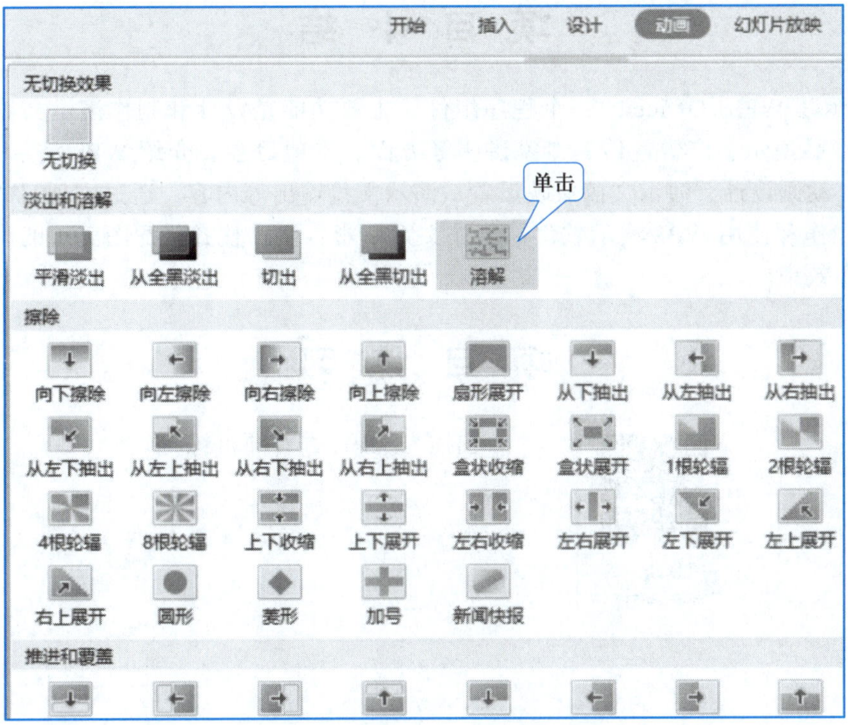

图 5-2-30　添加幻灯片切换效果

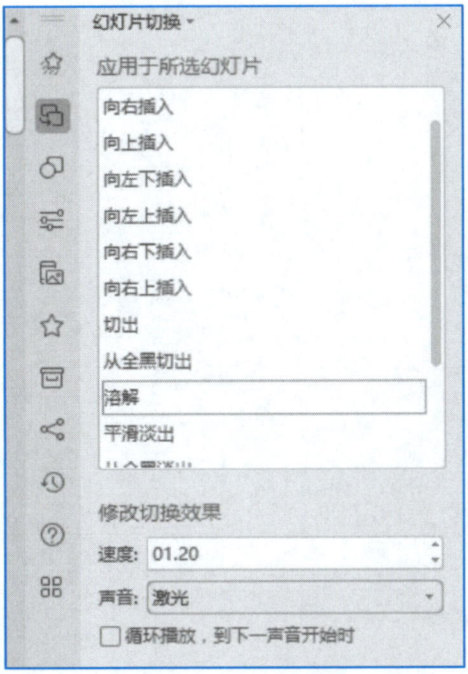

图 5-2-31　添加切换声音

项 目 小 结

　　WPS 演示是 WPS Office 的一个程序组件，主要功能是设计和制作演示文稿，广泛用于教育教学、产品演示、广告宣传、专家讲座等方面。本项目主要介绍 WPS 演示文稿的制作、幻灯片美化、动画设计、演示文稿放映设置、演示文稿输出等内容。通过本项目的学习，读者可以熟练的操作和使用 WPS 演示软件，制作文案精彩、格式整齐、配图美观的演示文稿，极大地提高工作效率。

项 目 练 习

项目 5
项目练习

扫描二维码，查看项目练习。

项目 **6**

信 息 检 索

项目概述

　　在本项目中，将学习信息检索的基本概念，了解搜索引擎的分类，掌握常用搜索引擎的自定义搜索方法，掌握布尔逻辑检索、截词检索、位置检索、限制检索等检索方法，通过多个案例，促进学生加强对搜索方法进行理解与应用，并动手实践专用平台的检索操作。

项目目标

【知识目标】

（1）信息检索

（2）搜索引擎

（3）检索信息资源

微课 6-1
信息检索

【技能目标】

（1）了解常用信息检索技术

（2）掌握常用搜索引擎的自定义搜索方法

（3）掌握通过网页、社交媒体等不同信息平台进行信息检索的方法

（4）掌握通过期刊、论文、专利、商标、数字信息资源平台等专用平台进行信息检索的方法

【素质目标】

（1）培养学生信息道德教育

（2）增强信息法律与法规意识

（3）培养学生科学精神

任务 6.1   了解信息检索

✋ 任务描述

在日常生活、工作和学习中，人们会遇到一些与信息检索相关的问题。比如，外出旅游，希望快速查询车次、航班、路况、酒店等信息；在专业课程学习、工作、科研中遇到难题，希望快速查到解决方案。在本任务中，将学习信息检索方法，了解搜索引擎和如何使用检索信息资源。

✋ 知识储备

1. 信息检索概述

信息检索是按照一定方式组织存储信息，并根据需求查找出有关信息的过程，又称信息存储与检索、情报检索。信息的查找始于图书馆的工作。"信息检索"一词出现于 20 世纪 50 年代，包括以下 3 个主要环节。

① 信息内容分析与编码，产生信息记录及检索标识。

② 组织存储，将全部记录按文件、数据库等形式组成有序的信息集合。

③ 用户提问处理和检索输出。

中文文献检索技术就是对中文文献进行储存、检索和各种管理的方法和技术。中文文献检索技术出现于 20 世纪 70 年代，20 世纪 80 年代得到了快速发展，20 世纪 90 年代主要研究支持复合文档的管理系统。中文信息检索在 20 世纪 90 年代之前都被称为情报检索，其主要研究内容有布尔检索模型、向量空间模型和概率检索模型在内的信息检索数学模型；如何进行自动录入和其他操作的文献处理；进行词法分析的提问和词法处理；实现技术；对查全率和查准率研究的检索效用；标准化；扩展传统信息检索的范围等。中文信息检索主要是书目的检索，用于政府部门信息中心等部门。

信息检索系统可分为数据预处理、索引生成、查询处理、检索 4 部分。下面分别对各部分进行介绍。

① 数据预处理。目前检索系统的主要数据来源是 Web，格式包括网页、Word 文档、PDF 文档等，这些格式的数据除了正文内容之外，还有大量的标记信息，因此从多种格式的数据中提取正文和其他所需的信息就成为数据预处理的主要任务。

② 索引生成。对原始数据建立索引是为了快速定位查询词所在的位置，为了达到这个目的，索引的结构非常关键。目前主流的方法是以词为单位构造倒排文档表，每个文档都由一串词组成，而用户输入的查询条件通常是若干关键词，因此如果预先记录这些词出现的位置，那么只要在索引文件中找到这些词，也就找到了包含它们的文档。

③ 查询处理。用户输入的查询条件可以有多种形式，包括关键词、布尔表达式、自然语言形式的描述语句甚至是文本，但如果把这些查询条件仅当做关键词去检索，显然不能准确把握用户的真实信息需求。很多系统采用查询扩展来克服这一问题。各种语言中都会存在很多同义词，例如查"计算机"的时候，包含"电脑"的结果可能也一并返回，这种情况通常会采用查词典的方法解决。但完全基于词典所能提供的信息有限，而且很多时候并不适宜简单地以同

义词替换方法进行扩展，因此很多研究者还采用相关反馈、关联矩阵等方法对查询条件进行深入挖掘。

④ 检索。最简单的检索系统只需要按照查询词之间的逻辑关系返回相应的文档就可以了，但这种做法显然不能表达结果与查询之间的深层关系。为了把最符合用户需求的结果显示在前面，还需要利用各种信息对结果进行重排序。目前有两大主流技术用于分析结果和查询的相关性：链接分析和基于内容的计算。

2. 信息检索的分类

按不同的标准，可将信息检索进行分类。

① 按存储与检索对象划分，信息检索可以分为文献检索、数据检索、事实检索。以上 3 种信息检索类型的主要区别在于：数据检索和事实检索是要检索出包含在文献中的信息本身，而文献检索则检索出包含所需要信息的文献即可。

② 按存储的载体和实现查找的技术手段为标准划分，可分为手工检索、机械检索、计算机检索。其中发展比较迅速的计算机检索是"网络信息检索"，也即网络信息搜索，是指互联网用户在网络终端，通过特定的网络搜索工具或通过浏览的方式，查找并获取信息的行为。

③ 按检索途径划分，可分为直接检索、间接检索。

🖑 任务实施

1. 信息检索的基本流程

① 分析问题。

② 选择检索工具。

③ 检索工具的使用。

④ 获取原文。

⑤ 对检索结果的分析。

⑥ 更改检索策略。

2. 常用信息检索技术

计算机检索的基本检索技术有如下几种。

（1）布尔检索

利用布尔逻辑运算符进行检索词或代码的逻辑组配，是现代信息检索系统中最常用的一种方法。常用的布尔逻辑运算符有 3 种，分别是逻辑或（OR）、逻辑与（AND）、逻辑非（NOT）。用这些逻辑运算符将检索词组配构成检索提问式，计算机将根据提问式与系统中的记录进行匹配，当两者相符时则匹配成功，并自动输出该文献记录。

下面以"计算机"和"文献检索"两个词来解释 3 种逻辑算符的含义。

① "计算机" AND "文献检索"，表示查找文献内容中既含有"计算机"又含有"文献检索"词的文献。

② "计算机" OR "文献检索"，表示查找文献内容中含有"计算机"或含有"文献检索"以及两词都包含的文献。

③ "计算机" NOT "文献检索"，表示查找文献内容中含有"计算机"而不含有"文献检索"的文献。

检索中逻辑运算符使用是最频繁的，对逻辑运算符使用的技巧决定检索结果的满意程度。

用布尔逻辑表达检索要求，除要掌握检索课题的相关因素外，还应注意在布尔运算符对检索结果的影响。另外，对同一个布尔逻辑提问式来说，不同的运算次序会有不同的检索结果。布尔运算符使用正确，但不能达到应有检索效果的情况时有发生。

（2）截词检索

截词检索就是用截断的词的一个局部进行的检索，并认为凡满足这个词局部中的所有字符（串）的文献，都为命中的文献。按截断的位置来分，截词可分为后截断、前截断、中截断3种类型。

（3）原文检索

"原文"是指数据库中的原始记录，原文检索即以原始记录中的检索词与检索词间特定位置关系为对象的运算。原文检索可以说是一种不依赖叙词表，而直接使用自由词的检索方法。

原文检索可以弥补布尔检索、截词检索的一些不足。运用原文检索方法，可以增强选词的灵活性，部分地解决布尔检索不能解决的问题，从而提高文献检索的水平和筛选能力。但是，原文检索的能力是有限的。从逻辑形式上看，它仅是更高级的布尔系统，因此存在着布尔逻辑本身的缺陷。

任务 6.2　　了解搜索引擎

👆 任务描述

在互联网高度发展的今天，搜索引擎已经成为人们学习、工作、生活及娱乐不可缺少的一部分，搜索引擎会根据用户提供的关键字按照一定的策略，利用计算机技术从网络上收集信息，并对信息进行组织和处理后，友好地展示给用户。在本任务中，将了解搜索引擎的概念、分类、常用搜索引擎及使用方法。

👆 知识储备

1. 搜索引擎的概念

搜索引擎根据用户的需要利用计算机算法技术并结合一定的策略，从互联网检索出用户特定信息，从而为用户提供检索服务。搜索引擎包含的关键技术有网络爬虫技术、数据挖掘技术、排序技术、大数据处理、图形图像处理、自然语言处理技术、为用户方便友好展示结果的网页处理等技术。

2. 搜索引擎分类

好的搜索引擎是提高搜索性能的重要保证，根据搜索引擎工作方式的不同可以将搜索引擎大致分全文搜索引擎（Full Text Search Engine）、元搜索引擎（Meta Search Engine）及目录搜索引擎（Search Index Directory）3类，根据其特点适应不同的工作环境。

（1）全文搜索引擎

全文搜索引擎是最常见的搜索引擎，国内具有代表性的有百度（Baidu）、搜狗（sogou）、360搜索等，国外具有代表性的有必应（Bing）等，它们都是运用计算机算法通过互联网提取出各大网站的信息来建立数据库，用户输入关键字后再去查找与之相匹配的记录，再根据一定的策略及排序规则和友好界面的形式展示给用户，他们是最基本、最核心、用途最广的搜索引擎。

（2）元搜索引擎

元搜索引擎又称多搜索引擎，它没有自己的数据库，是将用户输入的关键字同时提交给多个引擎进行检索，将返回的数据进行去重、排序等处理后，再把相应的数据返回给用户。这类搜索引擎得到的数据会更大更全，但缺点就是不能充分利用搜索引擎提供的特性，用户需要从更多数据中去做更多的筛选。国内元搜索引擎发展起步比较晚，规模比较小，国外著名的元搜索引擎有 InfoSpace、Dogpile、Vivisimo 等。

（3）目录搜索引擎

目录搜索引擎是一个半自动的搜索引擎，它的信息多采用人工或半自动的方式收集，由人工进行编辑和审核，信息放入事先定义好的类别之中，以目录结构和链接的形式向公众提供服务，用户可以不用输入关键字，仅依靠现有的网站目录结构找出自己关心的内容即可。国内具有代表性的新浪、搜狐、网易、知网等网站。

3. 常用搜索引擎

（1）百度（Baidu）

百度搜索引擎，如图 6-2-1 所示，属于全文搜索引擎，于 2000 年在北京中关村创立，致力于提供"简单，可依赖"的信息检索服务，发展至今百度已经是一款全球使用人数众多的中文搜索引擎。

图 6-2-1 百度搜索引擎

（2）搜狗（Sogou）

搜狗属于全文搜索引擎，如图 6-2-2 所示，最早于 2004 年创建，搜狗围绕搜狗搜索、搜狗输入法和搜狗浏览器三大互联网应用，全面展开在人工智能领域的研发，并在语音识别等领域取得了重要突破。搜狗具有支持微信公众号文章搜索、英文搜索及翻译功能等。

（3）360 搜索

360 搜索引擎属于全文搜索引擎，如图 6-2-3 所示，于 2012 年创建，360 搜索主要包括内容有网页新闻搜索、微博内容搜索、视频资源搜索、图形搜索、地图等搜索，通过对当前互联网信息的即时数据获取和主动展现，为用户提供了实用和便捷的搜索服务功能。

图 6-2-2　搜狗搜索引擎

图 6-2-3　360 搜索引擎

4. 必应（Bing）

必应搜索引擎属于全文搜索引擎，如图 6-2-4 所示，由微软公司于 2009 年推出，具有每日图形搜索、全球英文内容搜索、全球搜图等功能，因其与微软公司的 Windows 操作系统的 IE 内核浏览器捆绑，所以使用率也比较高。

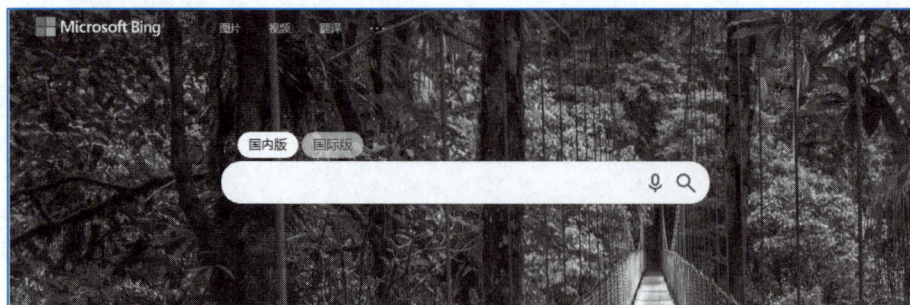

图 6-2-4　必应搜索引擎

🖑 任务实施

掌握常用检索方法

（1）布尔逻辑检索

布尔逻辑检索是指利用多个布尔逻辑运算符（如 AND、OR、NOT 等）将需要的关键字进行连接形成一个逻辑检索式，然后由搜索引擎做相应的逻辑运算，从而达到更加准确检索所需信息的目的。

① 逻辑与检索。逻辑与检索运算符为"AND"或"*"用来表示两个关键字的交叉部分，如检索式"A AND B"表示让检索的内容同时包含 A 关键字和 B 关键字。

② 逻辑或检索。逻辑或检索运算符为"OR"或"+"用来表示满足两个关键字之一即可，如检索式"A OR B"表示检索的内容包含 A、B 关键字之一或同时包含 A 和 B。

③ 逻辑非检索。逻辑非检索运算符为"NOT"或"-"用来表示排除关系的关键字，如检索式"A NO B"表示检索的内容包含 A 而不包含 B，即把包含 B 关键字的内容全部排除在外。

（2）截词检索

截词检索是指在检索词合适的位置进行切断处理，用截断的词进行检索，可以使用截词符进行自由词处理，是防止漏检提高检索率的一种检索方法，大多数搜索引擎都支持截词检索。根据截断的位置来分，截词检索可以分为后截断、前截断、中截断 3 种类型。不同的搜索引擎截词符有所不同，常用的有截词符 *、?、$ 等，如检索式"comput*"属于后截断式，可以利用其检索出 computing、computering、computeriation 等内容。

（3）限制检索

限制检索常常用于对一些关键字进行限制的检索方法，在大多数的搜索引擎中，多表现为以前缀的方式进行限制，如通常采用 Title、Keywords、Subject、Summary 对搜索的主题进行限制，采用 Text、Image 等对非主题进行限制，除此之外，许多搜索引擎还提供了带了网络特征的字段进行限制，主机名（Host）、域名（Domain）;网站（Site）、超链接（Link）、邮件（E-mail）、新闻组（Newsgroup）等，如利用检索式"site：www.zhihu.com 现代信息技术基础"可以检索出 www.zhihu.com 网站里现代信息技术基础相关的内容。由于这些关键字对检索的结果进行限制，所以充分利用好这些限制词，可以提供检索结果的相关性，如图 6-2-5 所示。

图 6-2-5　限制检索

任务 6.3　检索信息资源

👆 任务描述

通过前面的学习，已经了解搜索引擎的概念、分类、常用搜索引擎及使用方法，那么在工作和学习中搜索引擎对于人们获取信息资源有什么用处呢？本任务将介绍几个国内常用的信息资源平台，通过这些平台，掌握日常对期刊、论文、专利、商标、电子书籍等进行有效检索的方法。

👆 知识储备

1. 期刊论文数据库平台

期刊论文数据库平台通常以网络平台的形式向用户提供学术文献如期刊、论文等资源，并提供统一的查询检索、在线阅读与下载服务的平台。国内有代表性的数据库平台有中国知网（如图 6-3-1 所示），万方数据知识服务平台、中文期刊服务平台等，国外著名的有 ELSEVIER、EBSCO、WILEY 等数据库平台。

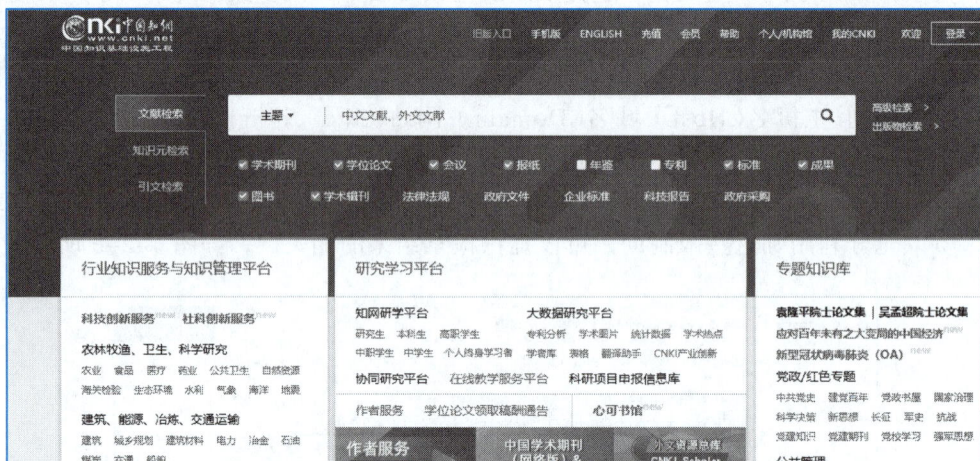

图 6-3-1　中国知网

2. 综合学术资源检索平台

综合学术资源检索平台是主要以搜索引擎为基础，为各种文献提供检索服务的学术资源检索平台，它检索的范围来源于各大数据库平台，内容涵盖了国内外各类学术期刊、论文等。国内比较有代表性的有百度学术（如图 6-3-2 所示）、搜狗学术、清华大学图书馆推荐网络学术站点等，国外比较著名的有必应学术、OALIB、Sci-Hub 等。

图 6-3-2　百度学术

3. 数字图书资源平台

数字图书资源平台主要是利用信息化技术来处理、存储和检索各种数字图书资源，同时用户可以通过网络的方式方便地访问这些图书资源。随着信息化的不断发展，数字图书资源平台已经为信息高速公路建设提供了必需的信息资源，也是社会知识经济中重要的信息资源载体。国内比较有代表性的中国国家图书馆（如图 6-3-3 所示）、国家科技图书文献中心、超星数字图书馆，国外比较著名的有 SpringerLink、BASE 等。

图 6-3-3　中国国家图书馆

4. 专利 / 商标检索平台

专利 / 商标检索平台主要用于检索专利 / 商标的明书的封面、内容摘要、专利权利要求及图表等相关信息，常用的检索平台有中国国家知识产权局（如图 6-3-4 所示）、中国专利信息中心专利检索数据库 – 专利之星、SooPAT、Patentcloud、WIPO 等。

图 6-3-4　中国国家知识产权局

🖑 任务实施

1. 期刊论文数据检索

以知网为例，如图 6-3-5 所示，常用的检索方法有一般检索、高级检索、专业检索、作者发文检索、句子检索、结果中检索、出版物检索等。

一般检索是比较常用的检索方式，简单又便捷，首先进入知网首页，选择检索项（主题、篇关摘、关键词、篇名、全文、作者、第一作者、通讯作者、作者单位、基金、摘要、小标题、参考文献、分类号、文献来源），然后选择检索范围（如学术期刊、学位论文、会议、报纸、年鉴、专利、标准、成果等），最后输入检索的内容，回车或单击右边检索图标就可检索出相应的内容了。

图 6-3-5　知网一般检索

一般检索在使用上比较方便，但检索出来的结果特别多，一篇篇地查找浪费时间，这时就需要使用高级检索进行更精准的查找。在这里可以选择多个检索项进行精确匹配，可以通过单击右边"+"按钮进行多个检索项的添加。检索项内容和一般检索相同，选择好检索项后右边有"精确"和"模糊"两个选项可以选择，每个检索项之间有"其 AND""或 OR""非 NOT"的关系，最后可以选择时间范围，输入相应的检索内容单击"检索"按钮就可以实现高级检索了，如图 6-3-6 所示。

高级检索支持使用运算符 *、+、-、''、""、( ) 进行同一检索项内多个检索词的组合运算，检索框内输入的内容不得超过 120 个字符。输入运算符 *（与）、+（或）、-（非）时，前后要空一个字节，优先级需用使用英文半角括号确定。若检索词本身含空格或 *、+、-、( )、/、%、= 等特殊符号，进行多词组合运算时，为避免歧义，须将检索词用英文半角单引号或英文半角双引号引起来。例如：

① 篇名检索项后输入："神经网络 * 自然语言"，可以检索到篇名包含"神经网络"及"自然语言"的文献。

图 6-3-6　知网高级检索

② 主题检索项后输入："(锻造 + 自由锻)*裂纹"，可以检索到主题为"锻造"或"自由锻"，且包含"裂纹"的文献。

③ 如果需检索篇名包含"digital library"和"information service"的文献，在篇名检索项后输入"'digital library'*'information service'"。

④ 如果需检索篇名包含"2+3"和"人才培养"的文献，在篇名检索项后输入"'2+3'*人才培养"。

专业检索，如图 6-3-7 所示，是借助 SQL 语句表达检索需求。在使用专业检索时需要有明确的检索字段，通过 <字段代码><匹配运算符><检索值>构造检索式。以"KY='知识服务' AND（AU %'陈'+'王'）"为例，KY、AU 可替换为自己检索的字段，= 或 % 可根据自己的需求使用对应的匹配运算符，KY 和 AU 检索字段间用 AND、OR、NOT 连接，字段内多个值的关系用 +、–、* 来组合，或者使用位置限定的语法符号。

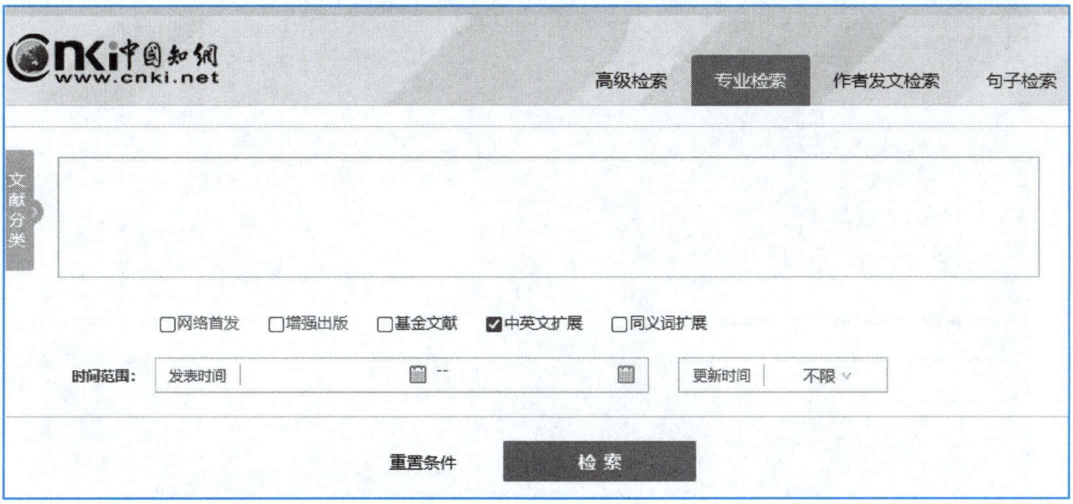

图 6-3-7　知网专业检索

2. 专利 / 商标检索

如图 6-3-8 所示，以中国国家知识产权局为例，进入网站首页，在"服务"菜单下单击"政务服务平台"进入专利 / 商标检索页面，选择"专利"或"商标"菜单，再选择"查询服务"里的"中国及多国专利审查信息查询"进行专利查询或商标查询。

图 6-3-8　中国国家知识产权局

多国专利审查信息查询服务可以查询中国国家知识产权局及外国专利机构受理的发明专利审查信息。用户登录系统并进入多国发明专利审查信息查询界面，如图 6-3-9 所示，可以通过输入申请号、公开号、优先权号查询该申请的同族（由欧洲专利局提供）相关信息，并可以查询相关的专利申请及审查信息。

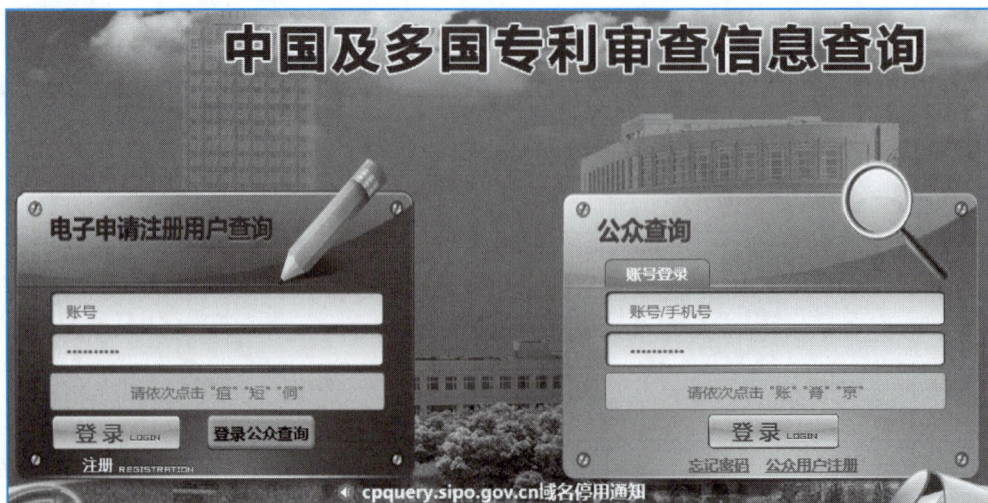

图 6-3-9　多国专利审查信息查询系统登录

商标查询有商标近似查询（如图 6-3-10 所示）、商标综合查询（如图 6-3-11 所示）、商标状态查询（如图 6-3-12 所示）、商标公告查询等。商标近似查询可按图形、文字等商标组成要素分别提供近似检索功能，用户可以自行检索在相同或类似商品上是否已有相同或近似的商标。用户可以使用商标综合查询按商标号、商标、申请人名称等方式，查询某一商标的有关信息。用户可以通过商标状态查询商标申请号或注册号，并查询有关商标在业务流程中的状态。使用商标公告查询可根据公告期号对公告的商标进行查询。

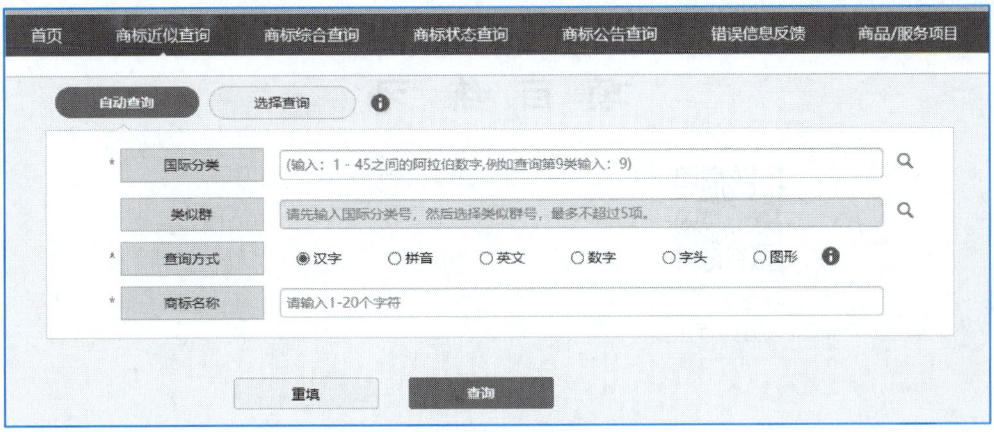

图 6-3-10　商标近似查询

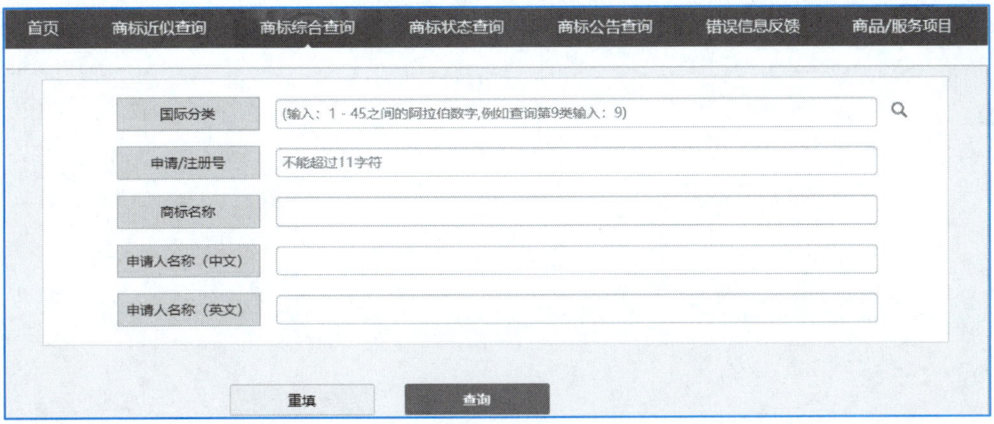

图 6-3-11　商标综合查询

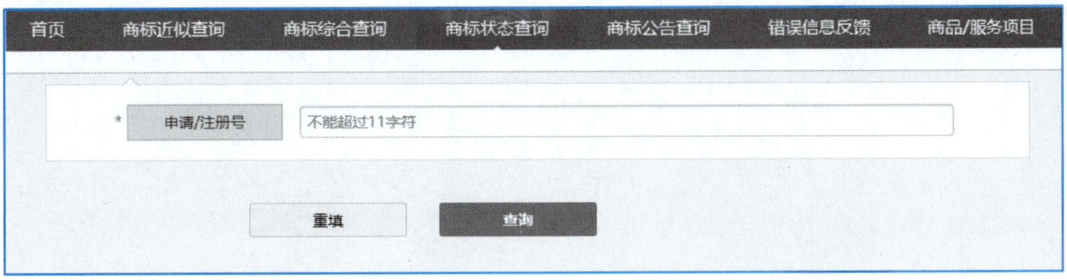

图 6-3-12　商标状态查询

项　目　小　结

　　本项目主要介绍信息检索的基本概念、信息检索的分类，信息检索的基本流程、常用信息检索技术、搜索引擎的概念、搜索引擎的分类、常用搜索引擎、常用搜索引擎的自定义搜索方法等，重点掌握布尔检索、截词检索、位置检索、限制检索等检索方法，以及通过网页、社交媒体等不同信息平台进行信息检索的方法和通过期刊、论文、专利、商标、数字信息资源平台等专用平台进行信息检索的方法。

项　目　练　习

项目 6
项目练习

扫描二维码，查看项目练习。

项目 **7**

新一代信息技术概述

项目概述

　　新一代信息技术是以人工智能、量子信息、移动通信、物联网、区块链等为代表的新兴技术。它既是信息技术的纵向升级，也是信息技术之间及其与之相关产业的横向融合。当前，全球制造业正进入新一轮变革浪潮，大数据、云计算、物联网等新一代信息技术正加速向工业领域融合渗透，工业互联网、工业 4.0、智能制造等战略理念不断涌现。新一代信息技术在全面提高信息化水平、推动经济社会发展和重大民生工程建设等方面，发挥了强有力的支撑。

　　本项目将从新一代信息技术的基本概念出发，结合一些典型应用案例，介绍新一代信息技术的发展、产生原因、技术特点、典型应用等知识。

项目目标

【知识目标】

（1）新一代信息技术概念

（2）新一代信息技术及其主要代表技术的特点与典型应用

（3）新一代信息技术与制造业的融合发展方式

【技能目标】

（1）能复述新一代信息技术概念

（2）能区分新一代信息技术及其主要代表技术的特点与典型应用

（3）能复述新一代信息技术与制造业的融合发展方式

【素质目标】

（1）培养学生创新精神

（2）增强民族自豪感

任务 7.1　了解新一代信息技术

任务描述

目前，信息技术已经深入到千家万户，深刻影响人们的日常生活，可以说，人们的生活离不开信息技术。在当今的数字经济时代，新一代信息技术成为整个社会的核心基础设施。下面通过百度搜索引擎来了解新一代信息技术产业的范围，并通过网络资料了解华为公司的主要业务，请读者试着分析这些业务与新一代信息技术的关系。

知识储备

1. 信息技术

信息技术是管理信息和处理信息所采用的各种技术的总称，主要是应用计算机科学和通信技术来设计、开发、安装和部署信息系统及应用软件。信息技术的研究包括科学、技术、工程与管理学等学科，以及这些学科在信息的管理、传递和处理中的应用，相关的软件和设备及其相互作用。信息技术的应用包括计算机硬件与软件、网络与通信技术、应用软件开发工具等。随着计算机与互联网的普及，人们普遍使用计算机来生产、处理、交换与传播各种形式的信息（如书籍、商业文件、报刊、唱片、电影、电视节目、语音、图形、影像等）。

2. 新一代信息技术的主要代表

大数据、云计算、物联网、区块链等是新一代信息技术与信息资源充分利用的全新形态，是信息化发展的主要趋势，也是信息系统集成行业今后面临的主要业务范畴。

① 大数据：是指无法在可承受的时间范围内用常规软件工具进行捕捉、管理和处理的数据集合。它的数据规模和转输速度要求很高，或者其结构不适合原本的数据库系统。

② 云计算：是一种按使用量付费的模式，这种模式提供可用、便捷、按需的网络访问，进入可配置的计算资源共享池（资源包括网络、服务器、存储、应用软件、服务等），这些资源能够被快速提供，用户只需投入很少的管理工作，或与服务供应商进行很少的交互。

③ 物联网：把所有物品通过射频识别等信息传感设备与互联网连接起来，实现智能化识别和管理。

④ 区块链：是一个分布式数据存储、点对点传输、共识机制、加密算法等计算机技术结合的新型应用模型。其本质就是一个去中心化的数据库，一个使用密码学方法产生的数据块，每个数据块都包含一批交易信息，按照时间顺序依次链接形成的链状结构。

3. 新一代信息技术产生的原因及发展

当今世界正经历百年未有之大变局，新一轮科技革命和产业变革深入发展，国际力量对比深刻调整。世界主要国家纷纷加快布局战略性新兴产业，围绕战略新产业的竞争日趋激烈。新一代信息技术应用横跨国民经济中的农业、工业和服务业三大产业。新一代信息技术产业具有科技含量高、联动效应强等特点，往往涉及材料、能源、交通、信息、自动化等多个产业领域，是促进产业升级、科技进步的决定性力量。

新一代信息技术产业包括下一代信息网络产业、电子核心产业、新兴软件和新型信息技术服务、互联网与云计算、大数据服务、人工智能等行业。国家"十四五"规划纲要指出，我国新一代信息技术产业将持续向"数字产业化、产业数字化"的方向发展。数字产业化方面，重点培育壮大人工智能、大数据、区块链、云计算、网络安全等新兴数字产业；产业数字化方面，依托新一代信息技术产业，传统产业也将在"十四五"期间深入实施数字化改造升级。

数字化、网络化、智能化是新一轮科技革命的突出特征，也是新一代信息技术的核心。数字化为社会信息化奠定基础，数据化强调对数据的收集、聚合、分析与应用，网络化为信息传播提供物理载体，智能化体现信息应用的层次与水平。

👆 任务实施

在浏览器中通过百度搜索引擎以"新一代信息技术产业"为关键词搜索，可以了解到新一代信息技术应用范围横跨我国国民经济中的农业、工业和服务业三大产业，如图 7-1-1 所示。

新一代信息技术产业					
下一代信息网络	电子核心产业	新兴软件和新型信息技术服务	云计算服务	大数据服务	人工智能
• 网络设备制造 • 新型计算机及信息终端设备制造 • 信息安全设备制造 • 新一代移动通信网络服务 • 其他网络运营服务 • 计算机和辅助设备修理	• 新型电子元器件及设备制造 • 电子专用仪器设备制造 • 高储能和关键电子材料制造 • 集成电路制造	• 新兴软件开发（VR/AR 等） • 网络与信息安全软件开发 • 互联网安全服务 • 新型信息技术服务（物联网等）	• 互联网平台服务（互联网+） • 云计算服务	• 工业互联网及支持服务 • 大数据服务（区块链相关） • 互联网相关信息服务	• 人工智能软件开发 • 智能消费相关设备制造 • 人工智能系统服务

图 7-1-1　新一代信息技术产业的范围

任务 7.2　了解新一代信息技术及其主要代表技术的特点与典型应用

👆 任务描述

近年来，以大数据、云计算、物联网、区块链等为代表的新一代信息技术迅猛发展，催生出一系列的新产品、新应用和新模式，极大地推动了新兴产业的快速发展壮大。例如，借助 5G 技术的 VR 摄像头，人们可以"试穿"衣服，大大优化网络购物体验。5G+ 云端搜索匹配，让用户马上知晓心仪商品的生产公司、面料、价格甚至打折信息。就餐时对着菜谱"扫一扫"，可以看到厨师加工菜品过程。请想一想，生活中还有哪些新一代信息技术应用场景？试着分析其相关技术特点。

👆 知识储备

1. 新一代信息技术各主要代表技术的特点及典型应用

（1）人工智能

人工智能（Artificial Intelligence，AI），是研究、开发用于模拟、延伸和扩展人类智能的理论、方法、技术及应用系统的一门新的技术科学，是计算机科学的一个分支。

1）自动驾驶

自动驾驶汽车是一种智能汽车，主要依靠车内的以计算机系统为主的智能驾驶仪来实现自动驾驶。利用车载传感器来感知车辆周围环境，并根据感知所获得的道路、车辆位置和障碍物信息，控制车辆的转向和速度，从而使车辆能够安全、可靠地在道路上行驶。自动驾驶是现在逐渐发展成熟的一项智能应用，如图7-2-1所示。

图7-2-1　自动驾驶汽车

截至2022年7月，重庆市永川区建设了基于车路协同技术路线的"西部自动驾驶开放测试和示范运营示范区"，规划面积85 km²，现已开放核心区35 km²，350 km测试道路。

2）智慧医疗

人工智能可以促进医疗科技的发展，让机器、算法和大数据为人类自身的健康服务，让智慧医疗成为未来人类抵御疾病、延长寿命的核心科技。这其中主要包括语音录入病历、医疗影像智能识别、辅助诊疗／癌症诊断、医疗机器人、个人监控大数据的智能分析等。例如，利用AI来辅助诊断癌症，可以减少因为医生经验欠缺而造成的误诊，并节省医生诊断癌症所花费的时间，提高癌症早期诊断效果，大大降低癌症的死亡率。

3）智慧金融

人工智能的发展除了深度学习算法之外，大数据的运用为AI提供了坚实的基础，而金融行业可以说是全球大数据积累最好的行业，银行、证券、保险等业务本来就是基于大规模数据开展的，这些行业很早就开展了自动化系统的建设。大部分金融从业人员每天都要花费大量的时间对数据进行处理和分析。过去几十年，金融行业已经习惯了根据数学方法和统计规律，为金融业务建立自动化模型，来拟合复杂数字世界里的隐含规律。

智慧金融是依托互联网技术，运用大数据、人工智能、云计算等科技手段，使金融行业在业务流程、业务开拓和客户服务等方面得到全面的智慧提升，实现金融产品、风控、获客、服务的智慧化，使得智慧金融表现出高效率、低风险的特点。

（2）量子信息

量子信息技术以微观粒子系统为操控对象，是把量子系统"状态"所带有的物理信息，进行计算、编码和信息传输的全新信息方式。量子信息技术主要包括量子通信、量子计算和量子测量三大领域，可以在提升运算处理速度、信息安全保障能力、测量精度和灵敏度等方面突破经典技术的瓶颈。

① 量子通信：能够通过借助量子技术，完成经典通信无法完成的任务，是当前量子信息各领域中最先实现应用化的领域。量子通信的发展将对信息安全和通信网络等领域产生重大影响。目前主要应用于对保密要求高的行业中。

② 量子计算：一种遵循量子力学规律调控量子信息单元进行计算的新型计算模式。量子计算在量子信息研究中非常重要，最终目标是实现可实用化的量子计算机。

量子计算以量子比特为基本单元，利用量子叠加和干涉等原理进行量子并行计算，具有经典计算无法比拟的巨大信息携带和超强并行处理能力，能够在计算特定困难问题上提供指数级加速。量子计算带来的算力飞跃，有可能在未来引发改变游戏规则的计算革命，成为推动科学技术加速发展演进的"触发器"和"催化剂"。

③ 量子测量：基于微观粒子系统及其量子态的精密测量，完成被测系统物理量的执行变换和信息输出，与传统测量技术相比，其在测量精度、灵敏度和稳定性等方面具有明显的优势。其主要包括时间基准、惯性测量、重力测量、磁场测量及目标识别 5 个方向，目前主要应用于基础科研、空间探测、生物医疗、地质勘测、灾害预防等领域。

（3）移动通信

5G 是最新一代蜂窝移动通信技术，特点是广覆盖、大连接、低时延、高可靠。和 4G 相比，5G 峰值速率提高 30 倍，用户体验速率提高 10 倍，频谱效率提升 3 倍，移动性能达到支持 500 km 时速的高铁，无线接口延时减少 90%，连接密度提高 10 倍，能效和流量密度各提高 100 倍，能支持移动互联网和产业互联网的各方面应用。

5G 技术目前主要有三大应用场景。一是增强移动宽带，提供大带宽高速率的移动通信服务，面向 3D/ 超高清视频、AR/VR（增强现实 / 虚拟现实）、云服务等应用；二是海量机器类通信，主要面向大规模物联网业务，智能家居、智慧城市等应用；三是超高可靠低延时通信，将大大助力工业互联网、车联网中的新应用。

（4）物联网

物联网是万物互联的网络，它通过信息传感设备，按约定的协议，将任何物体与互联网相联结。物体通过信息传播媒介进行信息交换和通信，以实现智能化识别、定位、跟踪、管理、控制等功能。物联网的基本特征可概括为智能感知、可靠传输和智能处理。

① 智慧农业，指的是利用物联网、人工智能、大数据等现代信息技术与农业进行深度融合，实现农业生产全过程的信息感知、精准管理和智能控制的一种全新的农业生产方式，可实现农业可视化诊断、远程控制以及灾害预警等功能。物联网应用于农业主要体现在农业种植和畜牧养殖两个方面。如图 7-2-2 所示为 AI 摄像头采集农业生产数据。

② 智慧物流，是以物联网、大数据、人工智能等信息技术为支撑，在物流的运输、仓储、运输、配送等各个环节实现系统感知、全面分析及处理等功能，如图 7-2-3 所示是智慧物流仓库。当前，物联网主要应用于仓储、运输监测以及快递终端等，通过物联网技术实现对货物的监测以及运输车辆的监测，包括货物车辆位置、状态以及货物温、湿度，油耗及车速等。物联网技术的使用能提高运输效率，提升整个物流行业的智能化水平。

图 7-2-2　AI 摄像头数据采集　　　　　　　图 7-2-3　智慧物流仓库

③ 智能医疗。在智能医疗领域，新技术的应用必须以人为中心。物联网技术是数据获取的主要途径，能有效地帮助医院实现对人和对物的智能化管理。对人的智能化管理指的是通过传

感器对人的生理状态（如心跳频率、体力消耗、血压高低等）进行监测，主要指的是医疗可穿戴设备，将获取的数据记录到电子健康文件中，方便个人或医生查阅。此外，通过 RFID 技术还能对医疗设备、物品进行监控与管理，实现医疗设备、用品管理可视化，主要表现为数字化医院。

④ 智慧能源环保，属于智慧城市的一个部分，其物联网应用主要集中在水能、电能，燃气、路灯等能源以及井盖、垃圾桶等环保装置，如智慧井盖监测水位以及其状态、智能水电表实现远程抄表、智能垃圾桶实现自动感应等。将物联网技术应用于传统的水、电、光能设备，通过联网和监测，可以提升利用效率，减少能源损耗。

（5）区块链

区块链是一种将数据区块有序连接并以密码学方式保证其不可篡改、不可伪造的分布式账本技术。区块链技术可以在无需第三方背书情况下实现系统中所有数据信息的公开透明、不可篡改、不可伪造、可追溯。区块链作为一种底层协议或技术方案可以有效地解决信任问题，实现价值的自由传递，在数字货币、金融资产的交易结算、数字政务、存证防伪数据服务等领域具有广阔应用前景。

① 数字货币，相比实体货币，数字货币具有易携带存储、低流通成本、使用便利、易于防伪和管理、打破地域限制、能更好整合等特点。

② 数字政务，区块链的分布式技术可以让政府部门集中到一个链上，所有办事流程交付智能合约，办事人只要在一个部门通过身份认证以及电子签章，智能合约就可以自动处理并流转，顺序完成后续所有审批和签章。区块链发票是区块链技术较早落地的应用。利用区块链技术的公开透明、可溯源、不可篡改等特性，可实现资金的透明使用、精准投放和高效管理。

③ 存证防伪。区块链可以通过哈希时间戳证明某个文件或者数字内容在特定时间的存在，其公开、不可篡改、可溯源等特性为司法鉴定、身份证明、产权保护、防伪溯源等提供了完美解决方案。在防伪溯源领域，供应链跟踪技术被广泛应用于食品医药、农产品、酒类、奢侈品等领域。

④ 数据服务。未来互联网、人工智能、物联网都将产生海量数据，现有中心化数据存储（计算模式）将面临巨大挑战，基于区块链技术的边缘存储（计算）有望成为未来解决方案。再者，区块链对数据的不可篡改和可追溯机制保证了数据的真实性和高质量，这成为大数据、深度学习、人工智能等一切数据应用的基础。

2. 新一代信息技术与制造业的融合发展方式

新一代信息技术作为科技创新的重点攻关领域，呈现出产业规模不断壮大，创新能力不断增强等特点，与各行业各领域的融合深度和广度不断拓展，支撑融合发展的基础更加夯实，融合发展水平迈上新台阶，尤以制造业最为突出，其为实现制造强国和网络强国提供了有力支撑。

我国在新一代信息技术与制造业深度融合方面取得显著成效，主要表现在以下几个方面。

- 新一代信息技术与制造业融合程度日益深化，产业数字化基础不断夯实。制造业是数字化转型的主战场，企业是数字化转型的主体。近年来，我国以融合发展为主线，持续推动新一代信息技术在企业研发、生产、服务等全流程和产业链各环节的深度应用，带动企业数字化水平的持续提升。

- 工业互联网平台快速兴起，赋能企业数字化转型作用明显。工业互联网平台作为新一代信息技术与制造业深度融合的产物，已成为领军企业的新赛道、产业布局的新方向、制造大国竞争的新焦点。

- 跨界融合发展环境持续完善。构建良好的融合发展体制机制和市场环境，打通创新链、产业链、资金链，推动技术、人才、劳动力、资本等生产要素发挥叠加效应，是全面推进产业数字化转型的重要前提和有力保障。以工业互联网企业为代表，一批专注于新一代信息技术和制造业融合发展的中小企业正在受到各方高度关注。

- 企业规模效益不断取得突破，创新能力持续增强。随着我国信息技术产业的快速发展，一大批企业脱颖而出，在规模效益、创新能力、融合渗透和国际合作等方面不断取得新成就。

👆 任务实施

人工智能、物联网、区块链、移动通信等新一代信息技术正在经济社会的各领域快速渗透与应用，成为驱动行业技术创新和产业变革的重要力量。其中，人工智能在人们生活中的应用场景尤其普遍，例如，AI 可以用于采集农作物的环境数据，如空气湿度、温度、土壤质量、根部的水分含量等，并将数据上传大数据平台进行人工智能分析，并基于分析结果，调整农作物生长需要的环境参数，控制施肥、浇水的频度等，并可以积累历年的数据，通过 AI 去学习农作物需要的最优生产环境，从而提高农作物的产量与质量。除此之外，请同学们思考还有哪些典型应用场景或产品，并将其填入表 7-2-1 中，分析该典型应用的场景和产品都应用了哪些新一代信息技术。

表 7-2-1　新一代信息技术典型应用场景与产品分析

应用场景	相关技术	解决生活中的问题
智慧医疗	人工智能、大数据	提高诊断效率、减少误诊概率

项 目 小 结

本项目主要学习了新一代信息技术概念、新一代信息技术及其主要代表技术的特点与典型应用，并结合我国网络强国和制造强国两大战略，介绍了新一代信息技术与制造业的融合发展方式。

项 目 练 习

扫描二维码，查看项目练习。

项目 7
项目练习

项目 **8**

信息素养与社会责任

项目概述

　　信息素养与社会责任是指在信息技术领域，通过对信息行业相关知识的了解，内化形成的职业素养和行为自律能力。信息素养与社会责任对个人在各自行业内的发展起着重要作用。本项目学习信息素养、信息技术发展历程、信息安全、信息伦理与职业行为规范等内容。

项目目标

【知识目标】

（1）了解信息素养的概念及主要构成要素

（2）了解信息技术的发展历程

（3）了解信息安全的基本概念和相关法律法规

（4）了解个人在不同行业发展的共性途径和工作方法

【技能目标】

（1）能够清晰描述信息技术在各领域的典型应用

（2）能够认识信息伦理失范行为对信息社会的不良影响

　　（3）能有效辨别虚假信息

【素质目标】

　　（1）从知名企业的兴衰变化过程中领悟成功经验和失败教训，树立正确的职业理念

　　（2）自觉遵守相关法律法规级道德与伦理准则，提高参与信息社会的责任感与行为能力

微课 8-1
信息素养与
社会责任

任务 8.1　了解信息素养

✋ 任务描述

互联网与几乎所有人的生活都息息相关，它为人们带来了及时、丰富和有趣的信息，但同时，它也成为一些虚假消息传播的重要渠道。例如，一些不良媒体伪造了很多名人名言，这些虚假的名人名言有不少都流传甚广，让不知情的人真假难辨。要有效辨别这些信息，就需要具备一定的信息素养。在本任务中，通过辨识网络上鲁迅先生的名言的真假，来评价自身的信息素养。

✋ 知识储备

1. 信息素养的概念

教育部于 2021 年 3 月发布的《高等学校数字校园建设规范（试行）》指出："信息素养是个体利用信息技术来获取、整合、管理和评价信息，理解、构建和创造新知识，发现、分析和解决问题的意识、能力、思维及修养。信息素养培育是高等学校培养高素质、创新型人才的重要内容。"

2. 信息素养的主要要素

① 信息意识。信息意识是信息素养的前提，它是指个体对信息的敏感度和对信息价值的判断力。

② 信息知识。信息知识是信息素养的基础，包括信息的特点与类型、信息交流和传播的基本规律与方式、信息功用及效应、信息检索等方面的知识。

③ 信息能力。信息能力是信息素养的保证，也是信息素养最重要的要素。在信息社会中，几乎做任何事情都需要信息能力。一般来说，核心的信息能力包括信息发现能力、信息检索能力、信息组织能力、信息分析能力和信息评价能力，体现在对信息的获取、理解、评估、利用、交流和创造等过程中。

④ 信息伦理。信息伦理是信息素养的准则，它是人们在从事信息活动时需要遵守的信息道德准则和需要承担的信息社会责任。信息伦理要求人们具有一定的信息意识、知识与能力，遵守信息相关的法律法规，遵守信息社会的道德与伦理准则，在现实空间和虚拟空间中遵守公共规范，既能有效维护信息活动中个人的合法权益，又能积极维护他人合法权益和公共信息安全。

✋ 任务实施

1. 信息检索

打开浏览器，访问北京鲁迅博物馆（北京新文化运动纪念馆）资料查询在线检索系统，其首页如图 8-1-1 所示。

在北京鲁迅博物馆资料查询在线检索系统首页将需要搜索的名言输入搜索框中并按回车键。

图 8-1-1   鲁迅博物馆网站首页和在检索框输入检索内容

2. 信息分析

当输入检索词为"？"时，检索结果显示查找的文章范围，结果为"共 0 篇文章，0 次"。可以得出，这一句并不是鲁迅先生的名言，如图 8-1-2 所示。

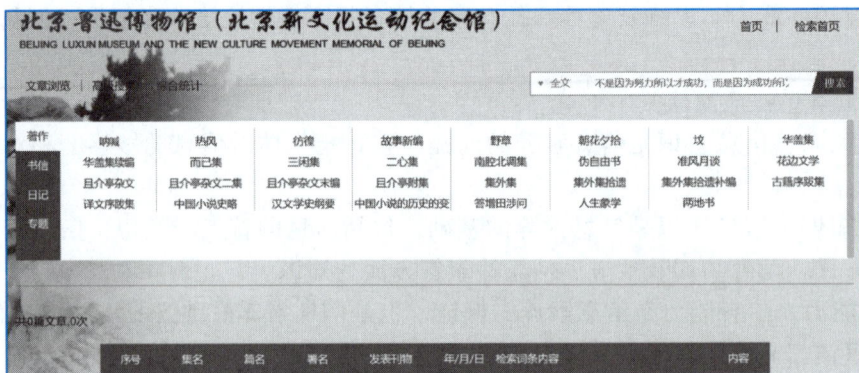

图 8-1-2   检索结果页面

继续检索其他鲁迅先生的名言，若某个句子是鲁迅先生的名言，检索结果将显示其集名、篇名、署名、发表刊物等信息。

例如，"待我成尘时，你将见我的微笑"是鲁迅先生的名言，其检索结果如图 8-1-3 所示。

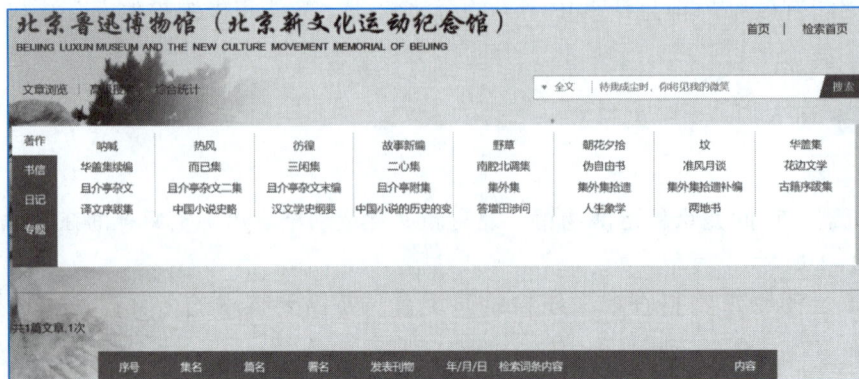

图 8-1-3   检索结果页面

任务 8.2　认识信息社会责任

任务描述

信息技术催生了新的生活方式、职业类型、行业模式和经济业态，并且已经广泛而深刻地融入信息传播、经济增长、社会治理等方方面面，其行业重要性不言而喻。从系统与要素的角度来看，从业者的专业素养、职业操守往往代表着其所处岗位、企业乃至行业的公共形象，事关整个系统的健康发展。在本任务中，将学习信息素养和社会责任，了解相关法律法规、信息伦理与职业行为自律的要求。

知识储备

1. 信息安全

信息安全的概念包含信息的保密性、完整性、可用性、可控性和不可否认性等。信息的保密性是指保证信息不被未经授权的人获取，就算信息被他人截获也无法破解其内容；信息的完整性是指信息的内容不会被破坏和篡改，保证真实的信息从真实的信源到达真实的信宿；信息的可用性是指可以随时使用信息及信息系统的服务，防止由于计算机病毒或其他人为因素造成的系统拒绝服务，或为他人所利用；信息的可控性是指管理者对信息及信息系统可以实施安全监控管理；信息的不可否认性是指通信者具有法律生效的证据证明其实施过信息交换和获取的行为。

2. 信息伦理道德

信息伦理道德是指在信息的开发、传播、检索、获取、管理和利用过程中，调整人与人之间、人与社会之间的利益关系，规范人们的行为准则，指导人们在信息社会中做出正确的或善的选择和评价。

信息伦理道德的主要原则如下。

① 无害原则。无害原则是信息伦理道德的最基本的原则，指人们在制造和利用信息技术的过程中应该尽量避免给他人和社会造成不必要的损失和伤害。例如利用计算机技术传播病毒，获取经济利益的行为，违反了信息伦理道德的无害原则，给他人和社会造成了损失，必将受到法律的严惩。

② 公平参与原则。在信息社会里，无论是信息的发布者、传播者，还是信息的使用者，都平等地享有各项权利和履行义务，得到一视同仁的对待，信息活动的参与都必须以公平为前提。

③ 知情同意原则。知情同意原则是调节人与人之间关系的准则，在一个价值多元化和全球一体化的信息社会，需要有这个原则来解决持有不同道德观和价值观的人们之间的争议和矛盾。

④ 尊重知识产权原则。该原则指在信息的开发、传播和利用的过程中必须以法律为准绳，尊重著作权、专利权、商标权等知识产权。信息社会中的各种创新成果和知识产品无不凝聚了人们大量的智力劳动和心血，但由于信息的开放性和自由性，这些劳动成果很容易被他人剽窃和恶意传播，影响了人们探索科学和进行创新的积极性，因此要求每一位信息参与者必须尊重他人的劳动成果，尊重知识产权。

3. 信息安全法律、法规

随着网络安全行业的快速发展，国家对网络安全相关的法律法规的制定和发布有着明显加快的趋势，近些年发布的网络安全方向的法律法规除了有人们熟知的《中华人民共和国网络安全法》《中华人民共和国个人信息保护法》等基础性法律外，还有针对专业细分领域的《中华人民共和国密码法》《中华人民共和国电子签名法》等法律。2022 年 1 月 5 日，中国网络社会组织联合会正式发布《互联网行业从业人员职业道德准则》，从行业自律的角度为互联网行业从业人员自觉规范职业行为、加强职业道德建设提供了依据和指南，有利于营造良好的网络生态环境，推动互联网行业健康发展。

4. 信息安全与社会责任

（1）信息社会责任的概念

信息技术的发展给人们生活、学习带来诸多机遇，但社会成员在享受信息技术带来便利的同时，也要承担相应的信息社会责任。信息社会责任是指信息社会中的个体在文化修养、道德规范和行为自律等方面应尽的责任。

（2）信息社会责任的要求

信息社会责任一般有两个含义：一方面是对信息技术负责，即负责任、合理、安全地使用技术；另一方面是指对社会及他人负责任，即信息行为不能损害他人权利，要符合社会的法律法规、道德伦理等。

信息社会责任包含以下几方面内容：

① 具有一定的信息安全意识与能力，能够遵守信息法律法规，信守信息社会的道德与伦理准则，在现实空间和虚拟空间中遵守公共规范，既能有效维护信息活动中个人的合法权益，又能积极维护他人合法权益和公共信息安全。

② 关注信息技术革命所带来的环境问题与人文问题。

③ 对于信息技术创新所产生的新观念和新事物，具有积极学习的态度、理性判断和负责行动的能力。

④ 坚持科技向善。坚决防范滥用算法、数据等损害社会公共利益和公民合法权益，充分发挥科技创新的驱动和赋能作用，运用互联网新技术新应用新业态，构筑美好数字生活新图景，助力经济社会高质量发展。

项 目 小 结

本项目主要介绍信息安全及自主可控的要求、相关法律法规与职业行为自律的要求、信息安全与社会责任，掌握信息伦理知识并能有效辨别虚假信息。

项 目 练 习

扫描二维码，查看项目练习。

项目 8
项目练习

拓展篇

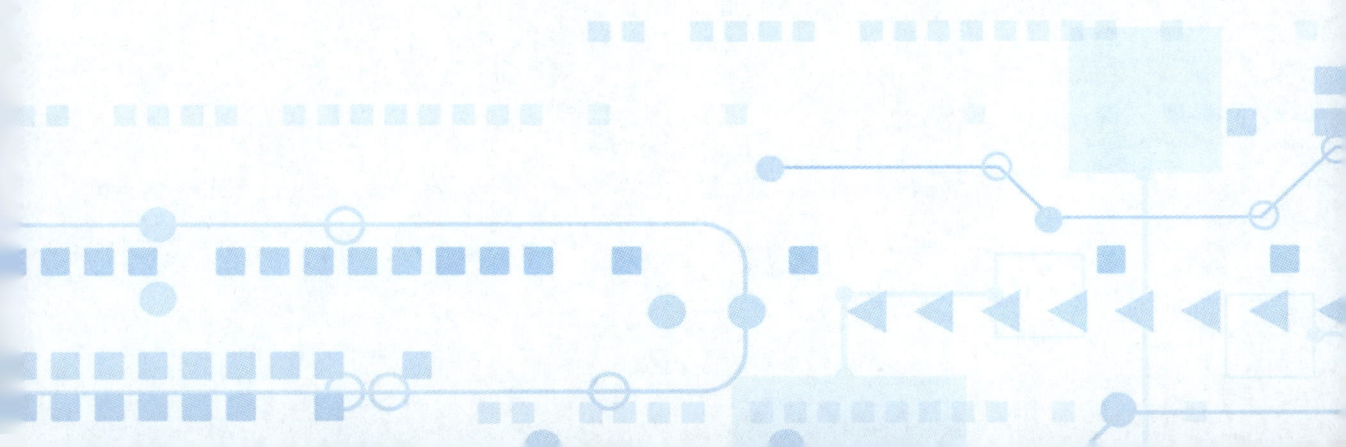

项目 9

信 息 安 全

9.1 信息安全概述

在信息化社会中，计算机和网络在军事、政治、金融、工业、商业及人们的生活和工作等方面的应用越来越广泛，社会对计算机和网络的依赖越来越强。信息技术的广泛应用，互联网和移动互联网的深入普及，使得有关信息安全成为信息系统规划、建设、运营时要面对的最重要问题。缺乏信息安全保障的信息系统将会给生产、经营、社会管理服务、个人资产、个人隐私等方面带来严重的损害。更为严重的是，由于信息泄露和信息系统非法入侵，金融安全、国防安全以至国家安全将面临非常严重的危险。

1. 信息安全基本概念

当前较为常见的信息安全问题主要表现为计算机病毒泛滥、恶意软件的入侵、黑客攻击、利用计算机犯罪、网络有害信息泛滥、个人隐私泄露、钓鱼网站、电信诈骗、社交软件诈骗等。另外，随着物联网、云计算、大数据等新一代信息技术的广泛应用，也给信息安全提出了新的需求和挑战。

信息安全强调信息（数据）本身的安全属性，主要包括以下内容。

- 秘密性（Confidentiality）：信息不被未授权者知晓的属性。
- 完整性（Integrity）：信息是正确的、真实的、未被篡改的、完整无缺的属性。
- 可用性（Availability）：信息可以随时正常使用的属性。

2. 信息安全基本要素

信息必须依赖其存储、传输、处理及应用的载体（媒介）而存在，因此针对信息系统，安全可以划分为设备安全、数据安全、内容安全、行为安全 4 个层次。其中数据安全即是传统的信息安全。

（1）设备安全

信息系统设备的安全是信息系统安全的首要问题。这里主要包括以下 3 个方面：

① 设备的稳定性：设备在一定时间内不出故障。

② 设备的可靠性：设备能在一定时间内正常执行任务。

③ 设备的可用性：设备随时可以正常使用。

信息系统的设备安全是信息系统安全的物质基础。除了硬件设备外，软件系统也是一种设备，也要确保软件设备的安全。

（2）数据安全

其安全属性包括秘密性、完整性和可用性。

很多情况，即使信息系统设备没有受到损坏，但其数据安全也可能已经受到危害，如数据泄露、数据篡改等。由于危害数据安全的行为具有较高的隐蔽性，用户往往并不知情，因此，危害性很高。

（3）内容安全

内容安全是指信息安全在政治、法律、道德层面上的要求。

① 信息内容在政治上是健康的。

② 信息内容符合国家的法律法规。

③ 信息内容符合中华民族优良的道德规范。

除此之外，广义的内容安全还包括信息内容保密、知识产权保护、信息隐藏和隐私保护等诸多方面。

如果数据中充斥着不健康的、违法的、违背道德的内容，即使它是保密的、未被篡改的，也不能说是安全的。因为这会危害国家安全、危害社会稳定。因此，必须在确保信息系统设备安全和数据安全的基础上，进一步确保信息内容的安全。

（4）行为安全

数据安全本质上是一种静态的安全，而行为安全是一种动态安全。

① 行为的秘密性：行为的过程和结果不能危害数据的秘密性。必要时，行为的过程和结果也应是秘密的。

② 行为的完整性：行为的过程和结果不能危害数据的完整性，行为的过程和结果是可预期的。

③ 行为的可控性：当行为过程出现偏离预期时，能够被及时发现、控制或纠正。

行为安全强调的是过程安全，体现在组成信息系统的硬件设备、软件设备和应用系统协调工作的程序（执行序列）符合系统设计的预期，这样才能保证信息系统的"安全可控"。

3. 信息安全等级保护

2007 年，公安部、国家保密局、国家密码管理局、国务院信息化工作办公室制定了《信息安全等级保护管理办法》。根据这个办法，国家信息安全等级保护坚持自主定级、自主保护的原则。信息系统的安全保护等级应当根据信息系统在国家安全、经济建设、社会生活中的重要程度，信息系统遭到破坏后对国家安全、社会秩序、公共利益以及公民、法人和其他组织的合法权益的危害程度等因素确定。

《信息安全等级保护管理办法》将信息系统的安全保护等级分为以下五级。

第一级为自主保护级，适用于一般的信息系统，其受到破坏后，会对公民、法人和其他组织的合法权益产生损害，但不损害国家安全、社会秩序和公共利益。

第二级为指导保护级，适用于一般的信息系统，其受到破坏后，会对社会秩序和公共利益造成轻微损害，但不损害国家安全。

第三级为监督保护级，适用于涉及国家安全、社会秩序和公共利益的重要信息系统，其受到破坏后，会对国家安全、社会秩序和公共利益造成损害。

第四级为强制保护级，适用于涉及国家安全、社会秩序和公共利益的重要信息系统，其受到破坏后，会对国家安全、社会秩序和公共利益造成严重损害。

第五级为专控保护级，适用于涉及国家安全、社会秩序和公共利益的重要信息系统的核心子系统，其受到破坏后，会对国家安全、社会秩序和公共利益造成特别严重损害。

9.2　信息安全相关技术

1. 信息安全常见威胁

信息系统一般由计算机系统、网络系统、操作系统、数据库系统和应用系统组成。与此对应，信息系统安全主要包括计算机设备安全、网络安全、操作系统安全、数据库系统安全和应用系统安全等。其中，网络安全的威胁和防御，是其中较为常见的部分，以下将重点阐述。

Internet 最早用于管理和科研，支撑其的 TCP/IP 网络协议，不论是其体系结构还是通信协议，都具有各种各样的安全漏洞，并且没有针对信息安全问题在协议层面做专门的设计，这是网络信息安全问题频繁出现且不易解决的根本原因。常见的网络威胁包括：

① 网络监听。

② 口令攻击。

③ 拒绝服务攻击（DoS）。

④ 漏洞攻击，如利用 Web 安全漏洞和 OpenSSL 安全漏洞实施攻击。

⑤ 僵尸网络（Botnet）。

⑥ 网络钓鱼（Phishing）。

⑦ 网络欺骗，主要有 ARP 欺骗、DNS 欺骗、IP 欺骗、Web 欺骗、E-mail 欺骗等。

⑧ 网站安全威胁，主要有 SQL（Structured Query Language）注入攻击、跨站攻击、旁注攻击等。

2. 信息安全防御技术

为了抵御上述网络威胁，并能及时发现网络攻击线索，修补有关漏洞、记录、审计网络访问日志，以尽可能地保护网络环境安全，可采取以下网络安全防御技术。

（1）防火墙

防火墙是一种较早使用、实用性很强的网络安全防御技术，它可以阻挡对网络的非法访问和不安全数据的传递，使得本地系统和网络免于受到众多网络安全威胁。在网络安全中，防火墙主要用于逻辑隔离外部网络与受保护的内部网络。防火墙主要是实现网络安全的安全策略，而这种策略是预先定义好的，所以是一种静态安全技术。对策略中涉及的网络访问行为可以实施有效管理，而策略之外的网络访问行为则无法控制。防火墙的安全策略由安全规则表示。

（2）入侵检测与防护

入侵检测与防护的技术主要有入侵检测系统（Intrusion Detection System，IDS）和入侵防护系统（Intrusion Prevention System，IPS）两种。

入侵检测系统（IDS）注重的是网络安全状况的监管，通过监视网络或系统资源，寻找违反安全策略的行为或攻击迹象，并发出报警。因此绝大多数 IDS 系统都是被动的。

入侵防护系统（IPS）则倾向于提供主动防护，注重对入侵行为的控制。其设计宗旨是预先对入侵活动和攻击性网络流量进行拦截，避免其造成损失。IPS 是通过直接嵌入到网络流量中实现这一功能的，即通过一个网络端口接收来自外部系统的流量，经过检查确认其中不包含异常活动或可疑内容后，再通过另外一个端口将它传送到内部系统中。这样一来，有问题的数据包，以及所有来自同一数据流的后续数据包，都能在 IPS 设备中被清除掉。

（3）VPN

虚拟专用网络（Virtual Private Network，VPN）是依靠 ISP（ Internet 服务提供商）和其他 NSP（网络服务提供商），在公用网络中建立专用的、安全的数据通信通道的技术。VPN 可以认为是加密和认证技术在网络传输中的应用。

VPN 网络连接由客户机、传输介质和服务器 3 部分组成，VPN 的连接不是采用物理的传输介质，而是使用称之为"隧道"的技术作为传输介质，这个隧道是建立在公共网络或专用网络基础之上的。常见的隧道技术包括点对点隧道协议（Point-to-Point Tunnelling PPTP，PPTP）、第 2 层隧道协议（Layer 2 Tunnelling Protocol，L2TP）和 IP 安全协议（IPSec）。

（4）安全扫描

安全扫描包括漏洞扫描、端口扫描、密码类扫描（发现弱口令密码）等。安全扫描可以应用被称为扫描器的软件来完成。扫描器是最有效的网络安全检测工具之一，它可以自动检测远程或本地主机、网络系统的安全弱点以及所存在可能被利用的系统漏洞。

9.3 信息安全工具使用

1. 配置防火墙

从 Windows7 开始，Windows 操作系统开始自带防火墙，它又被称为 Windows Defender，是一套协助确保信息安全的软件，会依照特定的规则，允许或限制传输的数据通过。通常来说，用 Internet Explorer、Outlook Express 等系统自带的程序进行网络连接，防火墙是默认不干预的。

启动方法：在"开始"栏中搜索并打开"Windows 安全中心"，如图 9-3-1 所示。

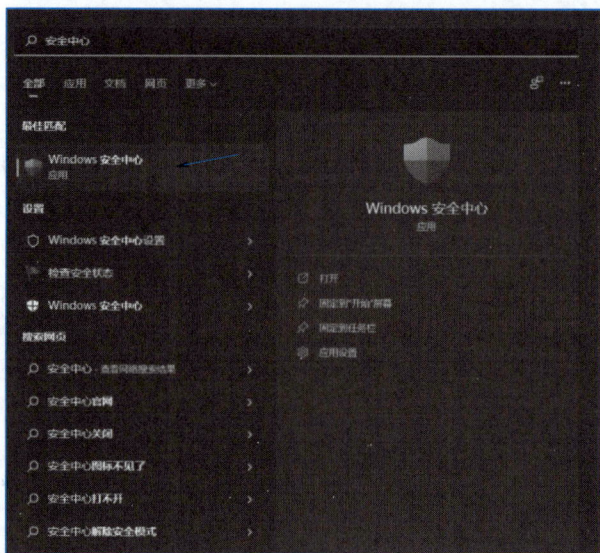

图 9-3-1　Windows 安全中心

在新打开的窗口中，找到并开启防火墙，如图 9-3-2 所示。

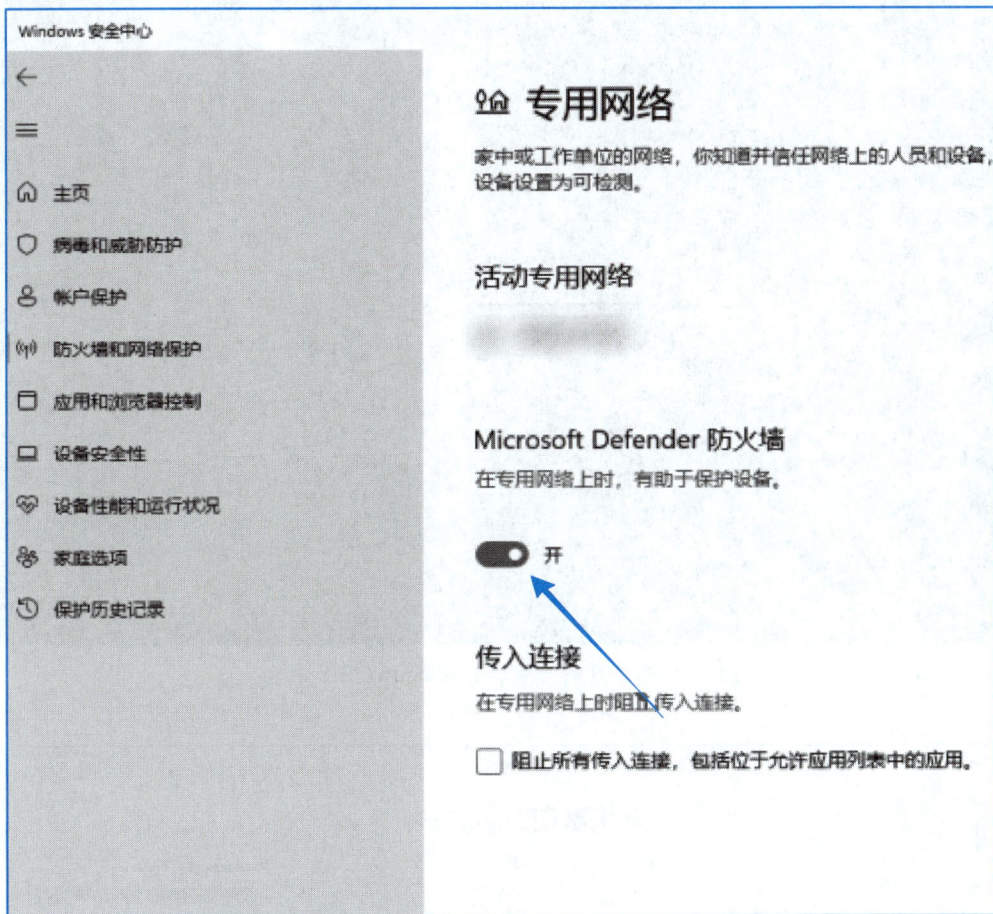

图 9-3-2　Windows 防火墙的启动

2. 杀毒软件的使用

现在越来越多的计算机用户都不太喜欢安装电脑管家、杀毒软件等工具，而是使用 Windows 系统自带的杀毒软件。

Windows 10 自带杀毒软件使用方法：

① 单击屏幕左下角的"开始"按钮，在弹出的"开始"菜单中找到"Windows 安全中心"，如图 9-3-3 所示。

② 进入 Windows 安全中心，需要用杀毒功能，单击左侧导航的"病毒与安全防护"即可，如图 9-3-4 所示。

③ 最后，单击"快速扫描"按钮，或者在下方的"扫描选项"中选择扫描方式，等待系统自动扫描病毒即可，如图 9-3-5 所示。

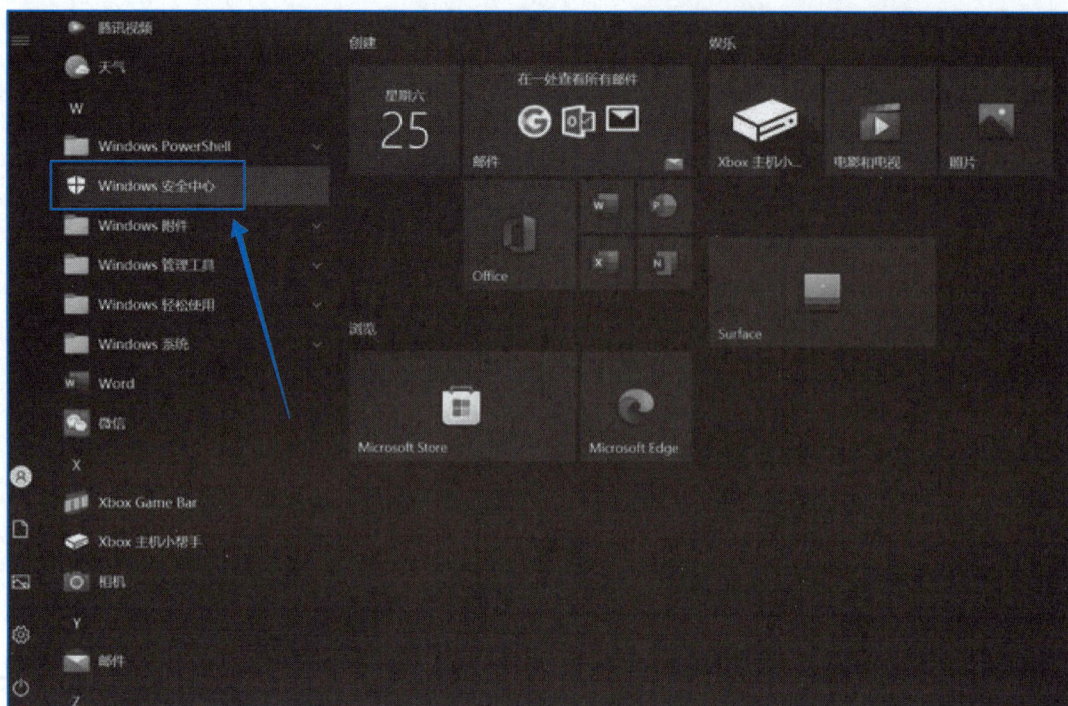

图 9-3-3　"开始"菜单中 Windows 安全中心

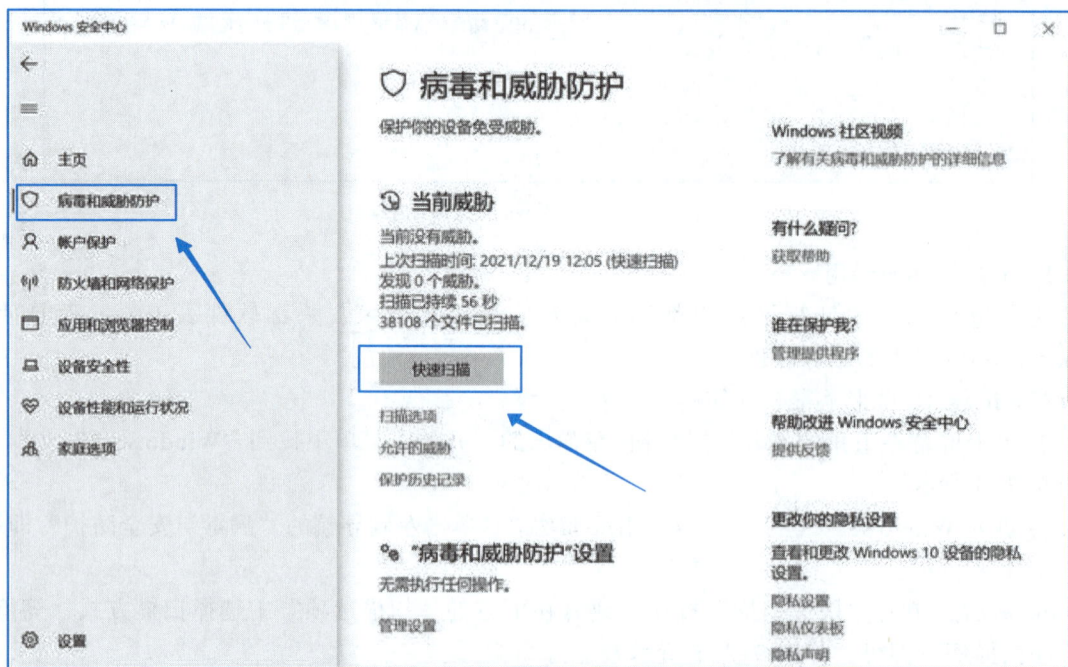

图 9-3-4　Windows 病毒和威胁防护

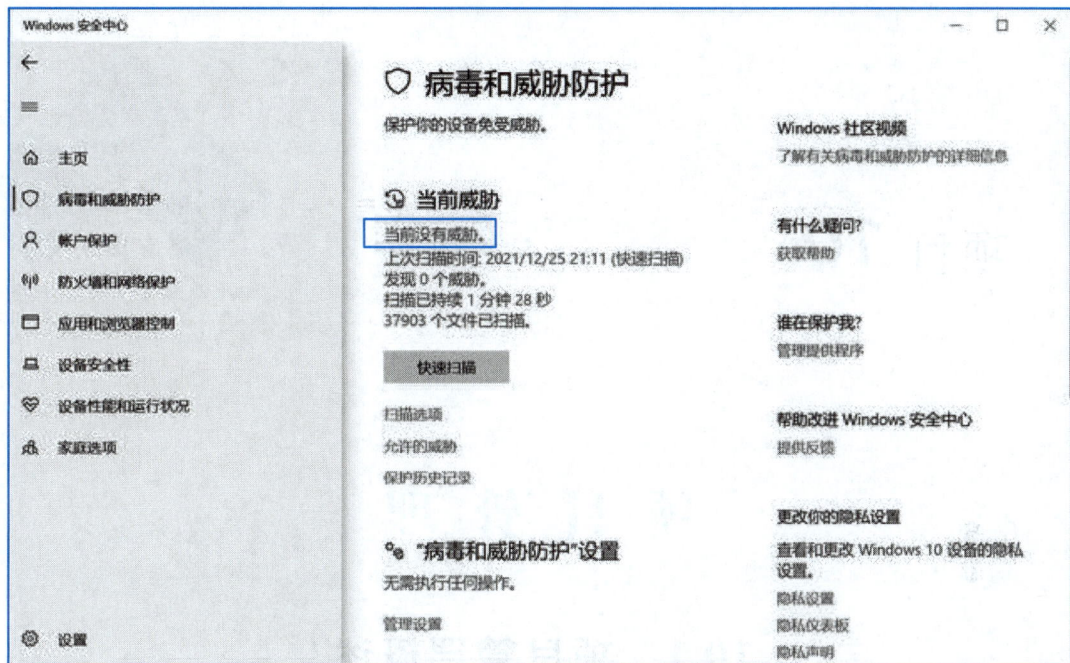

图 9-3-5　Windows 病毒扫描

9.4　项 目 练 习

扫描二维码,查看项目练习。

项目 9
项目练习

项目 **10**

项 目 管 理

10.1　项目管理概述

　　项目管理是指在项目活动中运用专门的知识、技能、工具和方法，使项目能够在有限资源限定条件下，实现或超过设定的需求和期望的过程，是管理学的一个分支学科。

　　项目管理作为一种通用技术已应用于各行各业，获得了广泛的认可。软件项目管理是为了让软件项目能够按照预定的范围、成本、进度、质量顺利完成，而对范围、费用、时间、质量、人力资源、风险、采购等进行分析和管理的一系列活动。本项目将以软件项目管理为例，介绍项目管理相关知识。

10.2　软件项目管理过程

　　软件项目管理在软件开发工作之前就已经开始，而在软件从概念到实现的过程中继续进行，并且只有当软件开发工作最后结束时才终止，其过程可分为以下5个管理过程，如图10-2-1所示。

图 10-2-1　项目管理过程

1. 项目启动

在制定项目之前，应该明确项目的目标、考虑候选的解决方案、清楚技术和管理上的要求等。项目的目标标明了项目的目的，但不涉及如何达到目的。项目启动前，应成立项目组，召开项目启动会议，进行组内交流，深刻理解项目目标，对组织形式、管理方式和方针取得一致认识，明确岗位等。

项目获得正式授权被立项，并成立项目组，宣告了项目开始，启动是一个认可的过程，用来正式认可一个新项目或新阶段的存在。在此过程中，最重要的是确定项目章程和项目初步范围说明书。

① 项目章程是在客户和项目经理达成共识后建立的，主要包括项目开发人员、粗略成本估算和进度里程碑等信息。

② 项目初步范围说明书包含了范围说明书涉及的所有内容，还包含了初步的工作分解结构（WBS）、假设约束、风险、开发人员、目标、项目范围和边界、交付物、粗略进度里程碑、粗略成本估算和验收准则等诸多内容。

2. 项目计划

项目计划是用来指导组织、实施、协调和控制软件开发的重要文件，其主要作用是：

① 可激励和鼓舞团队的士气。

② 可以使项目成员有明确的分工及工作目标。

③ 可促进项目组相关人员之间的沟通和交流。

④ 可作为项目过程控制和工作考核的依据。

项目的有效管理直接依赖于项目计划，制订项目计划的主要目的是指导项目的具体实施。计划必须具有现实性和有效性，因此，需要做出一个具有现实性和实用性的基准计划，在计划制订过程中应投入大量的时间和人力。

项目计划的详细和复杂程度与项目的规模、类型密切相关，但计划的制订顺序基本相同，包括目标分解、任务活动的确定、任务活动分解和排序、完成任务的时间估算、进度计划、资源计划、费用预算和计划文档等。除此之外，制订计划还要考虑质量计划、组织计划、沟通计划、风险识别及应对措施等。对各个方面考虑得越周详，越有利于开展下一阶段的工作。

当一个项目的工作需要使用外部承包商和供应商的时候，在项目计划和设计阶段通常还会包括对外发包和合同订立工作，这项工作也属于项目计划的范畴。

3. 项目执行

一旦建立了项目计划，就必须按照计划执行，这包括按计划执行项目和控制项目，以在预算内、按进度完成项目，并使客户满意。项目执行过程包括协调人员和其他资源，以便实施项目计划，并得到项目产品或可交付成果。

在项目执行过程中，项目信息的沟通显得尤为重要，及时提交项目进展信息，以项目报告的方式定期沟通项目进度，为质量保证和成本控制提供手段。

4. 项目监控

项目一旦进入了执行阶段，就可以开始着手追踪和控制活动。由项目管理人员负责监督和追踪项目的执行情况，提供项目执行绩效报告。范围变更、进度延迟、预算超支、质量保证是项目控制的关注重点。变更控制都要经过严格的项目整体变更管理过程处理。此外，还要采取各种行动去纠正项目实施中出现的各种偏差，使项目实施工作保持有序和处于受控状态。纠偏措施有些是针对人员组织与管理的，有些是针对资源配置与管理的，有些是针对过程和方法的改进与提高的。

5. 项目收尾

项目的最后环节就是项目的收尾。这个阶段的主要工作是全面检验项目工作和项目产出物。对照项目定义、项目目标和各种要求，确认项目是否达到目标或要求。当项目验收通过或修改后验收通过后，就可以正常结束，进行项目移交；否则就应该进行项目清算。

10.3　项目拓展：学生信息管理系统

1. 项目提出

由于招生规划的扩大，某大学原有的学生信息管理系统无法满足需要。受某大学的委托，软件公司将重新为大学开发一套学生信息管理系统。根据公司办公会研究，决定任命李小明为该项目的项目经理并组建开发团队，要求在 3 个月完成此项目。李小明将利用项目管理工具对该项目进行梳理，召开项目启动会，给项目组成员分配任务。

2. 拓展目的

通过拓展项目让学生初步了解软件项目的管理过程，培养学生利用项目管理工具软件（如 Microsoft Project、Visio、Excel）开展项目的工作分解、制订进度计划、项目成本管理等各项工作内容，并编制出相应的项目管理图表。

3. 拓展要求

通过拓展项目的学习，将学生分成项目小组开展学习探究，并要求使用相关的项目管理工具软件设计相应图表；要求图表美观大方、内容填写周详准确，最终由项目小组的项目经理对本小组的完成情况进行演示汇报。

4. 项目管理步骤

项目管理涉及有效的计划和对工作的系统管理。它包括定义项目目标，制订行程和安排任务，以达到特定的目标。有很多图形工具可以使项目管理更有效、更高效。常用的有 WBS 图、甘特图、PERT 图、思维导图、日历、时间线、思维导图、状态表和 HOQ。这些都是十分有用的工具，可以对项目范围进行可视化。可根据项目实际情况选择相应的工具。

① WBS 图。即工作分解结构，是一种常用的项目管理工具，通过把项目分解成能有效安排的组成部分，有助于把工作可视化。

② 甘特图。有助于计划和管理项目，它把一个大型项目划分为几个小部分，并有条理地展示。

③ PERT 图。是用于计划和安排整个项目行程，跟踪实施阶段的主要项目管理工具之一。

④ 日历。是基于时间、易于理解的项目管理工具，能帮助用户更好地管理每天、每周或每个月的时间行程。

⑤ 时间线。是一种可视化的项目管理工具，有助于跟踪项目进程。通过时间线，用户可以直观地看到某个任务需要在什么时间完成。

⑥ 思维导图。对于项目管理也十分有用，和其他项目管理工具不同，思维导图就没有那么正式，也就更灵活。

⑦ 状态表。用于跟踪项目进程时十分有效，它不包含项目持续时间和任务关系等细节，

但是更注重于项目状态和完成的过程。

⑧ HOQ。是指质量屋，用于界定顾客需求和产品功能之间的关系；此工具用于质量功能配置，促进团队决策。

（1）创建工作分解结构（WBS）

工作分解结构（WBS）是面向可交付物的项目元素的层次分解，它组织并定义了整个项目范围。简单来说，WBS 就是把一个项目按一定的原则分解成若干个工作任务，任务再分解成一项项工作活动内容，再把每项工作分配到每个人的日常活动中，直到分解不下去为止。WBS 的组成元素有助于项目干系人检查项目的最终产品，WBS 的最底层元素是能够被评估的、被安排进度的和被跟踪的。WBS 是组织管理工作的主要依据，是项目管理工作的基础。工作结构分解的过程就是为项目搭建管理骨架的过程，这些管理工作主要包括定义工作范围、定义项目组织、设定项目产品的质量和规格、估算和控制费用、估算时间周期和安排进度。WBS 一般用图表的形式进行表示，较为常用的工作分解结构表示形式主要有分级的树型结构图和表格形式的分级目录，如图 10-3-1 所示为学生信息管理系统 WBS 图。WBS 的分解可以采用多种方式进行，一般包括以下几种：

① 按产品的物理结构分解。

② 按产品或项目的功能分解。

③ 按实施过程分解。

④ 按项目的地域分布分解。

⑤ 按项目的各个目标分解。

⑥ 按部门分解。

⑦ 按职能分解。

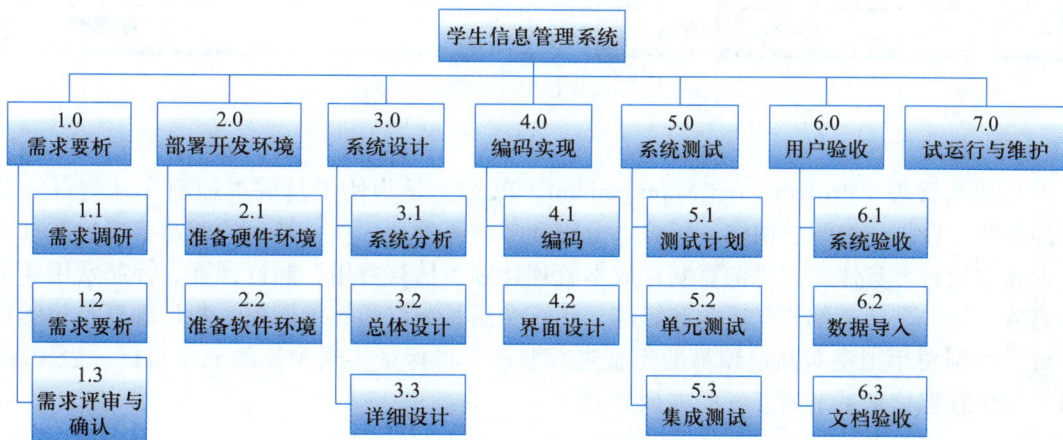

图 10-3-1   学生信息管理系统 WBS 图

（2）制订进度计划

制订进度计划是分析活动顺序、持续时间、资源需求和进度制约因素，创建项目进度模型的过程。该过程的主要作用是把进度活动、持续时间、资源、资源可用性和逻辑关系代入进度规划工具，从而形成包含各个项目活动的计划日期的进度模型。

制订可行的项目进度计划是一个反复进行的过程。基于获取的最佳信息，使用进度模型确定各子项目的计划开始日期和计划完成日期。编制进度计划时，需要审查和修正持续时间估算、资源估算和进度储备，以制订项目进度计划，并在经批准后作为基准用于跟踪项目进度。关键步骤包括定义项目里程碑、识别活动并排列活动顺序，以及估算持续时间。一旦活动的开始和完成日期得到确定，通常就需要由分配至各个活动的项目人员审查其被分配的活动。之后，项目人员确认开始和完成日期与资源日历没有冲突，也与其他项目或任务没有冲突，从而确认计划日期的有效性。最后，分析进度计划，确定是否存在逻辑关系冲突，以及在批准进度计划并将其作为基准之前是否需要资源平衡。同时，需要修订和维护项目进度模型，确保进度计划在整个项目期间一直切实可行。利用 Visio 绘制的甘特图（软件计划 3 个月进度计划图），如图 10-3-2 所示。

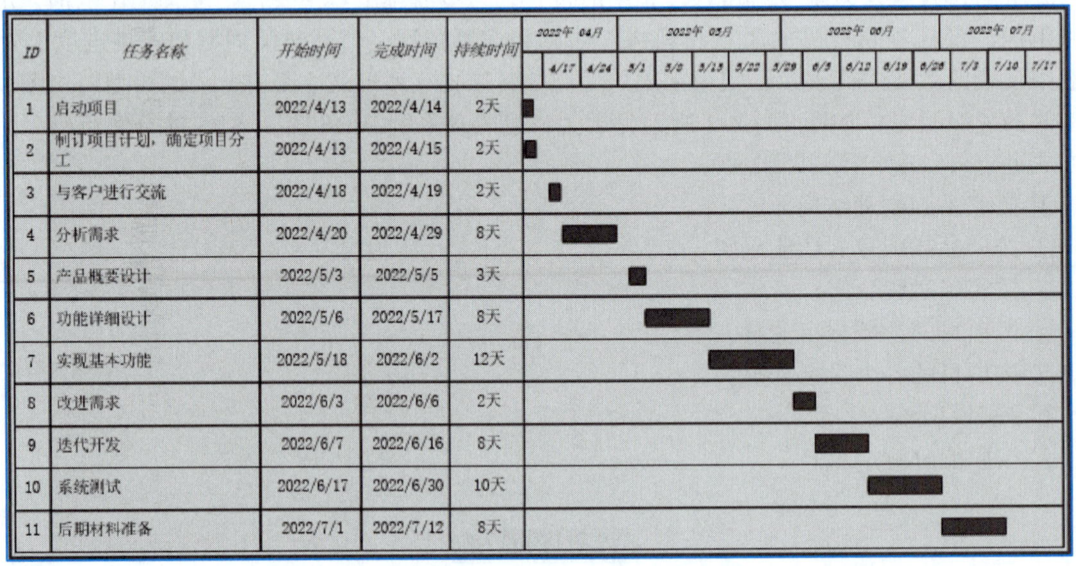

ID	任务名称	开始时间	完成时间	持续时间
1	启动项目	2022/4/13	2022/4/14	2天
2	制订项目计划，确定项目分工	2022/4/13	2022/4/15	2天
3	与客户进行交流	2022/4/18	2022/4/19	2天
4	分析需求	2022/4/20	2022/4/29	8天
5	产品概要设计	2022/5/3	2022/5/5	3天
6	功能详细设计	2022/5/6	2022/5/17	8天
7	实现基本功能	2022/5/18	2022/6/2	12天
8	改进需求	2022/6/3	2022/6/6	2天
9	迭代开发	2022/6/7	2022/6/16	8天
10	系统测试	2022/6/17	2022/6/30	10天
11	后期材料准备	2022/7/1	2022/7/12	8天

图 10-3-2　利用 Visio 绘制的甘特图

（3）项目成本管理

项目成本管理（Project Cost Management，PCM）是为使项目成本控制在计划目标之内所做的预测、计划、控制、调整、核算、分析和考核等管理工作，其目的就是要确保在批准的预算内完成项目。具体项目要依靠制订成本管理计划、估算费用、制订预算、控制费用 4 个过程来完成，每一个环节都相互重叠和影响。估算费用是制订预算的前提，制订预算是控制费用的基础，控制费用则是对制定预算的实施进行监督，以保证实现预算的成本目标，表 10-3-1 列出了学生管理信息系统的开发成本预算表。

表 10-3-1　学生管理信息系统的开发成本预算表

项目	费用/元
1. 需求分析	
1.1　需求调研	2000.00
1.2　需求分析	3000.00
1.3　需求评审与确认	600.00

续表

项目	费用 / 元
2．开发准备	
2.1　开发技术调研	1200.00
2.2　开发环境调研	500.00
2.3　开发语言调研	100.00
3．系统设计	
3.1　数据库设计	3000.00
3.2　功能模块设计	1000.00
3.3　界面设计	1500.00
4．编码实现	
4.1　前台编码	8000.00
4.2　后台编码	20000.00
4.3　界面编码	5000.00
5．系统测试	
5.1　单元测试	1000.00
5.2　集成测试	1000.00
6．文档编写	
6.1　使用说明书编写	300.00
6.2　测试文档编写	300.00
7．平台测试	1500.00
合计	50000.00

① 估算费用：目的是获得完成每一个项目活动以及整体项目所需的费用近似值，费用估算通常使用人工时间、设备时间数或按货币估值等度量单位进行表达。如果项目包括大量的重复和有序的活动，则可使用学习曲线，而涉及多种货币的项目则需要计算项目计划中所使用的汇率。

② 制订预算：目的是将项目预算发布到工作分解结构中的适当等级，并对计划部分工作的预算分配提供一个基于时间的预算，能对照它进行实际绩效的比较。项目费用估算与预算编制紧密相关，费用估算确定了项目的总费用，而预算编制则确定花费费用的场合和时间，并建立一种能后管理绩效的手段。在预算编制过程中应建立客观的费用绩效措施，在费用绩效评估之前设置客观措施将增强责任并避免偏见，而未分配给活动或其他工作范围的储备项或应急项可被创建并用于管理控制目的，或用于控制已识别的风险。

③ 控制费用：控制费用的目的是监控费用偏离并采取适当的行动，该过程着重确定当前项目费用状态、将之与基线费用进行比较时可以明确任何偏离状况，当发现预计费用偏离时马上执行适当的预防或纠偏措施，以避免不良的费用影响。

（4）项目资源配置

项目资源主要分为两大类，一类是实物资源，包括设备、材料、设施和基础设施，另一类是人力资源。在软件项目中，项目资源主要是人力资源，如何有效地管理项目团队和协调项目团队成员是一个成功的软件项目经理必须处理好的关键性问题。

软件项目主要资源为人力资源，因此，制订一份人力资源管理规划就显得尤为重要。人力资源管理规划是识别和记录项目角色、职责、所需技能、报告关系，并制订人员配备管理计划的过程。人力资源管理规划的主要作用是建立项目角色与职责、项目组织图，以及包含人员招募和遣散时间表的人员配备管理计划。

（5）项目质量监控和风险控制

1）质量监控

质量监控的目的是确保交付成果满足项目目标的各项要求，且达到项目的相关标准。执行质量控制一般通过使用既定的工具、程序和技术检测手段、对阶段或总结性的产品进行监控、针对出现的问题或缺陷及时进行纠偏，消除质量环上所有阶段引起不合格或不满意效果的因素。

1979 年提出的 McCall 质量要素模型得到普遍认可，该模型将影响软件质量的因素划分为 3 组，如图 10-3-3 所示，分别反映用户在使用软件产品时的 3 种观点，分别是产品运行（正确性、健壮性、效率、可用性、安全性）;产品修改（可理解性、可维修性、灵活性、可测试性）;产品转移（可移植性、可重用性、互运行性）。

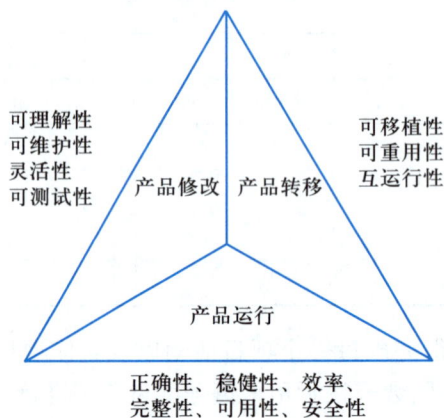

图 10-3-3　McCall 软件质量模型

图 10-3-3 中各因素的含义分别如下。

① 正确性。系统满足规格说明和用户的程度，即在预定环境下能正确地完成预期功能的程度。

② 稳健性。在硬件发生故障、输入的数据无效或操作错误等意外情况下，系统能够作出适当响应的程度。

③ 效率。为了完成预定的功能，系统需要的计算资源的多少。

④ 完整性。系统完成用户全部功能要求的程度。

⑤ 可用性。用户能否用产品完成他的任务，以及令人满意的程度。

⑥ 安全性。系统向合法用户提供服务的同时能够阻止非授权用户使用的企图或拒绝服务的能力。

⑦ 可理解性。理解和使用该系统的难易程度。

⑧ 可维修性。诊断和改正在运行现场发生的错误的概率。

⑨ 灵活性。修改或改正在运行的系统需要的工作量的多少。

⑩ 可测试性。软件测试的难易程度。

⑪ 可移植性。把程序从一种硬件配置或软件环境转移到另一种硬件配置或软件环境时，需要的工作量的多少。

⑫ 可重用性。在其他应用中该程序可以被再次使用的程度（或范围）。

⑬ 互运行性。把该系统和另外一个系统结合起来的工作量的多少。

2）项目风险控制

指项目管理者采取风险回避、损失控制、风险转移和风险保留等各种措施和方法，消灭或减少风险事件发生的各种可能性，或减少风险事件发生时造成的损失。

3）风险分析

项目风险分析主要指对政策风险、市场风险、环境风险、技术风险、客户风险、资金风险、配套风险、协作风险等进行详细的分析过程。

而软件项目风险分析是指在软件开发过程中遇到的预算和进度等方面的问题，以及这些问题对软件开发项目的影响，这意味着，风险涉及选择及选择本身所包含的不确定性。软件开发过程及软件产品都要面临各种决策的选择。风险是介于确定性和不确定性之间的状态，是处于无知和完整知识之间的状态。另一方面，风险将涉及思想、观念、行为、地点等因素的改变。当在软件工程领域考虑风险时，需要关注以下问题。

① 什么样的风险会导致软件项目的彻底失败。

② 用户需求、开发技术、目标计算机以及所有其他与项目有关的因素的改变将会对软件的按时交付和总体成功产生什么影响。

③ 对于用何种方法和工具，需要多少人员参与工作的问题，要如何选择和决策。

④ 软件质量要达到什么程度才是"足够的"。

当没有办法消除风险，甚至连试图降低该风险也存在疑问时，此风险就是真正的风险了。在能够标识出软件项目中的真正风险之前，识别出所有对管理者和开发者而言均为明显的风险是很重要的。因此软件项目的风险管理是软件项目管理的重要内容。

4）风险管理

项目风险管理是识别和分析项目风险及采取应对措施的活动。包括将积极因素所产生的影响最大化和使消极因素产生的影响最小化两方面内容。内容主要包括风险识别、风险量化、风险对策研究、风险对策实施控制等。

风险管理对开发软件项目尤为重要，因为绝大多数软件项目都存在很多不确定性，而不确定性源于宽泛的需求。例如，对软件开发所需的时间和资源估算的困难、项目对个人技术的依赖以及由于客户需求而引起的需求变更等，项目管理者应预见风险，了解这些风险对项目产品和业务的冲击，并及时采取措施规避这些风险。风险管理基本上可划分为以下 4 个阶段，如图 10-3-4 所示。

风险识别阶段：风险识别指的是识别可能的项目风险、产品风险和业务风险。

风险分析阶段：风险分析指的是评估这些风险出现的可能性及其后果，在这个过程中将识别出关键的风险，同时还要根据风险的程度来对风险进行分类。

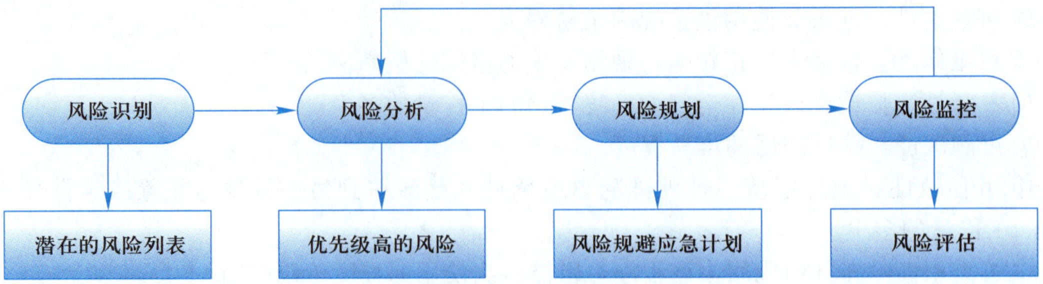

图 10-3-4　风险管理的 4 个阶段

风险规划阶段：风险规划指的是主动制订计划说明如何规避这些风险或降低风险对项目的影响程度。

风险监控阶段：风险监控指的是不断地进行风险评估并随着风险的增多及时修正或更改风险计划。

在进行软件项目风险管理时，要辨识风险，评估它们出现的概率及产生的影响，然后建立一个规划来管理风险。应对软件项目风险有多种策略，常见的有减轻、预防、转移、回避、接受和后备措施等，它们可以改变风险发生的概率，改变风险发生的后果大小或者改变风险作用等。具体采用哪种方法应对风险，主要根据软件项目面临风险的大小来决定，表 10-3-2 列出了软件项目面临风险时的应对措施。

表 10-3-2　软件项目风险应对措施和方法

风险应对措施	风险应对方法
减轻风险	通过缓和或预知等手段来减轻风险
风险预防	主动风险管理，采用有形和无形等手段
回避风险	主动放弃项目或改变项目目标和行动方案
转移风险	将风险转移给他人或组织
接受风险	有意识地主动承担风险
预留风险	制订后备应急计划

10.4　项 目 练 习

扫描二维码,查看项目练习。

项目 10
项目练习

项目 **11**

机器人流程自动化

11.1 机器人流程自动化概述

1. 机器人的定义

机器人是一种自动化的机器，所不同的是这种机器具备一些与人或生物相似的智能能力，如感知能力、规划能力、动作能力和协同能力，是一种具有高度灵活性的自动化机器。

随着人们对机器人技术智能化本质认识的加深，机器人技术开始源源不断地向人类活动的各个领域渗透。结合这些领域的应用特点，人们发展了各式各样的具有感知、决策、行动和交互能力的特种机器人和智能机器人。现在虽然还没有一个严格而准确的机器人定义，但是人们希望对机器人的本质有所把握：机器人是自动执行工作的机器装置，它既可以接受人类指挥，又可以运行预先编排的程序，也可以根据以人工智能技术制定的原则纲领行动。它的任务是协助或取代人类的工作。它是高级整合控制论、机械电子、计算机、材料和仿生学的产物，在工业、医学、农业、服务业、建筑业甚至军事等领域中均有重要用途。

机器人具有感知、决策、执行等基本特征，可以辅助甚至替代人类完成危险、繁重、复杂的工作，提高工作效率与质量，服务人类生活，扩大或延伸人的活动及能力范围。常见的机器人的外形如图 11-1-1 所示。

2. 机器人流程自动化（RPA）

机器人流程自动化（Robotic Process Automation，RPA），是指以流程化程序为基础，部分利用人工智能技术，实现机械重复性软件业务操作过程自动化的一种解决方案。将之前软件使用中大量需要依赖人力完成的工作量大、操作复杂、机械性高的任务，通过程序来进行自动化与流程化处理。

图 11-1-1 常见机器人外形

机器人流程自动化首先解决的是跨系统、跨平台的连接工作，它本身解决的是人们的一些重复性劳动。在很多的财务共享服务中心的成功案例里，人们是将机器人流程自动化作为一个虚拟员工来看待的。所以它不是一个硬件机器人，而是一个虚拟员工，或者可以被称为"数字员工"，不会对原有员工的工作产生巨大威胁。

3. 机器人流程自动化的发展历程

全球第一条自动化生产线诞生于 1913 年，至今已有百年。百年间，自动化技术历经多次更迭，从机械化到自动化，再到信息自动化。当计算机应用于生产制造之后，信息与自动化的结合彻底引发了信息革命。信息技术与自动化技术不断融合，奠定了企业经营流程自动化技术高速发展的基础。屏幕抓取、业务流程自动化管理以及人工智能这三大技术，最终使得专业的工具 RPA 成为流程自动化首选的方案。

1913 年，汽车制造流程的自动化生产线，使得生产商生产成本大幅降低。1961 年，汽车装配线启用了首台机器人，主要用于自动执行一些简单的任务，如拾取、移动和放置装配线上的物品。1984 年，世界第一座"无人工厂"诞生，此后大型工厂都开始选择使用机器人进行流程作业，以代替工人从事那些繁重、危险的生产工作。

机器人流程自动化可以划分为 RPA1.0~RPA4.0 共 4 个阶段。RPA1.0 是对现有结构化数据的简单自动化提取和迁移；现在的 RPA2.0 与 RPA3.0 富有深度性地对结构化数据的建模分析与非结构化数据的智能提取，全面实现对数据的整体发掘和利用；未来 RPA4.0 通过建立行业间的信任机制，打破行业间数据流通瓶颈，实现数据的规模化应用，将促进整个行业共同发展。

4. 机器人流程自动化的主流工具

事实表明，机器人流程自动化（RPA）可以通过消除烦琐的人工任务来简化业务工作流程，而无须完全重新设计系统。机器人自动化的主流工具如下。

（1）Automation Anywhere

Automation Anywhere 的机器人商店提供了一系列工具，这些工具可以执行标准的点击和跟踪，以及将互联网上的复杂数据文件组合在一起的过程。有用于从电子表格、文件或网页中提取信息的机器人，还有用于将这些信息存储在数据库中以进行问题跟踪、发票处理等的机器人。许多机器人依赖于 API，如 Microsoft Azure 的图像分析 API。此外还提供了一个"社区版"，对于工作流程有限的小型企业和基于云计算的服务是免费的，这样就省去了安装和维护 RPA 本身的麻烦。

（2）Automation Edge

Automation Edge 的机器人通过经典 API 交互和机器人（如 CogniBot）中的复杂人工智能的混合提供"超自动化"。其重点是与网页、SAP 等数据库和 Excel 电子表格进行交互。人工智能帮助管理通过聊天会话连接到客户的聊天机器人。机器人商店中的许多机器人都是为特定行业或业务部门（如人力资源或客户关系）预先配置的。Automation Edge 还提供了一个在时间、步骤和范围上都进行限制的免费版本，因此不包括一些人工智能驱动的选项。用户采用免费版本也可以使用基于云的服务。

（3）Cyclone Robotics

弘玑（Cyclone）公司的 RPA Designer 是一种低代码选项，可将多个工具集成到一个有凝聚力的自动化工作流程中。人工智能设计师提供有效 OCR 和机器学习，而 Mobile Designer 可以处理需要使用移动平台的工作流。这些机器人可以在内部部署设施中运行，也可以通过 Cyclone 的云平台 Easy Work 运行。

11.2 机器人流程自动化工具使用

1. 机器人流程自动化的技术框架

众所周知，作为一款软件或平台，RPA（机器人流程自动化）是用来替代人类员工进行重复性工作的程序，而非实体存在的流程处理机器。但是由于它的新颖性，许多人可能对 RPA 及其构成感到困惑。

典型的 RPA 平台至少包含开发、运行、控制等 3 部分。下面以 UiBot 的技术为例说明机器人流程自动化的技术框架。

UiBot 是国内机器人流程自动化企业自主研发的 RPA 工具，能够针对企业和个人提供完整的流程自动化解决方案，帮助组织机构实现降本增效，推动企业数字化升级。UiBot 由 3 部分构成，分别是 RPA 开发工具、运行工具和控制中心，技术框架如图 11-2-1 所示。

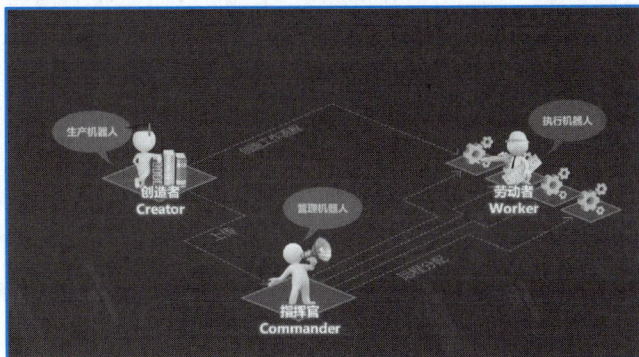

图 11-2-1 机器人流程自动化的技术框架

（1）开发工具

机器人开发工具，负责开发 RPA 流程自动化机器人。拥有极其便捷的录屏功能，流程一键录制，即可自动生成机器人。具有强大的扩展功能，提供 Python、C/C++、Lua、Net 等多种编程语言的扩展接口。另外，为满足不同用户的需求，创造者（Creator）的表现方式包含 3 种视图，分别如下。

① 流程视图：针对咨询方，主要用于业务流程的梳理和确认，省略了具体流程细节的实现。

② 可视化视图：针对不熟悉 IT 的各领域专家及各种普通用户，通过简单拖曳、参数配置操作，即可完成流程的连接活动。

③ 源码视图：针对 IT 专家、编程专家等，能够有效减少鼠标操作，更快捷地生成所需的流程。

（2）运行工具

运行工具即机器人的执行平台，可查看具体的业务机器人，具有完整的机器人添加和运行管理功能，具备人机 Robot、无人 Robot、双模式等模式。

（3）控制中心

控制中心即机器人的管理中心，对机器人工作站进行综合调度与权限控制。可实现信息统一管理，提供数据可视化图表展示，包括信息汇集、用户管理、机器人管理、系统管理、UiBot WorKer 管理。

2. 机器人流程自动化应用特点

流程自动化机器人在满足以下 3 个条件下可以充分发挥其功能优势：

① 业务规格和处理流程明确。

② 能在系统中完结整段业务。

③ 业务中无须人的判断的时候（数据是以结构化的形式存在的）。

在上述条件下流程自动化机器人可以展现以下优势，并广泛地运用相关业务上。

（1）比手工操作快捷、正确，能够处理大量的作业

便于处理数据（书面数据，其他系统数据）输入系统的业务；复杂的系统间业务（如将对照结果输入其他的业务系统）;需要大量人眼对比检查的业务（数字内容对比、文字列对比等）;需要处理大量数据的收集和统计业务。

（2）不受劳动条件和劳动体制的制约

可以做到 24 小时不间断工作，不受休假的影响，不受人员体制增减的影响。可用于处理作业量非常庞大，正常人工工作时间内无法完成的工作；晚上下班之后进行工作并行；周期性需要实施的业务；繁忙和闲暇时业务量差别很大的业务。

（3）无须修改现有系统就能实现其功能扩展

便于改善那些难以进行再投资改造的大规模项目；改善现行系统的复杂业务（包括核心技术非自有、核心技术人员离职的场景）;便于处理业务内容可能会频繁更换的业务，减少整体系统开发的工作。

流程自动化机器人的这些优势正逐渐被各大公司所认知，结合自身业务的特点和规范法则，各大公司都在探讨哪些业务可以交给流程自动化机器人去做，既减少人力成本，也能提高效率。如同工业自动化一样，流程自动化机器人并不是要代替人工的地位，而是要将人们从烦琐枯燥低效且重复性的工作中解放出来，去做更加有价值的业务。

3. 机器人流程自动化的实施方法

① 规划。建立项目团队，最终确定实施时间表和方法。表决通过执行 RPA 流程的解决方案设计，确定应该实现的日志记录机制，以查找运行机器人的问题。定义明确的路线图以扩大 RPA 实施。

② 开发。在此阶段，将按照商定的计划开始开发自动化工作流程。按照行为驱动的方式，可以很快定义出工作流程，将行为驱动的工作流程翻译成代码实现。

③ 测试。在此阶段，将运行测试周期以识别和更正自动化中的缺陷。

④ 支持与维护。上线后提供持续支持，有助于立即解决问题，其中包括业务和 IT 支持团队的角色和职责。

11.3　项 目 练 习

扫描二维码,查看项目练习。

项目 11
项目练习

项目 **12**

程序设计基础

12.1 程序设计基础知识

1. 程序设计的基本概念

程序设计是给出解决特定问题程序的过程，是软件构造活动中的重要组成部分。程序设计往往以某种程序设计语言（C、C++、Java、Python、Golang 等）为工具，给出这种语言下的程序。程序设计过程包括分析、设计、编码、测试、排错等不同阶段。

2. 程序设计的发展历程和未来趋势

自 20 世纪 60 年代以来，世界上公布的程序设计语言已有上千种之多，但是只有很小一部分得到了广泛的应用。从发展历程来看，程序设计语言可以分为机器语言、汇编语言、高级语言和非过程化语言 4 代。

（1）第一代机器语言

机器语言是由二进制 0、1 代码指令构成，不同的 CPU 具有不同的指令系统。机器语言程序难编写、难修改、难维护，需要用户直接对存储空间进行分配，编程效率极低。这种语言已经被渐渐淘汰。

（2）第二代汇编语言

汇编语言指令是机器指令的符号化，与机器指令存在着直接的对应关系，所以汇编语言同样存在着难学难用、容易出错、维护困难等缺点。但是汇编语言也有自己的优点：可直接访问系统接口，汇编程序翻译成的机器语言程序的效率高。

（3）第三代高级语言

高级语言是面向用户的、基本上独立于计算机种类和结构的语言。其最大的优点是形式上接近于算术语言和自然语言，接近于人们通常使用的语言。高级语言的一个命令可以代替几条、几十条甚至几百条汇编语言的指令。客观来看，程序设计语言可以分为面向过程语言和面向对象语言。比较流行的面向对象语言有 Java、C++、Python 等。

（4）第四代非过程化语言

第四代语言大多是指基于某种语言环境上具有 4GL（编码时只需说明"做什么"，不需描述算法细节）特征的软件工具产品，如 System Z、PowerBuilder、FOCUS 等。第四代程序设计语言是面向应用的，为最终用户设计的一类程序设计语言。它具有缩短应用开发过程、降低维护代价、最大限度地减少调试过程中出现的问题以及对用户友好等优点。

目前大数据、云计算、人工智能发展迅速，尤其是人工智能已经慢慢地渗透到了生活中，未来的程序设计与这些先进的技术进行结合，将对用户非常友好，操作方便，达到人人可编程，全民可编程。

3. 程序设计的基本思路与流程

程序的设计方法基本思路是把一个复杂问题的求解过程分阶段进行，每个阶段处理的问题都控制在人们容易理解和处理的范围内。

程序设计的流程如下。

① 分析问题：认真分析需求，研究所给定的条件，分析预期应达到的目标，选择解题的方法，完成实际问题。

② 设计算法：画出程序设计流程图。

程序设计流程图一般由基本符号与结构组成，圆形框表示程序的开始或结束、矩形框代表要执行的流程或步骤、菱形框代表条件判断从而执行不同的分支、箭头线代表算法或者程序的走向，如图 12-1-1 所示为求 1 至 100 的和的流程图。

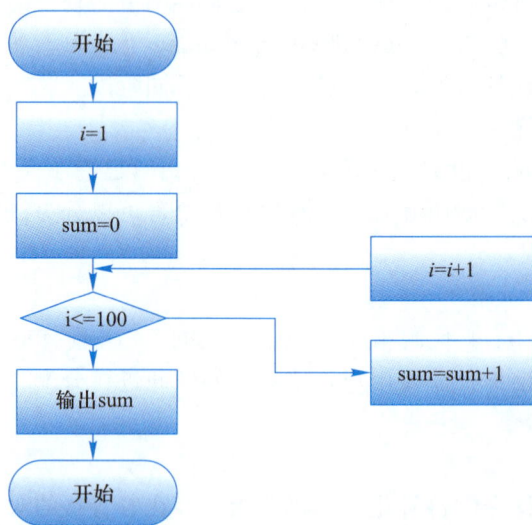

图 12-1-1　求 1-100 的和程序设计流程图

③ 编写程序：将算法翻译成计算机程序设计语言，对源程序进行编辑、编译和连接。

④ 运行程序，分析结果：运行可执行程序，得到运行结果。得到程序运行结果并不意味着程序正确，要对程序结果进行分析，看它是否符合预期。不符合预期要对程序进行多次调试，即通过上机发现和排除程序中的故障。

⑤ 编写程序文档：许多程序是提供给别人使用的，如同正式的产品应当提供产品说明书一样，正式提供给用户使用的程序，必须向用户提供程序说明书。内容应包括程序名称、程序

功能、运行环境、程序的装入和启动、需要输入的数据以及使用注意事项等。

12.2　程序设计语言的特点和适用场景

目前主流的程序设计语言有 C 语言、C++、Java、Python 等，每一种语言都有其特点及其使用场景，见表 12-2-1。

表 12-2-1　程序设计语言特点及其适用场景

语言	特点	适用场景
C 语言	简洁紧凑，灵活方便，数据类型丰富，语法限制不太严格，自由度大	软件开发、科研、单片机、嵌入式系统开发
C++	简单、现代、面向对象、类型安全，兼容性、伸缩性、升级性良好	Web 应用、分布式计算、各类游戏
Java	简单，面向对象，分布性，编译和解释性，稳健性，安全性，可移植性，高能性，多线索性，动态性	Android 应用，在金融业应用的服务器程序，网站，嵌入式领域，大数据技术，高频交易的空间，科学领域
Python	简单，易学，速度快，免费，高层语言，可移植性，解释性，面向对象，可扩展性	系统编程，图形处理，数学处理，文本处理，数据库编程，网络编程，多媒体应用，人工智能

12.3　程序设计方法和实践

1. Python 的安装与配置

在 Windows 操作系统安装 Python 环境，本书以 Python 3.9.7-64 位为例进行安装。

① 打开软件包 python-3.9.7-amd64.exe，选中"Add Python 3.9 to PATH"复选项，单击"Customisze installation"按钮定制安装，如图 12-3-1 所示。

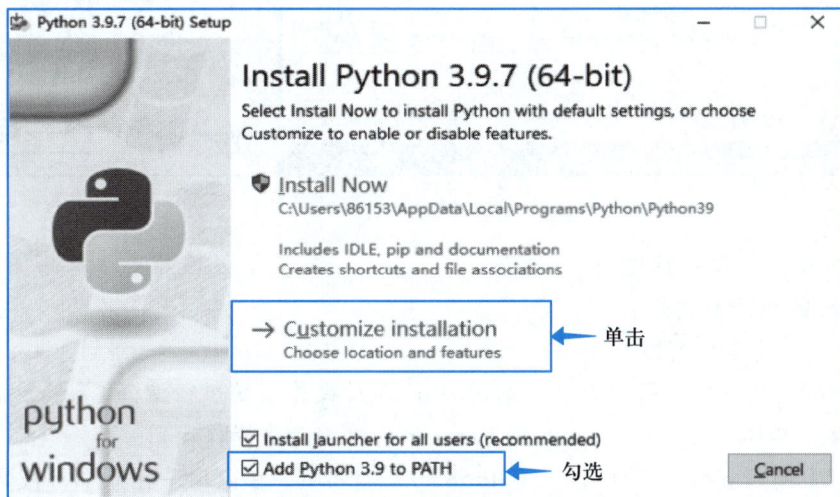

图 12-3-1　Python 3.9 安装第 1 步

② 进入到如图 12-3-2 所示界面，单击"Next"按钮。

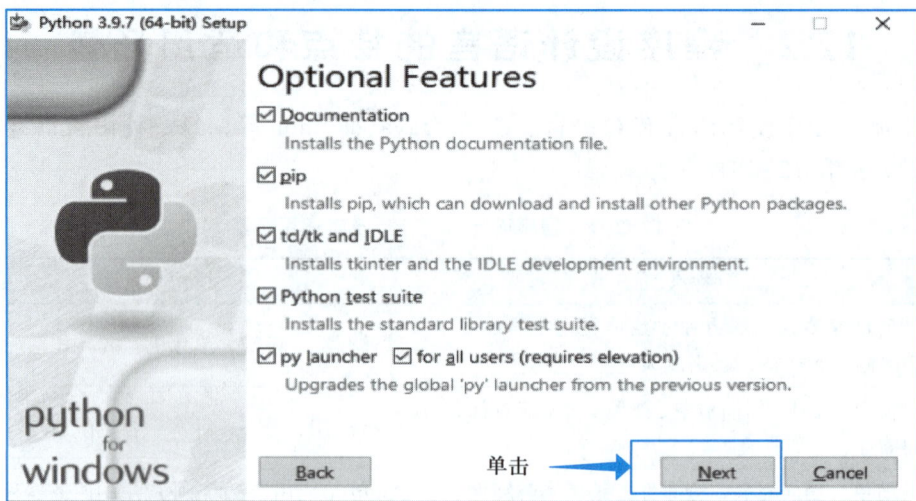

图 12-3-2　Python 3.9 安装第 2 步

③ 单击"Browse"按钮，选择安装 Python 环境的文件夹，单击"确定"按钮，单击"install"按钮，如图 12-3-3 所示。

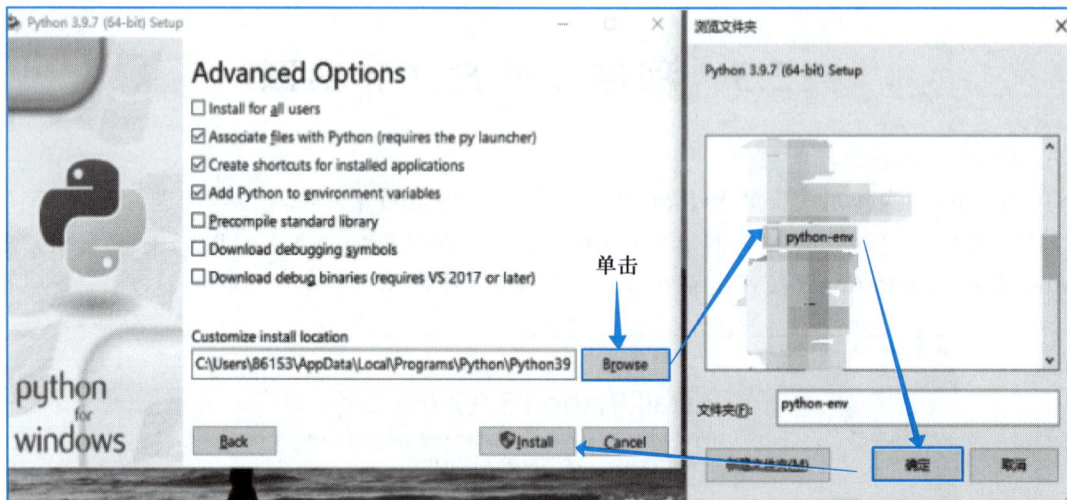

图 12-3-3　Python 3.9 安装第 3 步

④ 等待 Python 安装完成即可。

2. Python 的运行方式

（1）交互式—命令行窗口方式

Python 环境安装好后，可以直接在本地 Windows 操作系统进行编译。

① 按键盘上 WIN 键，输入 cmd，按 Enter 键，弹出命令操作窗口。

② 在窗口中输入 python 即可进入 Python 的编译环境，在窗口中输入如下代码：

```
1. Word='hello world'
2. Print(Word)
```

结果如图 12-3-4 所示。

图 12-3-4　命令提示符下 Python 环境的运行方式

注意，此种方法代码不利于保存，且调试代码比较麻烦，不推荐使用。

（2）编译器方式—在 Windows 操作系统安装 PyCharm 编译器

本书选用 PyCharm 2022.1.1 版本进行安装。

① 打开软件包 pycharm-community-2022.1.1.exe，单击"Next"按钮。

② 单击"Browse"按钮，选择安装文件夹，单击"确定"按钮，单击"Next"按钮，如图 12-3-5 所示。

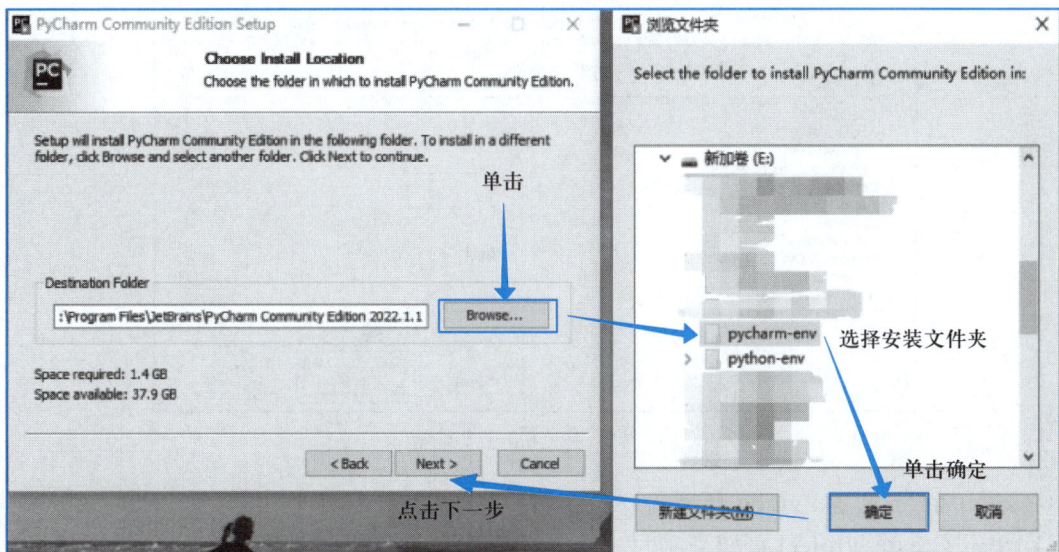

图 12-3-5　PyCharm 安装第 2 步

③ 选中创建桌面快捷方式、以项目方式打开文件、默认文件后缀为 py、更新环境变量等复选框，单击"Next"按钮，如图 12-3-6 所示。

④ 单击"install"按钮安装，如图 12-3-7 所示。

⑤ 等待安装完成，单击"Finish"按钮即可。

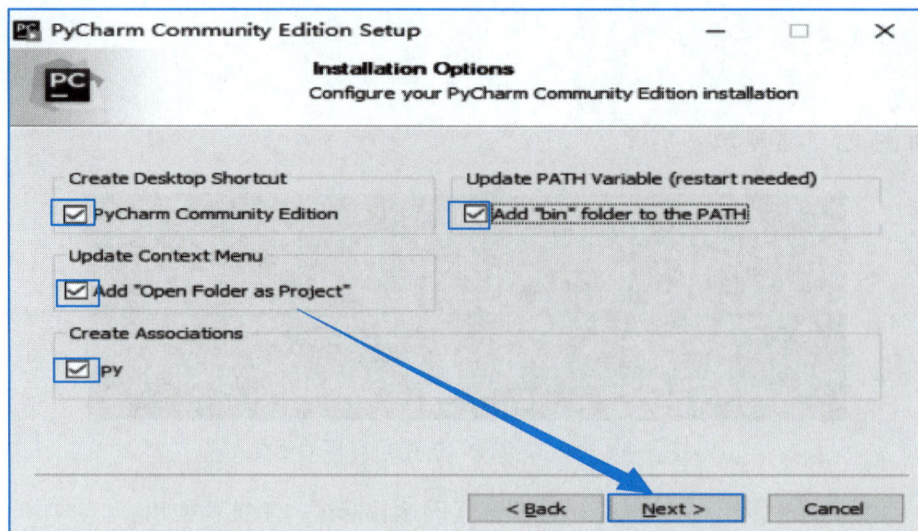

图 12-3-6　PyCharm 安装第 3 步

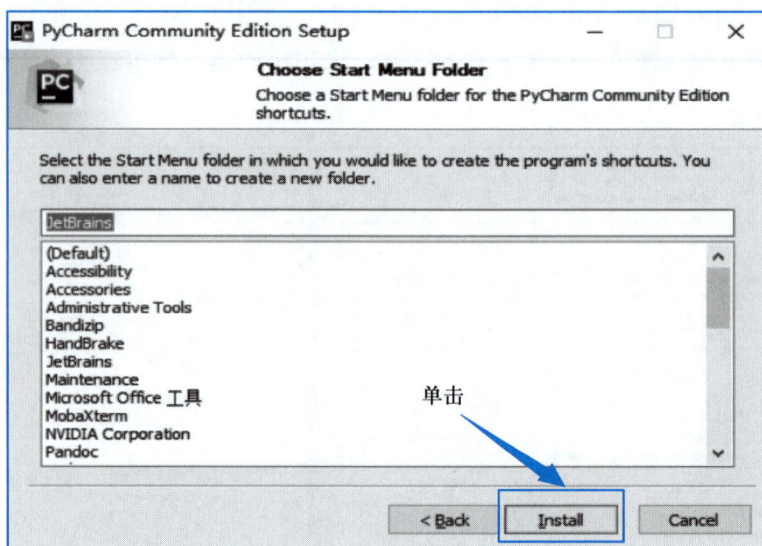

图 12-3-7　PyCharm 安装第 4 步

（3）PyCharm 配置 Python 环境

① 单击 Create_Project 创建新项目，选择项目保存文件夹，选中"Previously configured interpreter"单选项，然后单击目录打开，找到上文中 Python 安装的文件夹，选择 python.exe 文件，单击"OK"按钮，最后单击"Create"按钮即可完成 Python 环境的配置，如图 12-3-8 所示。

② 配置完成后，进入的界面就是 PyCharm 编译环境的欢迎界面，如图 12-3-9 所示。

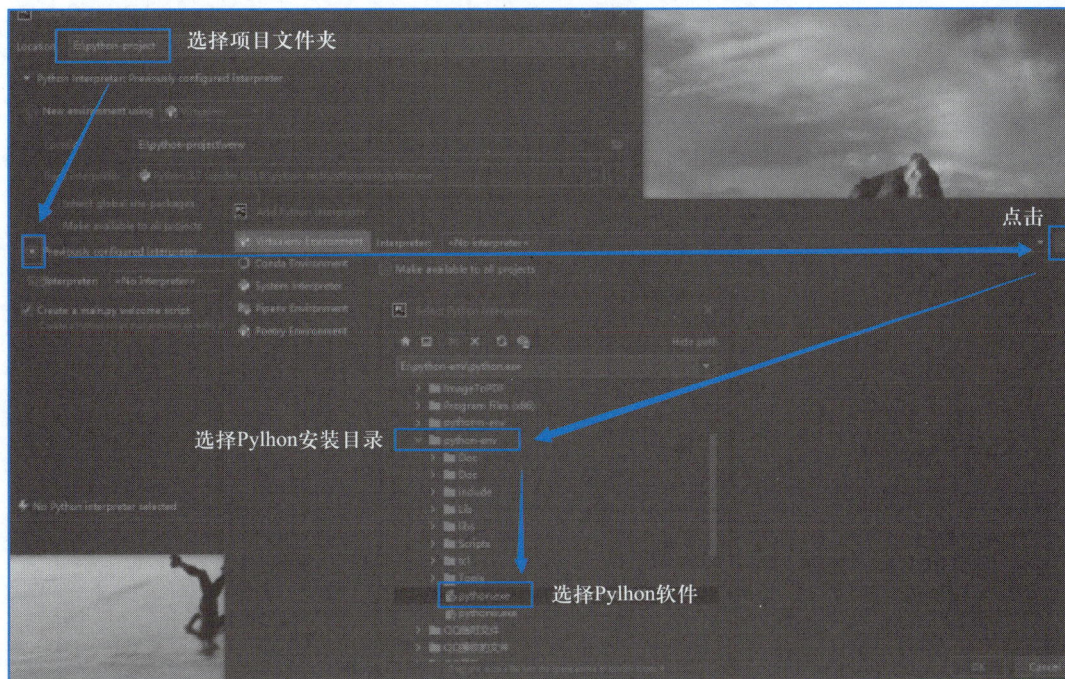

图 12-3-8　使用 PyCharm 创建项目并完成 Python 配置

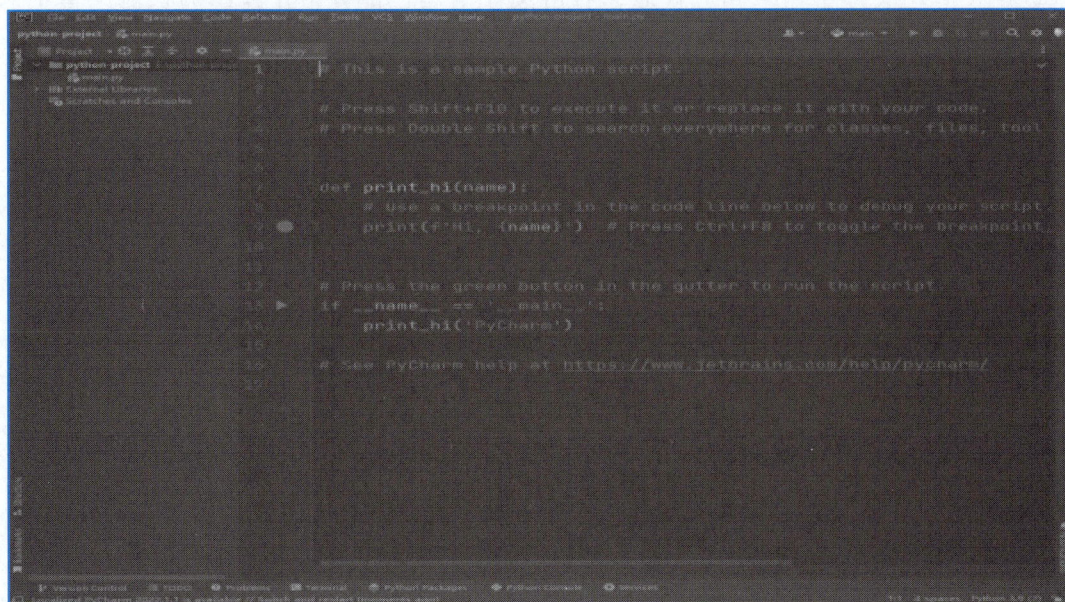

图 12-3-9　PyCharm 编译器欢迎界面

（4）基本使用方法

① 如图 12-3-10 所示，右击项目名称，在弹出的快捷菜单中选择"New"→"Python File"命令，在弹出的框体中输入 Python 程序文件的名称，本次测试命名为 test 文件，按 Enter 键即可创建 Python 文件。

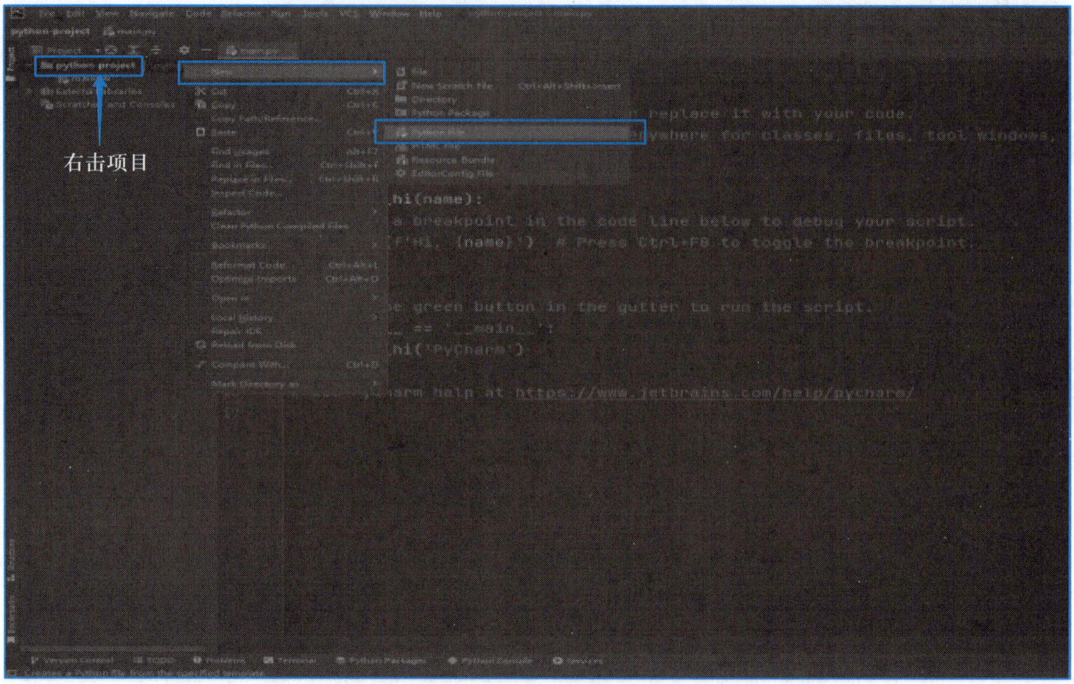

右击项目

图 12-3-10   PyCharm 创建 Python 文件

② 在 test.py 文件中输入相应代码，右击文件中黑色部分，在弹出的快捷菜单中选择
"run 'test'" 命令即可运行文件。

3. Python 编写规范

（1）代码排版规范

① 缩进。统一使用 4 个空格的缩进，不要使用 Tab 键，更不要混合使用 Tab 键和空格。

② 导入模块结束后空两行开始定义全局变量，全局变量定义后空两行开始定义顶层类或函数。

③ 不要一行导入（import）多个库，如 import os，sys。

④ import 库的顺序为标准库、开源第三方库、自定义库。

⑤ 禁止从模块 import * 的操作。

⑥ 调试代码必须放在 if name == 'main' 条件下。

（2）命名规范

命名统一遵循原则，即见名释义（看见命名即可知道含义）。

① 变量命名只能包含字母、数字、下画线，且不能与关键字冲突。

② 函数名全部为小写，通常为动宾结构，如 add_number、get_ip 等。

③ 类的命名采用驼峰式命名规则，如 GetWords 等。

④ 文件的命名不能与包或者库的名称一致。

（3）注释规范

① 代码块注释。在一段代码前增加的只有注释的多行。使用 # 开头，空一格后写内容。

② 行注释。在代码行后空 2 格写注释内容。

③ 类注释。使用两个 """，包含但不限于如下内容：使用场景、支持的功能、参数说明、
调用顺序、调用例子。

④ 函数注释。使用两个 """，包含但不限于如下内容：支持的功能、参数类型和作用、返回值。

（4）语法规范

① 字符串拼接建议使用 .jion( ) 方式加快运行速度。

② 尽量使用 is 或者 is not 取代 == 或者 !=。

③ while 循环切记调试的时候加入 break 中止条件。

④ 避免使用晦涩难懂的语法。

⑤ 不要将 if、while、for 写在一行，必须另起一行。

⑥ 正式发布的代码要去掉 print 语句。

4. Python 语法

（1）语法特点

1）注释

多行注释：'''注释内容'''，通常多行注释放在代码的开头，用来标注代码的用途、作者等信息。

单行注释：#，单行注释一般多用于对这行代码的解释，通常也用在代码的调试过程中。

```
'''
    @ 功能：根据身高、体重计算 BMI 指数
'''
print（'实现根据身高、体重计算 BMI 指数'）          # print：用来输出
```

2）代码缩进

在 Python 中，对于类定义、函数定义、流程控制语句、异常处理语句等，行尾的冒号和下一行的缩进表示一个代码块的开始，而缩进结束，则表示一个代码块的结束。

① Python 代码的缩进可以通过 Tab 键控制，也可使用空格控制。空格是 Python 3 首选的缩进方法，一般使用 4 个空格表示一级缩进。

② Python 3 不允许混合使用 Tab 键和空格。示例如下。

```
if True：
    print（'true'）
else：
    print（'false'）
  print（'这里没有缩进，错误'）
```

（2）数据类型

1）数字类型

① 整数，用来表示整数数值，即没有小数部分的数值。在 Python 语言中，整数包括正整数、负整数和 0，并且它的位数是任意的（当超过计算机自身的计算功能时，会自动转用高精度计算）。如果要指定一个非常大的整数，只需要写出其所有位数即可。主要包括十进制 int( )、八进制 oct( )、二进制 bin( )、十六进制 hex( )。

② 浮点数，由整数和小数部分组成，主要用于处理小数，如 3.1415、0.5、–1.732。

在使用浮点数进行计算时，可能会出现小数位数不确定的情况，这是由于计算机会将数字

转换为二进制，再将二进制进行位数运算转为十进制。

```
a = 0.1
b = 0.1
c = 0.2
print ( a + b )          # 结果为 0.2
print ( a + c )          # 结果为 0.30000000000000004
```

2）字符串类型

字符串就是连续的字符序列，可以是计算机所能表示的一切字符的集合。在 Python 中，字符串属于不可变序列，通常使用单引号 '、双引号 " 或者三引号 ''' 括起来。这 3 种引号形式在语义上没有差别，只是在形式上有些差别。其中单引号和双引号中的字符序列必须在一行上，而三引号内的字符序列可以分布在连续的多行中。如果想把数字类型或其他数据类型转为字符串类型可以用命令"str（数字）"。

```
mot_cn = " 勤能补拙，勤俭立业 "
print ( mot_cn )
```

3）布尔类型

布尔类型主要用来表示真值或者假值。在 Python 中，标识符 True 和 False 被解释为布尔值。另外 Python 中布尔值可以转化为数值，True 表示 1，False 表示 0。

Python 中的布尔类型的值可以进行数值运算，例如"False+1"的结果为 1，但不建议对布尔类型进行数值计算。

（3）运算符

1）算术运算符

Python 中的算术运算符主要有加、减、乘、除、取余、取整、幂，其见表 12-3-1。

表 12-3-1　算术运算符

操作符	描述	示例
+	两个对象相加	5+2=7
-	两个数相减	5-2=3
*	两个对象相乘或返回重复字符串	5*2=10
/	两个数相除	5/2=2.5
%	返回两个数的余数	5%2=1
//	返回两个数相除的整数部分	5//2=2
**	返回一个数的幂次方	5**2=25

2）比较运算符

Python 中的比较运算符主要有大于、小于、大于或等于、小于或等于、不等于、等于，其见表 12-3-2。

表 12-3-2　比较运算符

操作符	描述	示例
>	大于	5>2
<	小于	1<2
>=	大于或等于	2>=2
<=	小于或等于	2<=2
!=	不等于	5!=2
==	等于	5==5

提示：= 为赋值运算符，即 a=4 为将值 4 赋予变量 a。

3）逻辑运算符

Python 中的逻辑运算符主要有逻辑与、逻辑或、逻辑非、成员测试、对象同一性测试，其见表 12-3-3。

表 12-3-3　逻辑运算符

操作符	描述	示例
and	逻辑与	a and b
or	逻辑或	a or b
not	逻辑非	not a
in	成员测试	a in ['a', 'b']
is	对象同一性测试	a is null

（4）流程控制语句

流程控制的作用在于实现程序与用户的交流，并根据用户的需求决定程序"做什么""怎么做"。流程控制提供了控制程序如何执行的方法，这种方法可以使程序不按照线性顺序来执行，而不能根据用户需求来决定程序执行顺序的情况。

Python 流程控制语句组成主要有选择语句、循环语句、条件语句、跳转语句、pass 空语句。

1）选择语句

在生活中，人们总是要做出许多选择，程序也是一样。

① if 语句，由关键字 if、判断条件和冒号组成，if 语句和从属于该语句的代码段可组成选择结构。

```
if 条件表达式：
    代码块
```

② if-else 语句，一些场景不仅需要处理满足条件的情况，也需要对不满足条件的情况做特殊处理。因此，Python 提供了可以同时处理满足和不满足条件的 if-else 语句，其格式如下：

```
if 判断条件：
      代码块 1
else：
      代码段 2
```

③ if-elif-else 语句。

```
if 判断条件 1：
      代码段 1
elif 判断条件 2：
      代码段 2
...
else：
      代码段 n
```

2）循环语句

Python 中的循环语句有 for 和 while。

① while 循环语句，while 语句一般用于实现条件循环，该语句由关键字 while、循环条件和冒号组成，while 语句和从属于该语句的代码段组成循环结构。

```
while 条件表达式：
      代码块
```

用 while 循环实现求 1-100 的和。

```
n = 100                        # 指定计算次数
  sum = 0                      # 指定求和的初始值
  number = 1                   # 指定计算的初始值
  while number <= n:
      sum = sum + number
      number += 1
  print ("1 到 100 之和为：%d" % sum)
```

② for 循环语句，for 语句一般用于实现遍历循环。遍历指逐一访问目标对象中的数据，如逐个访问字符串中的字符。遍历循环指在循环中完成对目标对象的遍历。

```
for 临时变量 in 目标对象：
      代码块
```

用 for 循环实现求 1-100 的和。

```
sum = 0                        # 指定求和的初始值
for i in range (1, 101):
      sum = sum + i
print (sum)
```

3）跳转语句与 pass 语句

当循环条件一直满足时，程序将会一直执行下去，如果希望跳出循环，可以使用跳转语句提前结束循环，以及使用 pass 空语句来占用输出位置达到间隔显示的效果。

① 跳转语句 break，break 语句可以终止当前的循环，包括 while 和 for 在内的所有控制语句。以独自一人沿着操场跑步为例，原计划跑 10 圈。可是在跑到第 2 圈的时候，遇到天气恶劣的情况，于是果断停下来，终止跑步，这就相当于使用了 break 语句提前终止了循环。break 语句的语法比较简单，只需要在相应的 while 或 for 语句中加入即可。

```
for 迭代变量 in 对象：
    if 条件表达式：
        break
```

② 跳转语句 continue，continue 语句的作用没有 break 语句强大，它只能终止本次循环而提前进入到下一次循环中。仍然以独自一人沿着操场跑步为例，原计划跑步 10 圈。当跑到第 2 圈一半的时候，遇到天气恶劣，于是果断停下来，跑回起点躲雨等待，然后从第 3 圈开始继续跑。

continue 在 while 语句中的语法结构：

```
while 条件表达式1：
    执行代码
    if 条件表达式2：
        continue
```

continue 在 for 语句中的语法结构：

```
for 迭代变量 in 对象：
    if 条件表达式：
        continue
```

（5）字符串

字符串是所有编程语言在项目开发过程中涉及最多的一个内容。大部分项目的运行结果都需要以文本的形式展示给客户，如财务系统的总账报表、电子游戏的比赛结果、火车站的列车时刻表等。这些都是经过程序精密的计算、判断和梳理后，将用户需要的内容用文本形式直观地展示出来。

① 字符串的替换。Python 中提供了实现字符串替换操作的 replace( ) 方法，使用该方法可将当前字符串中的指定子串替换成新的子串，并返回替换后的新字符串。

```
str.replace(old, new, [count])
```

old：被替换的旧子串。

new：替换旧子串的新子串。

count：表示替换旧字符串的次数，默认全部替换。

② 字符串的切割。使用 split( ) 方法可以按照指定分隔符对字符串进行分隔，该方法会返

回由分隔后的子串组成的列表。

```
str.split ( sep=None, maxsplit=-1 )
```

sep：分隔符，默认为空字符。
maxsplit：分隔次数，默认值为 −1，表示不限制分隔次数。

```
string="Hello, my name is Wang Hong"
# 以空格作为分隔符，并分隔 2 次
print ( string.split ( ' ', 2 ))
```

③ 字符串的拼接。使用 join( ) 方法使用指定的字符连接字符串并生成一个新的字符串。

```
str.join ( iterable )
```

例如：

```
symbol = '*'
world = 'Python'
print ( symbol.join ( world ))
```

12.4   项 目 练 习

扫描二维码，查看项目练习。

项目 12
项目练习

项目 13

大 数 据

微课 13-1
大数据的初
体验

13.1　大数据概述

《爆发：大数据时代预见未来的新思维》一书中指出人类生活在数字化的大数据时代，移动电话、网络以及电子邮件使人类行为变得更加容易量化，将人们的社会变成了一个巨大的数据库。人类正处在一个聚合点上，在这里数据、科学以及技术都联合起来共同对抗那个最大的谜题——未来。

1. 大数据的基本概念

有专业机构给出的大数据定义是：数据规模大到在获取、存储、管理、分析方面大大超出了传统数据库软件能力范围的数据集合，具有海量的数据规模、快速的数据流转、多样的数据类型和价值密度低等特征。传统的数据采集、存储、处理、分析技术已经不再适用，必须采用分布式存储、分布式计算等技术来解决这些实际问题，因此"大数据"是一门技术，主要解决海量的存储和计算的问题。

2. 大数据结构类型与特征

依据结构类型不同，数据可分为结构化数据、半结构化数据、非结构化数据。

① 结构化数据：即行数据，存储在数据库里，可以用二维表结构来逻辑表达实现的数据，所有的数据都具有相同的模式。

② 半结构化数据：半结构化数据也具有一定的结构，但是没有像关系数据库中那样有严格的模式定义。常见的半结构化数据主要有 XML 文档和 JSON 数据。

③ 非结构化数据：非结构化数据没有预定义的数据模型，涵盖各种文档、文本、图片、报表、图像、音频、视频等。

大数据具有 4V 特征包括 Volume（大体量）、Variety（多样）、Velocity（高速）、Value（低价值密度）。

① Volume（大体量）。大数据的特征首先就是数据规模大，大数据的起始单位至少是 PB（1 024 TB）。

② Variety（多样）。数据来源的广泛性，决定了大数据形式的多样性。可以分为结构化数据、半结构化数据、非结构化数据，然而产生价值的大数据，往往是这些非结构化数据、半结构化数据。

③ Velocity（高速）。数据的增长速度和处理速度是大数据高速性的重要体现。例如，上亿条数据的分析必须在几秒内完成。数据的输入、处理与丢弃必须立刻见效，几乎无延迟。

④ Value（低价值密度）。大数据的价值密度相对较低，存在大量不相关的数据。大数据最大的价值在于从大量不相关的各种类型数据中，挖掘出对未来趋势与模式预测分析有价值的数据，从而发现新规律和新知识。

3. 大数据的应用领域

大数据在生活当中应用范围十分广泛，同时很多企业也非常依赖大数据技术，通过分析与挖掘获取更多的有价值的信息帮助企业决策，及对事物未来不确定性的预测。

① 精准营销。互联网企业使用大数据技术采集有关客户的各类数据，并通过大数据分析建立"用户画像"来抽象地描述一个用户的信息全貌，从而可以对用户进行个性化推荐、精准营销和广告投放等。例如，通过发现用户购物篮中的不同商品之间的联系，分析出用户的其他消费习惯。通过了解哪些商品频繁地被用户同时购买，帮助营销人员从用户的一种商品消费习惯，发现用户另外的商品消费规律，从而针对此用户制定出相关商品的营销策略。

② 个性化服务。通过分析顾客过去在商城的购买习惯、用户的购买评价，来判断哪种口味的产品在哪个地区卖得最好、哪种产品是消费者最乐于接受的，从而进行更有针对性的产品首页推荐。同时，系统会对顾客进行个性化、人性化的标签分类和细化分析，从而根据这些分类，推送不同的产品类型。例如，爱父母型顾客购买的产品主要是以父母食用为主的，电商平台会在包裹里放上书信，代替顾客给父母写一封信。

③ 商品个性化推荐。个性化推荐系统通过分析用户的行为，包括反馈意见、购买记录和社交数据等，以分析和挖掘顾客与商品之间的相关性，从而发现用户的个性化需求、兴趣等，然后将用户感兴趣的信息、产品推荐给用户。此类推荐多用于电子商务网站、电影视频网站、网络电台、社交网络等方面。例如，电商网站可以根据客户的数据分析出客户的需求，并实时推荐对应的商品给客户；还有社交软件会根据用户的信息推荐共同好友等。

13.2 大数据相关技术

大数据的开发流程最基本的可以分为数据采集与预处、数据存储与管理、数据分析与挖掘、数据可视化。如图 13-2-1 所示是大数据处理流程。

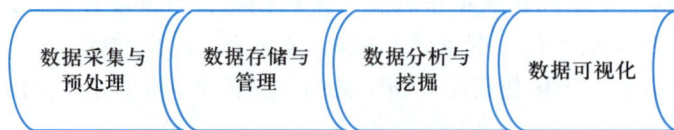

图 13-2-1　大数据处理流程

1. 数据采集与预处理

数据采集是指通过各种技术手段把外部各种数据源产生的数据实时或非实时地采集提取的过程。

数据的来源可以分为以下几个方面。

① 企业业务系统数据。企业每时每刻产生的业务数据，以一行记录形式被直接写入到数据库中。数据库可以是关系数据库 MySQL，也可以是 Redis 和 MongoDB 这样的 NoSQL 数据库。

② 传感器数据。传感器是把非电学物理量（如速度、位移、压力、温度、湿度、流量等）转化为电学物理量的一种组件。在日常生活中，如温度计、麦克风、DV 录像、手机拍照功能等都属于传感器数据采集的一部分。

③ 互联网数据。包括 App 端数据、Web 端数据。互联网数据的采集通常是借助网络爬虫来完成。

④ 日志文件。许多公司的业务平台每天都会产生大量的日志文件。日志文件数据一般由数据源系统产生，用于记录数据源执行的各种操作活动，如网络监控的流量管理、Web 服务器记录的用户访问行为等。

根据不同的应用环境及采集对象，有多种不同的数据采集方法，包括以下几种。

① 系统日志采集：常用 Cloudera 提供的一个高可用的、高可靠的、分布式的海量日志采集、聚合和传输的系统 Flume。

② 分布式消息订阅分发：也是一种常见的数据采集方式，其中，Kafka 就是一种具有代表性的产品。

③ ETL：是英文 Extract-Transform-Load 的缩写，常用于数据仓库中的数据采集和预处理环节，用来描述将数据从来源端经过抽取（Extract）、转换（Transform）、加载（Load）至目的端的过程。ETL 既包含了数据采集环节，也包含了数据预处理环节。其流程如图 13-2-2 流程图所示。

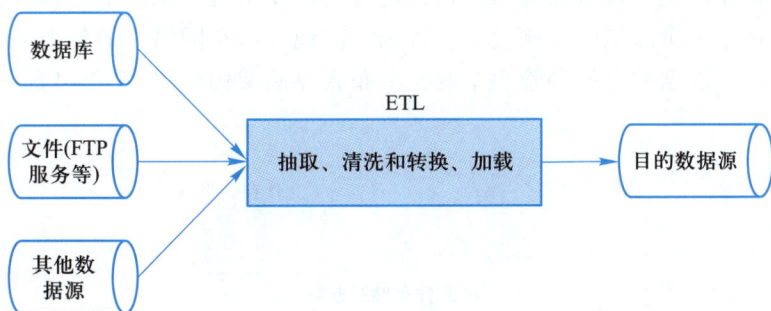

图 13-2-2 ETL 流程图

E（抽取）：从源端抽取数据（extract）。

T（数据转换）：数据转换（transform）一般包括清洗和转换两部分。首先清洗掉数据集中重复的、不完整的以及错误的数据；然后根据具体的业务规则，对数据做转换。

L（数据加载）：加载（load）是 ETL 中最后一步，是将已转换后的数据加载到指定的目的数据源，为后续数据的分析、挖掘提供数据准备。

常用的 ETL 工具有 kettle（开源）、阿里云 DataX、IBM DataStage、Informatica PowerCenter 等。

通过数据预处理工作，可以使残缺的数据完整，并将错误的数据纠正、多余的数据去除，进而将所需的数据挑选出来，并且进行数据集成。数据预处理的常见方法有数据清洗、数据集成、数据转换、数据消减。其流程如图 13-2-3 所示。

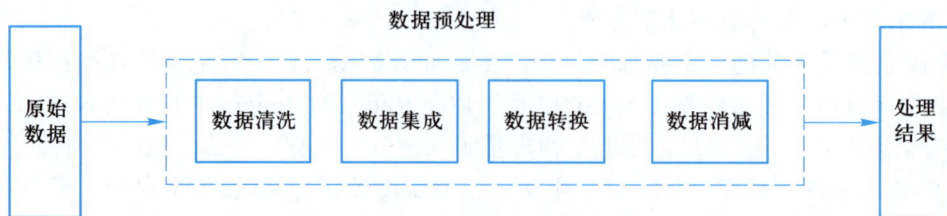

图 13-2-3　大数据预处理流程

① 数据清洗。数据清洗主要是通过人工或自动的方式对缺失值、重复值、无效值、异常值、和数据类型有误的数据进行处理。

② 数据集成。数据集成将多个数据源中的数据合并，存放在一个一致的数据存储中。在数据集成过程中，需要考虑解决模式集成问题、冗余问题、数据值冲突检测与消除问题等。

③ 数据转换。数据转换就是将数据进行转换或归并，从而构成一个适合数据处理的描述形式。数据转换包含平滑处理、聚集处理、数据泛化处理、规范化处理、属性构造处理等内容。

④ 数据消减。数据消减技术的主要目的就是在不损害原始数据集完整性的前提下消减数据集。这样就能提高数据挖掘的效率，并且能够保证挖掘出来的结果与使用原有数据所获得的结果基本相同。

2. 数据存储与管理

数据存储及管理的主要目的是用存储器把采集到的数据存储起来，并进行管理和调用。主要有以下两种方式。

（1）分布式文件存储

分布式文件存储就是一种数据存储技术，通过网络使用每台机器上的磁盘空间，并将这些分散的存储资源构成一个虚拟的存储设备，数据分散地存储在网络中的各个角落。分布式文件存储可以有效解决大数据的存储和管理难题，分布式存储架构如图 13-2-4 所示。

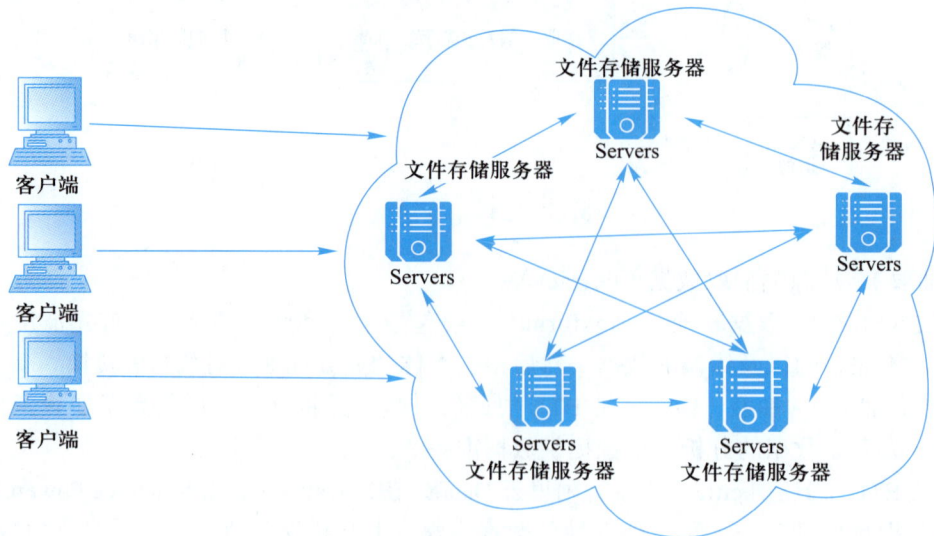

图 13-2-4　分布式存储架构

其特点是性能高、分级存储、可扩展性、低成本、容灾性。

常见的分布式文件存储系统有 GFS（分布式文件系统）、HDFS（Hadoop 分布式文件系统）等。

（2）NoSQL 数据库

泛指非关系数据库，它所采用的数据模型是类似键值、列族（如 HBase）、文档（如 MongoDB）等非关系模型。

NoSQL 数据存储不需要固定的表结构，每一个元组可以有不一样的字段，每个元组可以根据需要增加一些自己的键值对，这样就不会局限于固定的结构，可以减少一些时间和空间的开销。非关系数据库的优势在于其有灵活的可扩展性、大数据量和高性能、灵活的数据模型，可以处理半结构化/非结构化的大数据。

3. 数据分析与挖掘

（1）数据分析

数据分析是指用适当的统计分析方法对收集来的大量数据进行分析，提取有用信息和形成结论的过程。可以根据数据分析结果做出适当的判断，为以后的决策提供依据。数据分析的结果可以通过列表和作图等显示，将数据按照一定的规律显示出来，通过横向和纵向的对比，得出数据之间的关系，作图法可以明确地显示出数据的变化关系，常见的有排列图、因果图、散布图、直方图、控制图等。

（2）数据挖掘

数据挖掘一般是指从大量的数据中通过算法搜索隐藏于其中信息的过程。可以对数据挖掘问题进行细分，分为分类问题、聚类问题、关联问题、预测问题四类。

4. 数据可视化

以下是几种常用的可视化工具。

（1）Excel

Excel 的图形化功能并不强大，但 Excel 也是分析数据工具中的一种，图 13-2-5 的 Excel 数据分析图是使用 Excel 生成的身高体重、销售情况图。

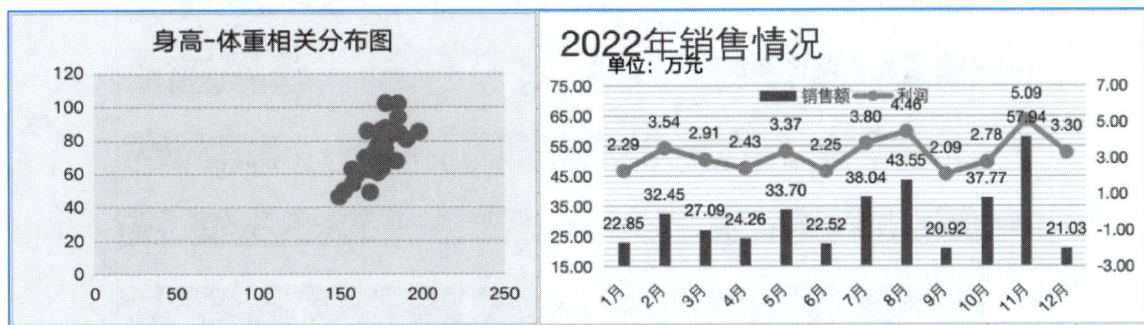

图 13-2-5   Excel 数据分析

作为一个入门级工具，Excel 是快速分析数据的理想工具，也能创建供内部使用的数据图，但是用 Excel 很难制作专业需要的数据图。

（2）ECharts

ECharts 是一款纯 JavaScript 图表库，它能够提供直观、生动、可交互的个性定制化的数据可视化图表，是专为绘制大量数据设计的。如图 13-2-6 所示是 Echarts 生成的销售联动图。

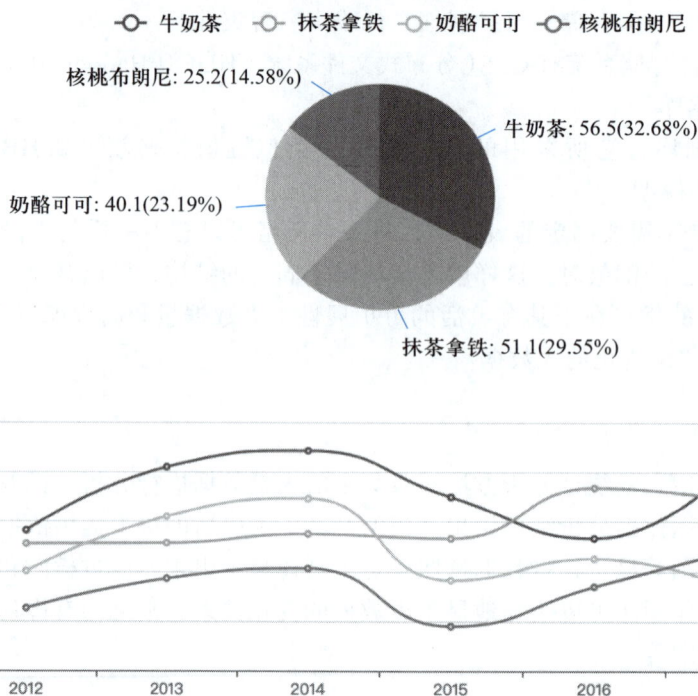

图 13-2-6　Echarts 生成的销售联动图

（3）Matplotlib

Matplotlib 是一个 Python 2D 绘图库，可以生成各种格式和交互式环境的数据可视化作品。如图 13-2-7 所示是 Matplotlib 离散分布水平条形图。

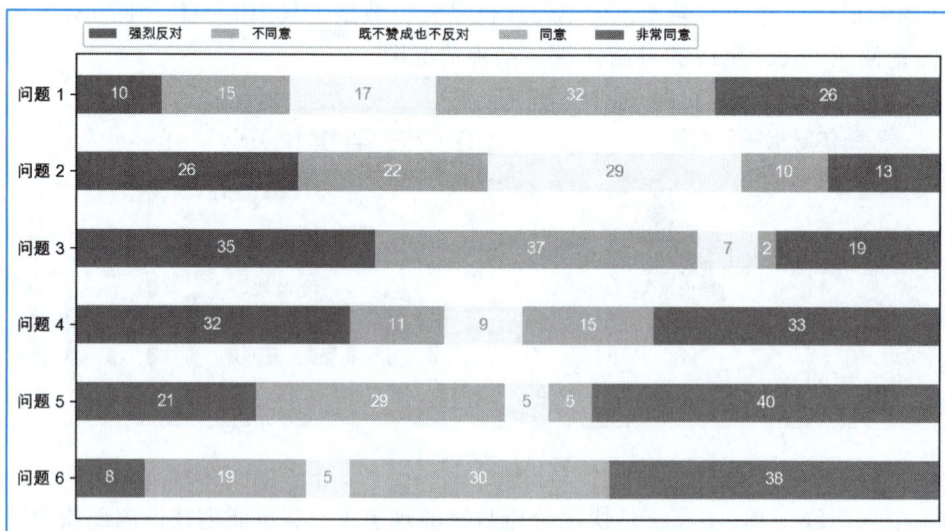

图 13-2-7　Matplotlib 离散分布为水平条形图

（4）Pyecharts

Pyecharts 是为了与 Python 进行对接，方便在 Python 中直接使用数据生成图。使用 Pyecharts

可以生成独立的网页，也可以在 django 等中集成使用。如图 13-2-8 所示的 Pyecharts 经济指标柱状图是由 Pyecharts 生成。

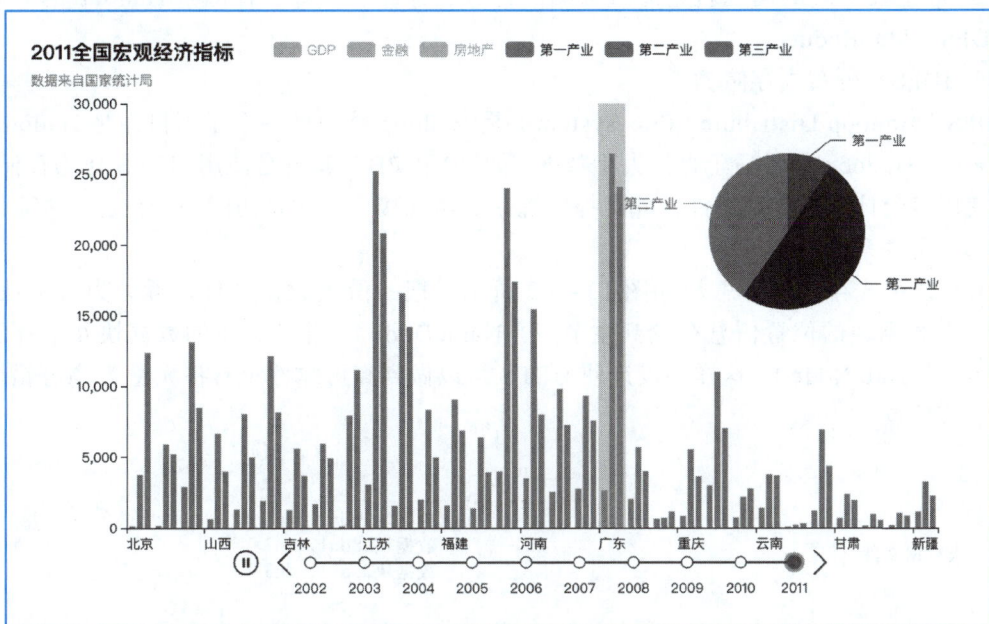

图 13-2-8 Pyecharts 经济指标柱状图

13.3 大数据分析处理平台

随着互联网的快速发展，数据高速增长，且形式多样，传统的数据库架构已经无法解决两个基本问题数据的（存储、计算）。于是 Apache 基金会基于 GFS（分布式文件系统）、MapReduce（分布式计算框架）、BigTable（分布式数据库）3 篇论文开发了分布式系统基础架构平台 Hadoop。

1. Hadoop

（1）Hadoop 组成

Hadoop 组成如图 13-3-1 所示：

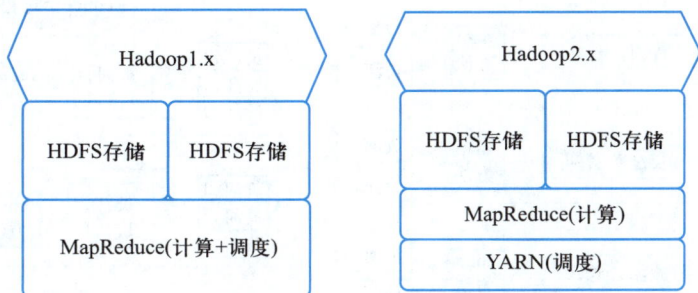

图 13-3-1 Hadoop 组成图

Hadoop1.x 主要由 HDFS、MapReduce 组成，MapReduce 负责调度和计算，但在 Hadoop2.x 版本进行了重大调整，把计算与调度完全分开。

Hadoop 主要解决的问题就是海量数据的计算、存储。计算、存储是 Hadoop 的核心，也就是 HDFS、MapReduce。

（2）HDFS（分布式存储）

HDFS（Hadoop Distributed File System）是 Hadoop 项目的一个子项目，是 Hadoop 的核心组件之一。Hadoop 非常适于存储大型数据（如 TB 和 PB），其就是使用 HDFS 作为存储系统。HDFS 使用多台计算机存储文件，并且提供统一的访问接口，像是访问一个普通文件系统一样使用分布式文件系统。

HDFS 分布式存储设计思想如图 13-3-2 所示：把一份大数据文件，拆分为多个数据块，并把每一个数据块的位置信息存储到主节点（NameDode），并把真正的数据块冗余存储到对应数据节点（DataNode）。这样的设计使 HDFS 可以做到高可靠性（有备无患）、高容错性（失败重跑）等特点。

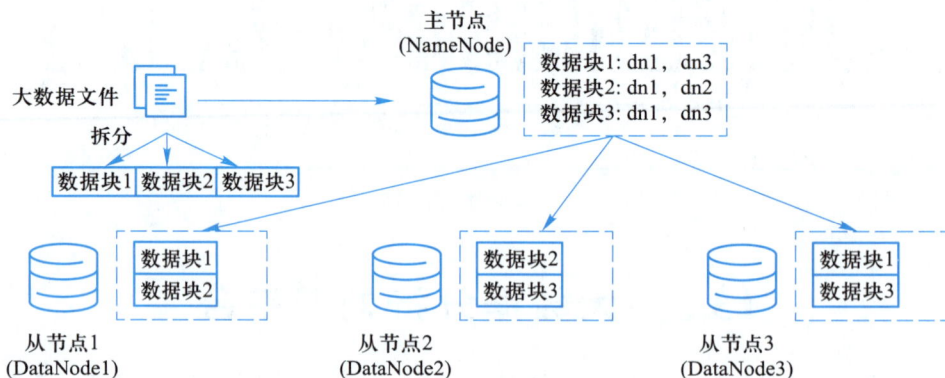

图 13-3-2　大数据 HDFS 原理图

（3）MapReduce（分布式计算）

MapReduce 是一个分布式计算程序的编程框架，用于大规模数据集（大于 1TB）的并行运算，解决离线海量数据的计算问题。由 Map（映射）和 Reduce（归约）两部分组成。大数据 MapReduce 原理如图 13-3-3 所示。

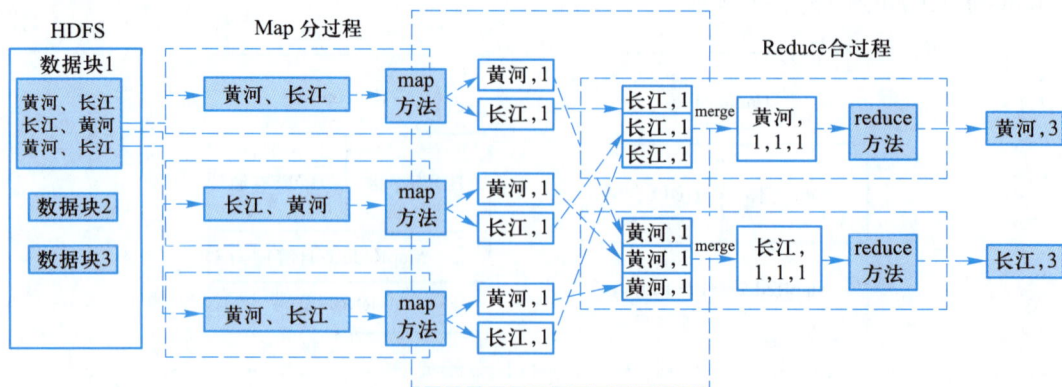

图 13-3-3　大数据 MapReduce 原理示意图

MapReduce 设计的核心思想是"分而治之，先分后和"：将一个大的、复杂的工作或任务，拆分成多个小任务，最终合并。Map（映射）就是分的过程，Reduce（归约）就是合的过程。首先把 HDFS 上的数据块分片（这里是按行分），通过 Map（映射）端，提供的 map( ) 方法把数据映射成键值对的形式。最后由 Reduce（归约）端提供的 reduce( ) 方法按键合并 map( ) 方法提供的键值对数据，最后输出结果存储到 HDFS。

（4）YARN（资源调度）

YARN 是一个资源调度平台，负责为运算程序提供服务器运算资源，相当于一个分布式的操作系统平台，而 MapReduce 等运算程序则相当于运行于操作系统之上的应用程序，YARN 是 Hadoop2.x 版本中的一个新特性。它的出现其实是为了解决第一代 MapReduce 编程框架的不足，提高集群环境下的资源利用率，这些资源包括内存、磁盘、网络、I/O 等。Hadoop2.X 版本中重新设计的 YARN 集群具有更好的扩展性、可用性、可靠性、向后兼容性，能支持除 MapReduce 以外的更多分布式计算程序。

（5）Hadoop 生态圈

随着大数据技术的发展，使得大数据应用越来越广泛，从而为了满足不同的业务需求而形成了以 Hadoop 大数据平台为核心的 Hadoop 生态圈。

大数据架构如图 13-3-4 所示。

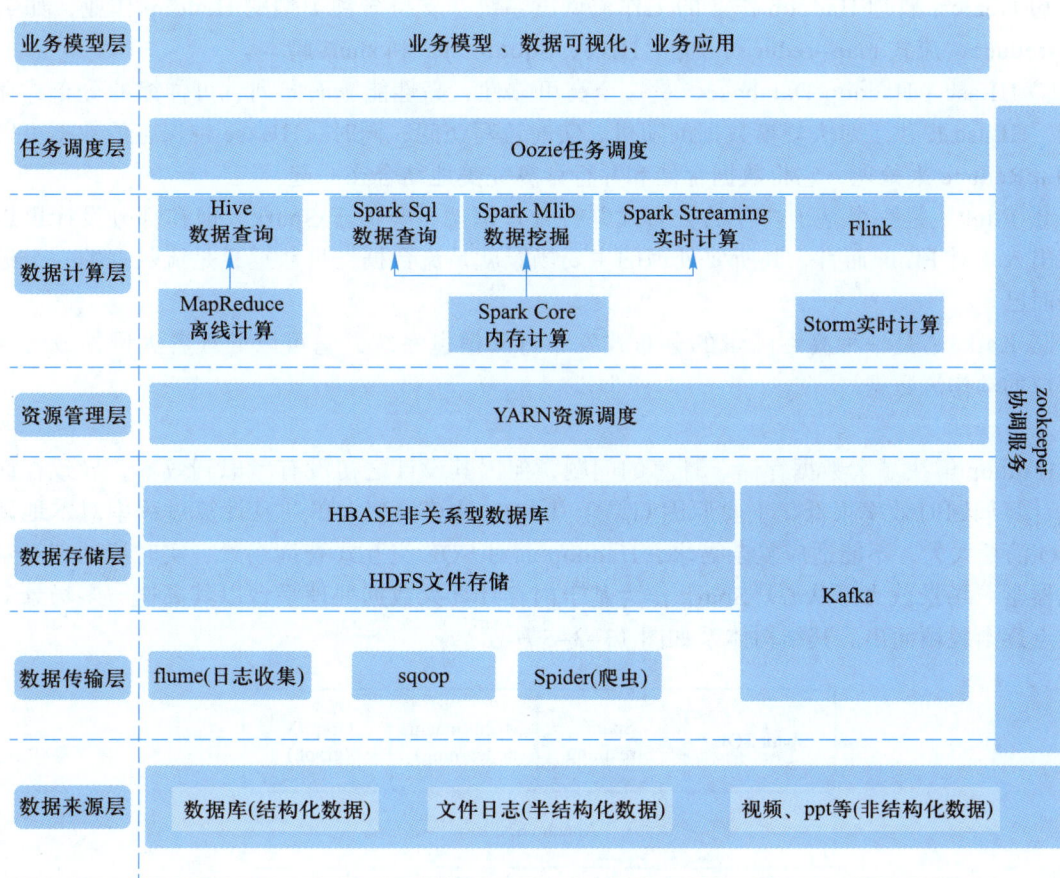

图 13-3-4 大数据架构图

① Sqoop：该工具是 hadoop 环境下连接关系数据库和 Hadoop 存储系统的桥梁，支持多种关系数据源和 hive、hdfs、hbase 的相互导入。

② Flume：是一个分布式、可靠、可用的系统，它能够将不同数据源的海量日志数据进行高效收集、聚合，最后存储到一个中心化数据存储系统中，方便进行数据分析。事实上 Flume 也可以收集其他信息，不仅限于日志。

③ Zookeeper：顾名思义，Zookeeper 就是动物园管理员，用他来管理 Hadoop（大象）、Hive（蜜蜂）、pig（小猪）。它是一个分布式服务框架，主要是用来解决分布式应用中经常遇到的一些数据管理问题，如统一命名服务、状态同步服务、集群管理、分布式应用配置项的管理等。简单来说 Zookeeper 等于文件系统加监听通知机制。

④ Hive：是一个由 Apache 软件基金会维护的开源项目。Hive 是基于 Hadoop 的数据仓库工具，可以将结构化的数据文件映射为一张数据库表，并提供简单的 SQL 查询功能，可以将 SQL 语句转换为 MapReduce 任务运行。这样就使得数据开发和分析人员很方便地使用 SQL 来完成海量数据的统计和分析，而不必使用编程语言开发 MapReduce 那么麻烦。

⑤ Storm：是开源的分布式实时大数据处理框架（流计算），被业界称为实时版 Hadoop。因为越来越多的场景对 Hadoop 的 MapReduce 高延迟无法容忍，如网站统计、推荐系统、预警系统等，所以需要大数据处理框架。

⑥ Oozie：管理 Hadoop 作业的工作流调度系统。支持多种类型的 Hadoop 作业，如 Java map-reduce、流式 map-reduce、Pig、Hive、Sqoop、jar 和 shell 脚本。

⑦ HBase：Hadoop Database，是一个高可靠性、高性能、面向列、可伸缩的分布式存储系统，HBase 提供了对大规模数据的随机、实时读写访问，同时，HBase 中保存的数据可以使用 MapReduce 来处理，它将数据存储和并行计算完美地结合在一起。

⑧ Flink：是一个基于内存的分布式并行处理框架，类似于 Spark，但在部分设计思想有较大出入。对 Flink 而言，其所要处理的主要场景就是流数据，批数据只是流数据的一个极限特例而已。

⑨ Kafka：是一种高吞吐量的分布式发布订阅消息系统，它可以处理各大网站或者 App 中用户的动作流数据。

2. Spark

Hadoop 解决了大数据存储、计算的问题，但因其设计之初没有考虑到效率，导致在面对迭代计算问题时效率很低，主要原因归结于其 M/R 计算模型太单一且计算过程中对本地硬盘的 I/O 消耗太大，不能适应复杂需求，Hadoop 面对 SQL 交互式查询场景、实时流处理场景以及机器学习场景就力不从心。Spark 作为基于内存计算大数据处理平台以其高速、多场景适用的特点逐渐脱颖而出。其结构体系如图 13-3-5 所示。

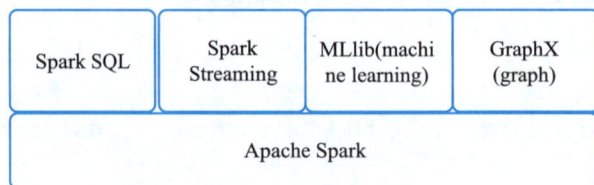

图 13-3-5　Spark 结构体系

Spark 的体系结构不同于 Hadoop 的 MapReduce 和 HDFS，Spark 主要包括 Spark Core 和在 Spark Core 基础之上建立的应用框架 Spark SQL、Spark Streaming、MLlib 和 GraphX。

① Spark Core：包含 Spark 的基本功能；尤其是定义 RDD 的 API、操作以及这两者上的动作。其他 Spark 的库都是构建在 RDD 和 Spark Core 之上的。

② Spark SQL：提供通过 Apache Hive 的 SQL 变体 Hive 查询语言（HiveQL）与 Spark 进行交互的 API。每个数据库表被当作一个 RDD，Spark SQL 查询被转换为 Spark 操作。

③ Spark Streaming：支持对流数据的实时处理，以微批的方式对实时数据进行计算。

④ MLlib：一个常用机器学习算法库，算法被实现为对 RDD 的 Spark 操作。这个库包含可扩展的学习算法，比如分类、回归等需要对大量数据集进行迭代的操作。

⑤ GraphX：控制图、并行图操作和计算的一组算法和工具的集合。GraphX 扩展了 RDD API，包含控制图、创建子图、访问路径上所有顶点的操作。

13.4　项 目 练 习

扫描二维码，查看项目练习。

项目 13
项目练习

项目 14

微课 14-1
人工智能的
前世今生

人 工 智 能

14.1　人工智能概述

人工智能（Artificial Intelligence，AI），是研究、开发用于模拟、延伸和扩展人的智能的理论、方法、技术及应用系统的一门新的技术科学。简单来说就是让机器实现原本只有人类才能完成的任务。人工智能技术涉及计算机科学、心理学、哲学和语言等学科，所以在研发阶段会消耗大量的人力与财力。

人工智能本质上是通过研究人类智能活动的规律，并应用计算机的软硬件来模拟人类某些智能行为的基本理论、方法和技术，最终实现构造具有一定智能的人工系统。

而人工智能的定义可以分为两个部分，即"人工"和"智能"。

① 人工：是指是否是人力所能及制造的，或者人自身的智能程度是否可以达到创造人工智能的高度，这会影响人工智能的下限。

② 智能：是指一种认识客观事物和运用知识解决问题的综合能力。这会影响人工智能的上限。

1. 人工智能的特征

新一代的人工智能有以下 5 个特征：

① 从人工知识表达到大数据驱动的知识学习技术。

② 从分类型处理的多媒体数据转向跨媒体的认知、学习、推理，此处的"媒体"是界面或者环境。

③ 从追求智能机器到高水平的人机、脑机相互协同和融合。

④ 从聚焦个体智能到基于互联网和大数据的群体智能，从而将独立智能集聚融合起来变成群体智能。

⑤ 从拟人化的机器人转向更加广阔的智能自主系统，如智能工厂、智能无人机系统等。

2. 人工智能的社会价值

社会价值是指人通过自身和自我实践活动满足社会或他人物质的、精神的需要所做出的贡献和承担的责任。人工智能被认为在长久的发展后一定会超越人类成为最智慧的个体。那么在人工智能的现在发展状况下和未来发展状况下也应该体现作为人一样，为社会提供自己的存在价值。对于人类，个体或者群体主要是通过解决社会问题、参与公共事业、发现社会规律这 3 个方面来实现其存在的社会价值。

（1）解决社会问题

社会问题时关乎于一个地区、国家甚至于全球的问题，现在主要包括环境问题、人口问题、资源问题、人类安全问题等。在这些重大的、涉及面广、高危险的问题面前，人类的能力还不足以有效地解决。但是随着人工智能技术的不断探索与研发，这些问题会逐步较为有效地被处理甚至于被解决，如"天网"人工智能系统可以有效地帮助警察抓捕犯罪分子。人工智能在解决社会问题中的价值是通过其高精确、高技术、低危险的特点来实现。

（2）参与公共事业

公共事业是一项涉及民生、国家稳定和发展、社会效率的基础事业。现在的人工智能系统被广泛应用在各种政务服务事业、公共服务事业、医疗、社交等事业中，如人脸识别、生物识别等技术就被应用在失踪人口寻找中。各种社交娱乐平台的推荐信息也是利用了人工智能对数据的处理与分析。

（3）发现社会规律

相比于人类大脑智力从诞生到进化的漫长过程，机器智能的进化开发速度非常迅速，现在人工智能已经发展了很多分支和理论方法，从而在各种自然科学、人文科学等领域表现出强大的学习能力。例如在数学问题与历史问题的解决上，人工智能的处理能力有了显著的提高。在物理学问题中，人工智能由于语言处理的能力不足，还不能很完善地处理问题，但是也为未来技术的发展，利用人工智能来探索宇宙定律、发现社会规律奠定了基础。

不可忽视的是，在享受人工智能的正面效益的服务时，也应该考虑由人工智能带来的各种伦理道德问题，各种影视、文学作品中都有类似问题的探讨，当一个可以像人一样思考、拥有感情的机器人在披上人类的外衣后，该如何定位其存在将会是人类面临的终极问题。

3. 人工智能发展历程

（1）人工智能初诞生（20 世纪 40 至 50 年代）

著名的图灵测试于 1950 年诞生，按照"人工智能之父"艾伦·图灵的定义：如果一台机器能够与人类展开对话（通过电传设备）而不能被辨别出其机器身份，那么称这台机器具有智能。这是人类历史上第一次对机器智能提出定义。同年，图灵还预言未来创造出具有真正智能的机器的可能性。

（2）人工智能的黄金时代（20 世纪 50 至 70 年代）

1950 年至 1970 年间，人工智能技术得到高度关注，移动机器人 Shakey 是人工智能被首次采用在移动机器人中。1966 年，出现了世界上第一个聊天机器人 ELIZA。ELIZA 的智能之处在于她能通过脚本理解简单的自然语言，并能产生类似人类的互动。

（3）人工智能的低谷（20 世纪 70 至 80 年代）

20 世纪 70 年代初，人工智能出现了瓶颈期。由于当时的计算机内存有限和处理速度缓慢不足以解决任何实际的人工智能问题，而且要求计算机程序对这个世界具有儿童水平的认识。但是研究者们很快发现，儿童水平的认识这一要求对于当时来说太高了，以当时的技术水平根本无法实现；并且在 1970 年没有任何个人和机构能够做出如此庞大的数据库，也不知道一个程序怎样才能学到如此丰富的信息。由于缺乏进展，对人工智能提供资助的机构对无方向的人工智能研究逐渐停止了资助。人工智能的探索与研发陷入了停滞。

（4）人工智能的恢复期（1980年至1993年）

日本经济产业省在1981年拨款8.5亿美元用以研发第五代计算机项目，在当时被叫作人工智能计算机。随后，英国、美国纷纷响应，开始向信息技术领域的研究提供大量资金。

（5）人工智能的蓬勃期（1993年至今）

1997年5月10日，IBM"深蓝"超级计算机再度挑战国际象棋世界冠军，比赛在5月11日结束，最终"深蓝"以3.5∶2.5击败人类，成为首个在标准比赛时限内击败国际象棋世界冠军的电脑系统。2012年外国科学家创造了一个具备简单认知能力、有250万个模拟"神经元"的虚拟大脑，命名为"Spaun"，并通过了最基本的智商测试。2013年，百度创立了深度学习研究院，探索与研发人工智能领域的应用。2015年，Tensor Flow第二代人工智能学习平台的使用提高了人工智能的普及度。2016年，被大众广泛熟悉的世界围棋冠军与人工智能的围棋对决在3月15日落下帷幕，最终人类以比分1∶4不敌人工智能。此次人机对弈成为人工智能市场被引燃的导火线，人工智能的探索与研发进入了新的高潮。

4. 人工智能的应用与趋势

物联网使得大量数据能够被实时获取，大数据为深度学习提供了数据资源及算法支撑，云计算则为人工智能提供了灵活的计算资源。这些技术的有机结合，驱动着人工智能技术不断发展，并取得了实质性的进展。随着智能制造热潮的到来，人工智能应用已经贯穿于设计、生产、管理和服务等行业的各个环节。不同的人工智能应用有不同的设计算法与技术分支，如图14-1-1所示。设计制造智能产品首先需要通过感知与分析，该流程从拟人化（即如果是人来完成该如何做）的角度对产品功能进行逻辑上的剖析。在其后进行的理解与思考流程，也是以拟人化（即如果是人会喜欢什么样的功能）的角度运用合理的算法模拟人类思维，使产品能够符合人类的使用预期。最后的决策与交互就是为功能提供解决方案。

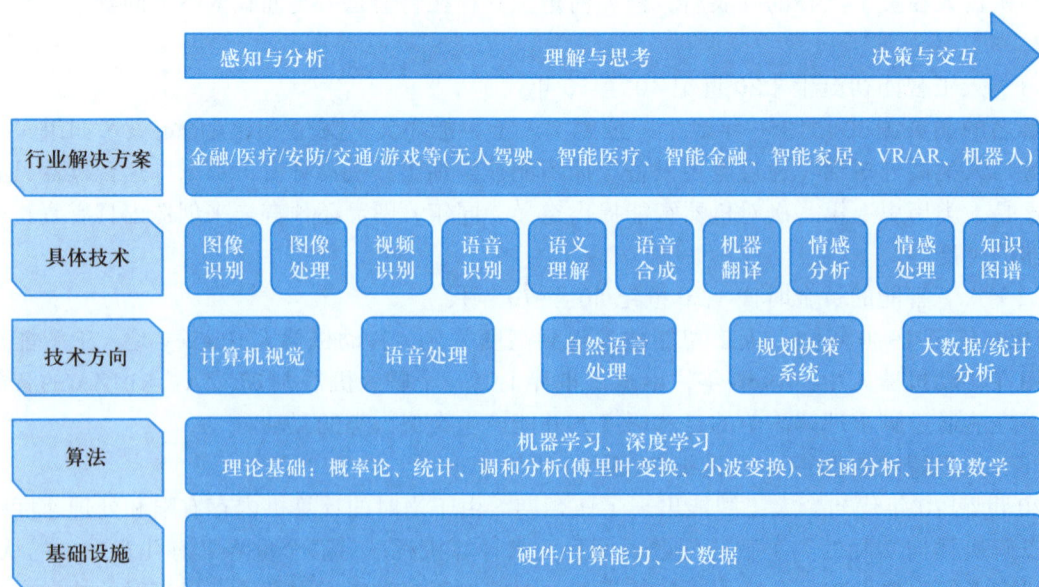

图14-1-1　人工智能技术应用流程与分支

目前人工智能技术的应用，主要围绕在智能语音交互产品、人脸识别、图像识别、图像搜索、声纹识别、文字识别、机器翻译、机器学习、大数据计算、数据可视化等方面。

（1）智能分拣

现代制造业中，有很多需要分拣的作业，如果全部采用人工分拣方式，不仅作业效率低，人工成本费用会增加，还需要为作业配置适宜的工作环境，如温度、湿度、气味等。如果采用工业智能机器人进行智能分拣，能够大幅度降低人工成本，并且作业效率也会提高，对于工作环境的需求也相应降低。

以垃圾分类识别分拣为例。需要识别的垃圾通常不会被整齐地罗列，机器人虽然配备了摄像头、传感器等传输设备能够看到和摸到垃圾，但是并不知道如何将垃圾进行分类。在这种情况下，利用机器学习技术和大数据技术将不同种类的垃圾数据传输给机器人进行数据训练，再结合数据训练后得到的分类结果进行分类。虽然刚开始的分类还需要人工进行再次筛查，但当数据训练的学习时长达到了一定的标准，那么机器人的分类成功率可以达到 80% 以上。华为与 ABB 合作的 AI 垃圾分类工作站，如图 14-1-2 所示，从垃圾的倾倒、传送到分类的过程一气呵成。两只机械臂能够在 4 秒左右完成一次分拣、投放垃圾的过程，准确率甚至达到了 98%。

图 14-1-2　华为与 ABB 合作的 AI 垃圾分类工作站

（2）设备健康管理

基于对设备运行数据的实时监测，利用特征分析和机器学习技术，一方面可以在事故发生前进行设备的故障预测，减少非计划性停机。另一方面，面对设备的突发故障，能够迅速进行故障诊断，定位故障原因并提供相应的解决方案。在制造行业应用较为常见，特别是化工、重型设备、五金加工、3C 制造、风电等行业。

以飞机引擎制造与维护为例，相对于传统的人工肉眼及经验维护飞机引擎，用机器学习算法模型和智能传感器等技术手段进行监测飞机引擎中的金属状态、引擎功率、涡流分布等信息会更为精确。利用这些信息能够辨识出引擎中螺栓的磨损、裂纹、松动状态及各种金属的变形、裂纹状态，并根据这些状态实时调整维护参数和维护指令，预判何时需要更换零部件，以提高维护精度、缩短飞机停飞时间并提高引擎运行的安全性。

（3）基于视觉的表面缺陷检测

基于机器视觉的表面缺陷检测应用在制造业已经较为常见。利用机器视觉可以在环境频繁变化的条件下，以毫秒为单位快速识别出产品表面更微小、更复杂的产品缺陷，并进行分类，如检测产品表面是否有污染物、表面损伤、裂缝等。目前已有工业智能企业将深度学习与 3D 显微镜结合，将缺陷检测精度提高到纳米级。对于检测出的有缺陷的产品，系统可以自动做可修复判定，并规划修复路径及方法，再由设备执行修复动作。

例如，PVC 管材是最常用的建筑材料之一，消耗量巨大，在生产包装过程中容易存在表面划伤、凹坑、水纹、麻面等诸多类型的缺陷，消耗大量的人力进行检测。采用了表面缺陷视觉自动检测后，通过面积、尺寸最小值、最大值设定，自动进行管材表面杂质检测，最小检测精度为 0.15 mm，检出率大于 99%；通过划伤长度、宽度的最小值、最大值设定，自动进行管材表面划伤检测，最小检测精度为 0.06 mm，检出率大于 99%；通过褶皱长度、宽度的最小值、最大值、片段长度、色差阈值设定，自动进行管材表面褶皱检测，最小检测精度为 10mm，检出率大于 95%。

（4）基于语音识别技术的语音文字转换

智能语音技术是人工智能应用最成熟的技术之一，并拥有交互的自然性，就是让智能设备听懂人类的语音。智能语音的基础在于通过神经网络技术，提升语音识别的识别率，同时可以用语义理解分析出人的意图，进行相应的操控，反馈时可以通过播放预设的声音或通过语音合成来合成声音播放，输出结果。当前处理智能语音有多种方式，常见的有在线语音、离线语音等。

随着互联网时代的到来，人工智能的发展趋势将逐渐成为"通用性技术"，其影响将遍及整个经济社会，产生许多新兴业态。国际上已有广泛的共识，认为人工智能对未来经济的发展有重要影响。人工智能将成为未来经济增长的主要驱动力。应用人工智能技术可以提高生产力，进而推动经济增长。人工智能在全球经济中的推动力可能会表现为 3 种形式和方式。第一，它创造了一种新型的虚拟劳动力，能够完成需要适应性和灵活性的复杂任务——"智能自动化"；第二，它能对现有劳动力和实体资产进行强有力的补充和提升；第三，人力资源开发能力的提升，资金使用效率的提高，人工智能的推广将促进相关的多行业创新，提高全要素生产率，开拓新的经济增长空间。

14.2　人工智能的核心技术

机器学习（Machine Learning）是一门涉及统计学、系统辨识、逼近理论、神经网络、优化理论、计算机科学、脑科学等诸多领域的交叉学科。机器学习研究计算机怎样模拟或实现人类的学习行为，以获取新的知识或技能，重新组织已有的知识结构使之不断改善自身的性能，是人工智能技术的核心。

基于数据的机器学习是现代智能技术中的重要方法之一。

2020 年国家标准化管理委员会、中央网信办国家发展改革委、科技部、工业和信息化部关于印发《国家新一代人工智能标准体系建设指南》的通知，将人工智能标准体系结构分为如图 14-2-1 所示的八大部分。

① 基础共性标准：包括术语、参考架构、测试评估三大类，位于人工智能标准体系结构的最左侧，支撑标准体系结构中其他部分。

② 支撑技术与产品标准：对人工智能软硬件平台建设、算法模型开发、人工智能应用提供基础支撑。

③ 基础软硬件平台标准：主要围绕智能芯片、系统软件、开发框架等方面，为人工智能提供基础设施支撑。

④ 关键通用技术标准：主要围绕智能芯片、系统软件、开发框架等方面，为人工智能提供基础设施支撑。

⑤ 关键领域技术标准：主要围绕自然语言处理、智能语音、计算机视觉、生物特征识别、

虚拟现实 / 增强现实、人机交互等方面，为人工智能应用提供领域技术支撑。

⑥ 产品与服务标准：包括在人工智能技术领域中形成的智能化产品及新服务模式的相关标准。

⑦ 行业应用标准：位于人工智能标准体系结构的最顶层，面向行业具体需求，对其他部分标准进行细化，支撑各行业发展。

⑧ 安全 / 伦理标准：位于人工智能标准体系结构的最右侧，贯穿于其他部分，为人工智能建立合规体系。

图 14-2-1　人工智能标准体系结构

人工智能三要素是数据、算法、算力。

（1）数据

互联网中产生的海量数据是人工智能的重要原料。目前主流的人工智能科研观点认为"人工智能 =80% 数据 +20% 算法模型"，这就需要在完成海量数据的预处理之后，再将人工智能算法模型应用到数据处理中。基于处理数据种类的不同，可分为有监督学习、无监督学习、半监督学习和强化学习。基于学习方法的分类，可分为归纳学习、演绎学习、类比学习、分析学习。基于数据形式的分类，可分为结构化学习和非结构化学习。

（2）算法

算法是人工智能的灵魂。事实上，人工智能的应用已经潜移默化融入了生活中，例如手机应用的推荐系统、电子邮箱的垃圾邮件过滤，这些功能都是通过使用相应的算法来实现的。

（3）算力

人工智能的发展对算力提出了更高的要求。从芯片的计算能力来看，GPU（图像处理器）做浮点计算的能力是 CPU（中央处理器）的 10 倍左右，因而在人工智能领域中应用最为广泛。另外深度学习加速框架通过在 GPU 之上进行优化，再次提升了 GPU 的计算性能，有利于加速神经网络的计算。

14.3　人工智能开发框架

人工智能在经过了很长的探索与研发后获得了巨大进步，近年来它已成为一个流行语。由于各种开发库和框架的发展，人工智能已经称为 IT 行业中最为吸引人的领域。常用的人工智能开发框架有以下几种。

① TensorFlow。是一个使用数据流图表进行数值计算的开源软件。这个框架被称为具有允许在任何 CPU 或 GPU 上进行计算的架构，无论是台式机、服务器还是移动设备。这个框架在 Python 编程语言中是可用的。

② Microsoft CNTK。微软公司的计算网络工具包是一个增强分离计算网络模块化和维护的库，提供学习算法和模型描述。在需要大量服务器进行操作的情况下，CNTK 可以同时利用多台服务器。

③ Theano。一个功能强大的 Python 库，允许以高效率的方式进行涉及多维数组的数值操作。使用 GPU 来执行数据密集型计算而不是 CPU，因此操作效率很高。但已于 2017 年 11 月发布 1.0 版本后停止开发，但仍可使用。

④ Caffe。一个强大的深度学习框架，能够构建用于图像分类的卷积神经网络（CNN）。在 GPU 上运行良好，能够在运行期间提高速度。

⑤ Keras。一个用 Python 编写的开源的神经网络库，但不是一个端到端的机器学习框架，而是一个通过接口可以被使用在任意框架中的神经网络库。

⑥ Torch。一个基于 Lua 编程语言而非 Python 的库，提供大量的算法，使得深度学习研究更容易，提高效率和速度。拥有强大的 N 维数组，有助于切片和索引等操作，并且提供了线性代数程序和神经网络模型。

⑦ Accord.NET。是一个 .NET 机器学习框架，对计算机视觉和信号处理的功能非常强大，使音频和图像处理变得简单，可以有效地处理数值优化、人工神经网络，甚至可视化。

⑧ Spark MLlib。适用于诸如 Java、Scala、Python，甚至 R 等语言，可以与 Python 库和 R 库中的 NumPy 进行互操作，提供了机器学习算法，如分类、回归和聚类。

⑨ Sci-kit Learn。非常强大的机器学习 Python 库，主要用于构建模型，使用 NumPy、SciPy 和 matplotlib 等其他库构建，对统计建模技术（如分类、回归和聚类）非常有效。Sci-kit Learn 带有监督学习算法、无监督学习算法和交叉验证等功能。

⑩ MLPack。一个用 C++ 实现的可扩展的机器学习库。

14.4　人工智能应用案例

1. 科大讯飞让机器从"能说会道"到"能理解会思考"

科大讯飞是中国智能语音与人工智能产业的领导者，在语音合成、语音识别、自然语言处理等多项技术上拥有国际领先成果。科大讯飞的"讯飞超脑计划"的目标是让机器实现从"能听会说"到"能理解会思考"。2014 年，科大讯飞首次参加国际口语机器翻译评测比赛，在中英双向互译方面荣获第一名。2016 年，在国际语音识别大赛（CHiME）取得全部指标第一名的成绩；在认知智能领域，2016 年相继获得国际认知智能测试全球第一、国际知识图谱构建大赛核心任务全球第一。

2. 中国地震网机器人实时报道地震状况

2017 年 8 月，四川九寨沟县发生地震后，中国地震台网机器人仅用 25 s 就编写出一篇消息稿：540 字配发 4 张图片，介绍了震中地形、周边村镇、历史地震等大众普遍关注的内容。随后，中国地震台网又连续推送了 14 条由机器人写出的关于地震的速报，最快出稿速度为 5 s，实时报道九寨沟地震的状况。

3. 腾讯提供基于微信大数据分析的移动端指数

2017 年 3 月，微信用户已达 8.89 亿，"微信指数"正式上线。其基于对海量数据的分析，可以形成当日、7 日、30 日以及 90 日的"关键词"动态指数变化情况，方便用户看到一段时间内，某个词语的热度趋势和最新指数动态。此外，微信指数能实时了解互联网用户当前最为关注的社会问题、热点事件、舆论焦点等，方便政府、企业对舆情进行研究，从而形成有效的舆情应对方案。同样，微信指数也有助于品牌企业的精准营销，能对品牌投放效果展开有效监测、跟踪和反馈。

14.5　项 目 练 习

项目 14
项目练习

扫描二维码，查看项目练习。

项目 **15**

微课 15-1
云计算的初
体验

云 计 算

15.1　云计算概述

云计算、大数据、物联网都是一种新技术，它们像互联网一样，与人们的生活越来越紧密。近十年来，云计算概念已经成为当今信息技术领域中最重要的新概念之一。第 4 次 IT 产业革命的代表有云计算，它被称为继大型计算机、个人计算机、互联网之后的新技术，正在成为未来互联网和移动互联网结合的一种新兴的计算模式。云计算是下一代互联网、物联网和移动互联网的基础，全球信息领域的主要厂商都在围绕云计算重新布局。资源的按需分配，通过特定技术实时使用这些资源而去执行特定任务的方式属于云计算类型；具备提供这种服务能力的供应商就是云服务提供商，如阿里云，如图 15-1-1 所示。

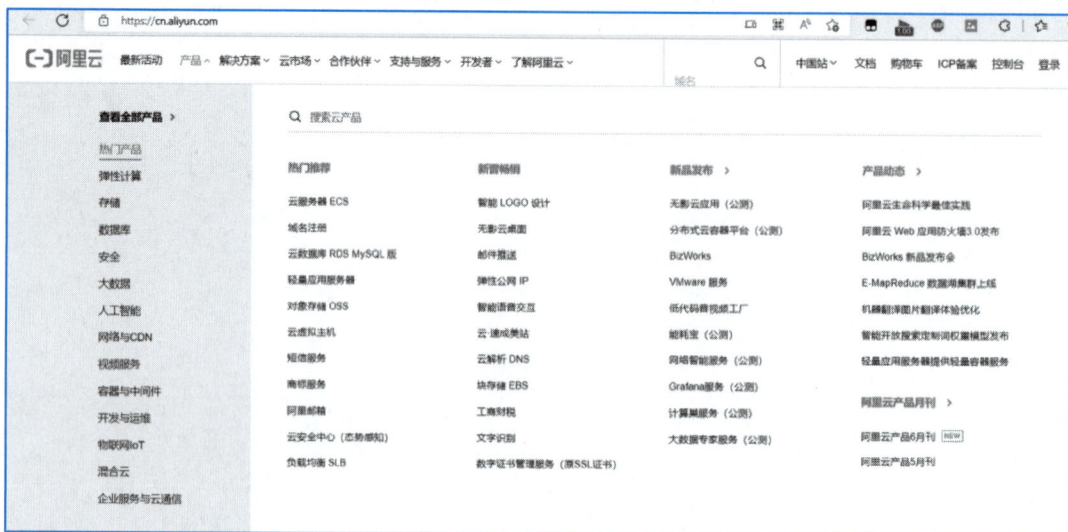

图 15-1-1　阿里云

1. 云计算的定义

云计算（Cloud Computing）是一个新概念，产生的历史并不长，对云计算的定义有多种说法。

① 从厂商角度：云计算的"云"是存在于互联网服务器集群上的资源，它包括硬件资源（如中央处理器（CPU）、内存储器、外存储器、显卡、网络设备、输入输出设备等）和软件资源（如操作系统、数据库、集成开发环境等），所有的计算都在云计算服务提供商所提供的计算机集群上完成。

② 从用户角度：云计算是指技术开发者或者企业用户以免费或按需租用的方式，利用云计算服务提供商基于分布式计算和虚拟化技术搭建的计算中心或超级计算机，使用云计算基础技术与应用数据存储、分析以及科学计算等服务。

③ 从抽象角度：云计算是指一种商业计算模型，它将计算任务分布在由大量计算机构成的资源池上，使各种应用系统能够根据需要获取计算力、存储空间和信息服务。

由此可知，云计算是一种按使用量付费的模式，这种模式提供可用的、便携的、按需的网络访问，用户进入可配置的计算资源共享池（资源包括网络、服务器、存储、应用软件、服务），只需投入很少的管理工作，或与服务供应商进行很少的交互，这些资源就能够被快速提供。

2. 云计算的发展

云计算发展比较迅速，依托网络技术的快速发展，它呈现了爆发式的发展速度。在经历"网格计算"→"效用计算"→"软件即服务"→"随需应变的计算"的历程后，云计算出现了。

来自华为技术有限公司编著的《云计算技术》，它这样定义云计算的发展，见表 15–1–1。

表 15–1–1　云计算发展阶段表

序号	阶段名称	特征
1	云计算 1.0	计算机虚拟化技术引入 – 彻底分离、解耦（企业 IT 应用与底层的基础设施），相同的物理服务器上复用企业 IT 应用实例及运行环境，并通过虚拟化集群调度软件，更多的企业 IT 应用复用在较少的服务器节点上
2	云计算 2.0	通过管理平面的基础设施标准化服务与资源调度自动化软件的引入，以及数据平面的软件定义存储和软件定义网络技术，面向内部和外部的租户，将原本需要通过数据中心管理员人工干预的基础设施资源复杂低效的申请、释放与配置过程，转变为在必要的限定条件下（如资源配额、权限审批等）的一键式全自动化资源发放服务过程
3	云计算 3.0	企业 IT 自身的应用架构逐步从纵向扩展应用分层架构走向数据库、中间件平台服务层以及分布式无状态架构

云计算 2.0 已有一些行业、企业客户使用，在商业领域，也有一些客户从云计算 1.0 走向云计算 2.0。

15.2　云计算的服务交付模式

云计算的服务交付模式有 3 种，即 SaaS（软件即服务）、IaaS（基础设施即服务）、PaaS（平台即服务），它们将云计算资源组织起来，提供给用户，如图 15–2–1 所示。

① 软件即服务，其作用是将软件作为服务提供给用户。

② 基础设施即服务，其作用是将其他资源或者虚拟机作为服务提供给用户。

③ 平台即服务，其作用是将一个开发平台作为服务提供给用户。

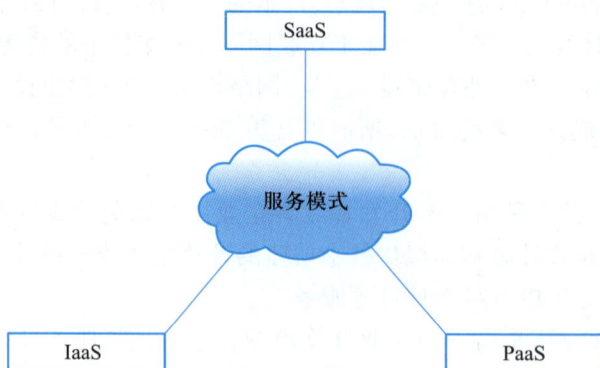

图 15-2-1   云计算服务模式

1. 软件即服务

2003 年，Sun Microsystems 公司（互联网技术服务）推出 J2EE 技术，之后微软公司推出 .NET 技术，这两种技术让以前只能通过桌面应用才能实现的功能可以通过基于网页的技术实现。SaaS 模式技术已经变得成熟的显著标志是以 Salesforce 公司为首多家企业推出了用户体验良好、功能强大的企业级产品。SaaS 服务模式正在不断完善和快速发展，SaaS 也逐步应用在供应链管理（SupplyChain Management，SCM）、企业计划（Enterprise ResourcePlanning，ERP）、电子健康记录（Enterprise Health Planning，ERP）等系统。

表 15-2-1 列出了软件即服务的主要优势。

表 15-2-1   软件即服务优势表

序号	优势
1	服务的缴费方式灵活多样：有多种缴费方式供用户选择，这样减少了用户成本投入
2	自由按需订购 SaaS 产品：用户可以根据自身需要，灵活自由选择 SaaS 产品的相关功能
3	SaaS 产品更新速度快
4	实时的快捷访问。用户只要在有网络存在的情况下，就能访问 SaaS 产品
5	SaaS 产品安全机制有保障
6	SaaS 产品提供多用户机制。能满足一些特殊用户的特殊需求
7	SaaS 产品支持相关协议

2. 基础设施即服务

IaaS 构建了虚拟资源池，涉及网络（联网方式）、存储（硬盘）和计算（内存 +CPU），为客户提供虚拟服务器等服务，也就是把硬件开发环境以服务的方式提供给用户，但服务是以计量的方式计费。系统管理员是 IaaS 服务模式的主要用户。表 15-2-2 列出了 IaaS 的优势。

表 15-2-2　基础设施即服务优势表

序号	优势
1	空间灵活性
2	时间便捷性
3	计费管理的细致性，用户可以灵活地使用资源
4	安全管理的合法保证，其提供的资源和基础设施能够被合法地使用和访问
5	负载管理应对突发情况
6	有效的资源监控，保证基础设施运行
7	资源抽象方法被采用

3. 平台即服务

PaaS 服务模式是将开发环境、服务器平台、硬件资源等服务提供给用户，用户在平台的基础上定制开发自己的应用程序并通过其服务器和互联网传递给其他用户。

可以这样理解 PaaS 服务模式：数据库、应用开发平台、操作系统及通用应用属于平台即服务 PaaS，它既支撑软件即服务同时又链接基础设施即服务，也就是起到承上启下的作用。云端公司是将运行软件所需要的下 7 层部署完毕，然后在 PaaS 上划分为容器对外出租，租户的任务操作很简单，只需要安装和使用软件。

PaaS 服务模式分为半平台 PaaS 和全平台 PaaS 2 种。

半平台 PaaS 只负责安装操作系统，不提供其他的服务，这样导致租户的工作量很大，同时要求其有一定的技术能力，另外有一部分资源也将被耗费。

全平台 PaaS 安装全部平台软件（应用软件所依赖的）。

表 15-2-3 列出了 PaaS 的优势。

表 15-2-3　平台即服务优势表

序号	主要优势
1	开发环境方便友好
2	提供大量的服务
3	资源调度具备自动性
4	安全协议安全性高
5	监控和管理细腻化

15.3　云计算的部署模式

对云计算可以这样理解，计算机的数量巨大，应以万为计量单位，计算机网络是必备条件，计算机硬件资源正常发挥作用，在这些条件具备下，实现计算资源在云端使用时可以进行压缩和扩展。

云计算的部署方式有公有云、社区云、私有云、混合云 4 种。表 15-3-1 列出了云计算部署方式的优势表。

表 15-3-1   云计算部署方式优势表

类型	主要优势
公有云	提供资源大部分是不需要付费的；互联网是公有云唯一应用的媒介；付费价格较低，但能够创造高质量的业务价值；通过 Web 服务或网络应用程序动态提供资源，提供者为第三方提供商或外部
社区云	共享一套基础设施；社区云成员共同分担产生的成本，成本能够得到节省，相关资源成员共享
私有云	数据安全度较高，大型企业选择使用率高；基于服务等级协议的服务质量稳定性较好；软件资源和硬件资源利用率较高
混合云	混合云结合公有云和私有云的优点，变得更完善；扩展能力强，可随时获取较强的计算能力；成本得到有效减少

15.4   云计算的架构及关键技术

1. 云计算架构模式

如今广泛应用的云计算技术架构分为云管理和云服务两部分，如图 15-4-1 所示。

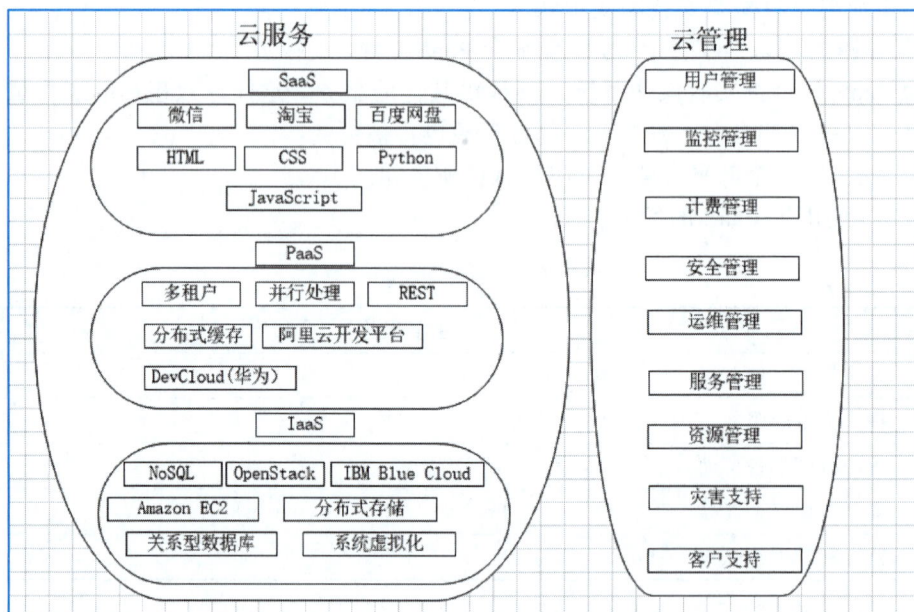

图 15-4-1   云计算架构模式

2. 云计算关键技术

（1）虚拟化技术

虚拟化可以理解为抽象的计算资源以透明的方式提供，其具备的特征有各种各样的资源为虚拟化对象、通过虚拟化后的逻辑资源对用户隐藏了没有必要的细节、在虚拟化中用户可以实现真实环境中的全部功能或部分功能。

通过虚拟化技术可实现将所有软件应用、硬件设备和数据隔离开，界限（数据分布、软件部署和硬件配置）被打破，实现 IT 架构的动态化，实现资源的统一调度和管理，物理资源和虚拟资源的使用动态化，资源利用率大幅度提高。

虚拟化的关键特征为独立性、封装、隔离、分区；虚拟化技术的分类有服务器虚拟化、存储虚拟化、桌面虚拟化、网络虚拟化。

（2）分布式存储

集中式存储无法满足海量的数据存储要求，此时，分布式存储技术出现了，它的本质就是将海量的文件分布到多个存储服务器上，利用存储服务器、主控服务器以及多个客户端实现。云计算系统中使用较广的数据存储系统是 GFS（Hadoop 团队和 GFS）的开源实现 HDFS。

（3）分布式计算

如何能够快速高效地处理海量的数据是个技术难题，传统的技术已满足不了，MapReduce（并行编程模型）能够让任何人都能在很短时间里获得巨量计算能力，不具备并行开发经验的开发者也能够开发出分布式的并行程序，运行在海量计算机上完成计算。

分布式计算应用的典型代表为 Hadoop，它采用的原理是划分成进程计算的方式，即分成多个进程，每个进程计算一小部分，之后汇总结果，这样运算速度提高了。其实就是分治法，就是将一个解决起来比较困难的大问题，分割成一个个较小的问题，也就是子问题，这些子问题之间相互独立并且与比较困难的大问题形式相同，子问题的解求解出来，之后合并得到比较困难的大问题的解。

15.5　项　目　练　习

扫描二维码，查看项目练习。

项目 15
项目练习

项目 16

现代通信技术

16.1 现代通信技术概述

通信是人类社会发展的基础，自人类出现，通信就始终贯穿人类的历史。通信技术，特别是现代通信技术，在当今的信息社会发挥着重要的作用。那么什么是通信技术，现代通信技术又有哪些？

1. 通信技术

通信技术就是通信系统和通信网的技术。通信系统是指点对点通信所需的全部设施，而通信网是由许多通信系统组成的多点之间能相互通信的全部设施。

2. 现代通信技术简介

从通信技术的发展看，大约从 20 世纪 70 年代开始，通信就进入了现代通信的新时代。现代通信技术涵盖内容非常广泛，现代的主要通信技术有数字通信技术、程控交换技术、信息传输技术、通信网络技术、数据通信与数据网、ISDN 与 ATM 技术、宽带 IP 技术、接入网与接入技术。

（1）数字通信技术

数字通信即传输数字信号的通信，是通过信源发出的模拟信号经过数字终端的信源编码成为数字信号，终端发出的数字信号经过信道编码变成适合于信道传输的数字信号，然后由调制解调器把信号调制到系统所使用的数字信道上，经过相反的变换最终传送到信宿。数字通信以其抗干扰能力强，便于存储、处理和交换等特点，已经成为现代通信网中的最主要的通信技术基础，广泛应用于现代通信网的各种通信系统。

（2）程控交换技术

程控交换技术是指人们用专门的计算机根据需要把预先编好的程序存入计算机后完成通信中的各种交换。由程控交换技术发展起来的数字交换机处理速度快，体积小，容量大，灵活性强，服务功能多，便于改变交换机功能，便于建设智能网，向用户提供更多、更方便的电话服务，还能实现传真、数据、图像通信等交换，它由程序控制，是由时分复用网络进行物理上电路交换的一种电话接续交换设备。常见结构有集中控制、分散控制或两者结合。技术指标有很多，主要为 BHCA/ 呼损接通率、无故障间隔时间等。

（3）信息传输技术（计算机传输）

信息传输技术主要是指一台计算机向远程的另一台计算机或传真机发送传真、一台计算机接收远程计算机或传真机发送的传真、两台计算机之间屏幕对话及两台计算机之间实现文件传输，即 EDI（Electronic Data Interchange）技术。

（4）通信网络技术

通信网是一种由通信端点、节（结）点和传输链路相互有机地连接起来，以实现在两个或更多的规定通信端点之间提供连接或非连接传输的通信体系。通信网按功能与用途不同，一般可分为物理网、业务网和支撑管理网等 3 种。

（5）数据通信与数据网

数据通信是通信技术和计算机技术相结合而产生的一种新的通信方式。要在两地间传输信息必须有传输信道，根据传输媒体的不同，存在有线与无线的区分，但它们都是通过传输信道将数据终端与计算机联结起来，从而使不同地点的数据终端实现软、硬件和信息资源的共享。相关技术主要有电缆通信技术、微波中继通信技术、光纤通信技术、卫星通信技术、移动通信技术。

（6）宽带 IP 技术

ATM 曾被认为是一种十分完美的、用来统一整个通信网的技术，未来的所有语音、数据、视频等多种业务均通过 ATM 来传送。国际上，特别是电信标准化机构对该项技术进行了多年的研究，而且也得到了实际应用，但事与愿违，ATM 没有能够达到原来所期望的目标。与此同时，宽带 IP 技术的发展速度大大超出人们的预料，一方面，在若干年前自始至终没有一种独立的 IP 骨干网技术；另一方面，IP 在高速发展的同时确实有一定的缺陷，如 QoS 不高等。因此，在宽带 IP 骨干网中首先产生的是 IP over ATM（IPOA）技术。

IP over ATM 的基本原理是将 IP 数据包在 ATM 层全部封装为 ATM 信元，以 ATM 信元形式在信道中传输。当网络中的交换机接收到一个 IP 数据包时，它首先根据 IP 数据包的 IP 地址通过某种机制进行路由地址处理，按路由转发。随后，按已计算的路由在 ATM 网上建立虚电路（VC），以后的 IP 数据包将在此虚电路 VC 上以直通（Cut – Through）方式传输，从而有效地解决 IP 路由器的瓶颈问题，并将 IP 包的转发速度提高到交换速度。

（7）接入网与接入技术

从整个电信网角度讲，可以将全网划分为公用网和用户驻地网（CPN）两大类。其中 CPN 属用户所有，因而，通常意义的电信网指的是公用电信网部分。

公用电信网又可以划分为长途网、中继网和接入网（Access Network，AN）3 部分。长途网和中继网合并称为核心网。相对于核心网，接入网介于本地交换机和用户之间，主要完成使用户接入到核心网的任务。

接入网可由 3 个接口界定，即网络侧经由 SNI 与业务节点相连，用户侧由 UNI 与用户相连，管理方面则经 Q3 接口与电信管理网（TMN）相连。传统以太网技术不属于接入网范畴，而属于用户驻地网（CPN）领域。基于以太网技术的宽带接入网由局侧设备和用户侧设备组成。局侧设备位于小区内，用户侧设备位于居民楼内。这种技术有强大的网管功能，而且和传统以太网兼容，成本更低。

3. 通信技术发展历程

通信技术和通信产业是 20 世纪 80 年代以来发展最快的领域之一，是人类进入信息社会的重要标志之一。通信就是互通信息，人类的通信在远古的时代就已经开始了。人与人之间的对话，用手势表达情绪，用烽火传递战事情况，快马与驿站传送文件等都是属于古代的通信方式。古代也有大家熟悉的通信方式，如灯塔、通信塔、旗语等。纵观通信技术发展历史大致可以分为 3 个阶段：

① 第一阶段是语言和文字通信阶段。在这一阶段，通信方式简单，内容单一。

② 第二阶段是电通信阶段，包括 1835 年莫尔斯发明电报机并于 1837 年设计出莫尔斯电报码，1876 年贝尔发明电话机。这样，利用电磁波不仅可以传输文字，还可以传输语音，由此大大加快了通信的发展进程。1895 年，马可尼发明无线电设备，从而开创了无线电通信发展的道路。

③ 第三阶段是电子信息通信阶段，包括移动通信技术、程控交换技术、传输技术、数据通信与数据网技术、接入网与接入技术等。

4. 现代通信发展趋势

现代通信与传统通信最重要的区别是现代通信技术与现代计算机技术紧密结合，其技术发展总的趋势以光纤通信为主体，以卫星通信、无线电通信为辅助，将宽带化、综合化（数字化）、个人化、智能化的通信网络技术作为发展主要内容及方向，目标是实现通信的宽频带、大容量、远距离、多用户、高保密性、高效率、高可靠性、高灵活性。

（1）宽带化

宽带化是指通信系统能传输的频率范围越宽越好，即每单位时间内传输的信息越多越好。由于通信干线已经或正在向数字化转变，宽带化实际是指通信线路能够传输的数字信号的比特率越高越好。而要传输极宽频带的信号，非光纤莫属。据计算，人类有史以来积累起来的知识，在一条单模光纤里，用 3 ～ 5 分钟即可传输完毕。光纤传输光信号的优点是传输频带宽，通信容量大；传输损耗小，中继距离长；抗电磁干扰性能好；保密性好，无串音干扰；体积小，重量轻。

（2）综合化（数字化）

综合化就是把各种业务和各种网络综合起来，业务种类繁多，有视频、语音和数据业务。把这些业务数字化后，通信设备易于集成化和大规模生产，在技术上便于使用微处理器进行处理和用软件进行控制和管理。早在 1988 年，国际上已一致认为，未来世界网络的发展方向是宽带综合业务数字网。

（3）个人化

个人化即通信可以达到"每个人在任何时间和任何地点与任何其他人通信"。每个人将有一个识别号，而不是每一个终端设备（如现在的电话、传真机等）有一个号码。现在的通信，如拨电话、发传真，只是拨向某一台设备（话机、传真机等），而不是拨向某人，如果被叫的人外出，则不能与该人通信。而未来的通信只需拨该人的识别号，不论该人在何处，均可拨至该人并与之通信。

（4）智能化

智能化通信就是要建立先进的通信智能网。一般说来，智能网是能够灵活方便地开设和提供新业务的网络。它是隐藏在现有通信网里的一个网，而不是脱离现有通信网而另建一个独立的"智能网"，而只是在已有的通信网中增加一些功能单元，形成新的智能通信网络。智能化后，如果用户需要增加新的业务或改变业务种类时，只要在系统中增加一个或几个模块即可，所花费的时间可能只要几分钟。当网络提供的某种服务因故障中断时，智能网可以自动诊断故障和恢复原来的服务。

16.2　移动通信技术

随着人类科学技术的发展，人们的生活已进入信息时代，迫切要求能够使用现代的科学技术实现无论是谁在任何时间、任何地方都能与任何人交换任何方式的通信，即个人通信。移动通信技术的发展为实现这一目标提供了条件，它已与卫星通信、光纤通信一起被列为现代通信领域中的三大新兴通信手段，具有广阔的发展前景。

1. 移动通信

移动通信是指通信双方或至少其中一方在运动状态中进行信息交换的通信方式。例如移动体（车辆、船舶、飞机或行人）与固定体（固定无线电台或固定电话用户）之间的通信，或移动体与移动体之间的通信等都属于移动通信范畴。当代移动通信系统集中了有线和无线通信领域中的所有最新技术应用，使用户随时随地快速而可靠地进行多种形式的信息（语音、图像等）交换，是现代通信网不可缺少的一种手段。移动通信相继发展了第一代（1G）、第二代（2G）、第三代（3G）移动通信系统，第四代移动通信系统（4G）、第五代移动通信（5G）也已经走进了人们的生活。

2. 移动通信的技术种类

按照通话状态、通话频率及使用方法，移动通信可分为单工、双工及半双工 3 种工作方式。

（1）单工

单工是指在数据传输上只支持单方向的传输。在实际的应用上有打印机、广播电台、监视器等。只接收信号或者命令，不发出信号，如图 16-2-1 所示。

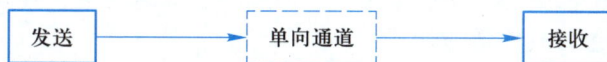

图 16-2-1　单工工作方式

（2）半双工

半双工是指数据传输上支持双方向传输，但是不能同时进行双向传输，在同一时刻，某一端只能进行发送或者接收，如图 16-2-2 所示。

图 16-2-2　半双工工作方式

（3）双工

双工是指数据同时在两个方向上传输，是两个单工通信的结合，要求发送设备和接收设备同时具有独立的接收和发送能力。

在光模块中，半双工就是 BIDI 光模块，通过一个信道传输，既可以传输又可以接收，但是在一个时间段内只能进行一个方向的数据传输，在发送数据完毕后才能进行数据的接收。

而双工就是普通的双纤双向光模块，有两个信道进行传输，在同一时间段既可以发送数据也可以接收数据，如图 16-2-3 所示。

图 16-2-3　双工工作方式

16.3　5G 技术

1. 5G 的基本概念及特点

第五代移动通信技术，即 5G，是继 4G 之后的延伸，为了满足快速普及的智能终端及高速发展的移动互联网研发的下一代无线移动通信技术，是人类信息社会发展所需求的无线移动通信系统。5G 具有超高的频谱利用率和能效，在传输速率和资源利用率等方面较 4G 移动通信提高一个数量级或更高，其无线覆盖性能、传输时延、系统安全和用户体验也将得到显著地提高。5G 移动通信将与其他无线移动通信技术密切结合，构成新一代无所不在的移动信息网络，满足未来 10 年移动互联网流量增加 1 000 倍的发展需求。5G 移动通信系统的应用领域也将进一步扩展，对海量传感设备及机器与机器（M2M）通信的支撑能力将成为系统设计的重要指标之一。5G 系统具备充分的灵活性，具有网络自感知、自调整等智能化能力，以应对未来移动信息社会难以预计的快速变化。

根据 5G 技术的网络特性及关键技术，5G 技术有以下基本特点。

（1）高速度

5G 的最高数据传输率最高可达 10 Gbit/s，远远高于蜂窝网络、有线互联网，能满足大数据量传输的高清视频、虚拟现实等应用。

（2）高可靠性

为了确保系统的高可靠性，5G 采取 HARQ 机制（混合自动重传请求）。HARQ 机制一方面可降低为等待完美正确的数据包而造成的时延，另一方面还可提升传输的可靠性。

（3）低功耗

5G 网络使用的 eMTC 和 NB-IoT 两种技术能很好地降低功耗。

（4）低时延

4G 的网络时延一般为 30 ms～70 ms，而 5G 的网络时延低于 1 ms，这样 5G 便具有更快的响应时间，能满足自动驾驶、工业自动化等实时应用需要。

2. 5G 关键技术

（1）高频段传输

从 1G 到 5G，系统传输使用的频率越来越高，这是因为其速率是和频率高低成正比的，也就是说频率越高，可供使用的频率资源就越丰富；频率资源越丰富，能够实现的传输速率就越高。5G 网络的高速传播就是通过极高频段传输实现的。

（2）MIMO 天线技术

多进多出（Multiple Input Multiple Output，MIMO）就是多根天线发送、多根天线接收，

即手机端和基站端通过大幅增加收发端的天线数，来增加系统内可利用的自由度，从而形成高的速率和增益，提升用户接入数。

（3）网络切片技术

网络切片技术是将 5G 网络切割成多个虚拟网络，每个虚拟网络间都是逻辑独立、相互隔离的，任何一个虚拟网络发生故障都不会影响到其他虚拟网络。每个网络都可以获得逻辑独立的网络资源，这些独立的网络资源还可以具备各自的特性，如低时延、高吞吐量、高连接密度、高频谱效率、高网络效率等。网络运营商可以根据不同需求选择所需要的特性，为特定的业务场景提供相应的网络服务，既节省成本，又提升用户体验感。

（4）UDN 技术

超密集组网（Ultra-Dense Networks，UDN）技术可以在一定程度上提高系统的频谱效率，并通过快速资源调度实现无线资源调配，提高系统无线资源利用率和频谱效率。5G 的超密集组网可以划分为"宏基站＋微基站""微基站＋微基站"两种模式，这两种模式通过不同的方式实现干扰与资源的调度。

（5）MEC 技术

多接入边缘计算（Mobi/Multi-Access Edge Computing，MEC）技术主要是指通过在无线接入侧部署通用服务器，从而为无线接入网提供 IT 和云计算的能力。MEC 使运营商和第三方业务可以部署在靠近用户接入点的位置，通过降低时延和负载来实现高效的业务分发。也就是说，MEC 技术使传统无线接入网具备了业务本地化、近距离部署的条件，从而降低时延、提高带宽，以满足新业务对网络高带宽、低时延的性能要求。

（6）双连接技术

从全球范围来看，各国的 5G 频段主要有两类：一类是毫米波频段，如美国的 28 GHz、39 GHz 等；另一类是 3.4 GHz~3.8 GHz 高频频段，如我国的 5G 频段为 3.5 GHz。相比于过去的移动通信系统，5G 工作在较高的频段上，因此 5G 单小区的覆盖能力较差。即使可以借助 Massive MIMO 等技术增强覆盖，也无法使 5G 单小区的覆盖能力达到 LTE 的同等水平。因此，3GPP 扩展了 LTE 双连接技术，提出了 LTE-NR 双连接，使 5G 网络在部署时可以借助现有的 4G LTE 覆盖。简单来说，就是手机能同时使用 4G 和 5G 进行通信，能同时下载数据。

（7）D2D 技术

D2D 技术可以实现短距离直接通信，数据传输速率高、时延低、功耗较小；终端无须占用太多基站频谱资源，实现频谱的高效利用，同时也极大地减轻基站的传输压力。

3. 5G 网络建设流程

5G 无线网络规划应遵循一定的原则和策略，根据网络建设的整体要求和限制条件，确定无线网络建设目标，从而确定实现该目标所需基站规模、建设的位置及基站配置等内容。

5G 网络与 4G 类似，其网络建设过程和 4G 网络在流程上也是相似的，都包括规划选点、站点获取、初步勘察、系统设计、工程安装和测试优化等步骤。但是 5G 系统是基于 Massive MIMO、毫米波等新技术的无线通信系统，在网络规划上必须考虑其系统特性，发挥新技术的优势，规避其劣势。同时，在进行 5G 网络规划时，还需要考虑现有移动网实际部署的情况，因地制宜。

5G 网络规划设计流程如图 16-3-1 所示。

| 网络需求分析 | → | 网站规模估算 | → | 站址规划 | → | 无线网络仿真 | → | 无线参数规划 |

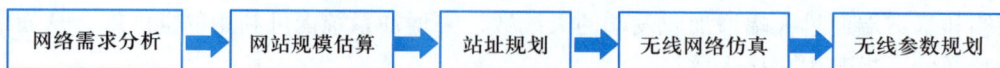

图 16-3-1　5G 网络规划设计流程图

（1）网络需求分析

本阶段的主要任务是明确 5G 网络的建设目标，可以从所建网络所处行政区划分、人口经济状况、网络覆盖目标、容量目标、质量目标等几个方面入手。另外，还需要收集现网 4G 站点、数据业务流量分布（MR 数据）及地理信息数据，这些数据都是 5G 网络规划的重要输入信息。

（2）网络规模估算

本阶段通过覆盖和容量估算来确定网络建设的基本规模，通过了解当地的传播模型，进行链路预算从而确定不同区域的小区覆盖半径，最终估算满足基本覆盖需求的基站数量。再根据城镇建筑和人口分布，估算额外需要满足深度覆盖基站数量。

（3）站址规划

受限于各种实际环境因素，通过网络规模估算后得出的基站数及其位置并不一定符合实际情况，还需要对备选站点进行实地勘察，并根据所得数据调整基站规划参数。其内容包括基站选址、基站勘察以及基站规划参数设置等。

（4）无线网络仿真

无线网络规划仿真是对覆盖规划和容量规划进行模拟，判断规划是否达到预期目标。可通过仿真优化覆盖和容量规划，以达到更优效果。

（5）无线参数规划

在利用规划软件进行详细规划评估和优化之后，就可以输出详细的无线参数，主要包括天线高度、方向角、下倾角等小区基本参数、邻区规划参数、频率规划参数以及 PCI 参数等，同时根据具体情况进行 TA 规划。这些参数最终将作为规划方案输出参数提交给后续的工程设计及优化使用。

4. 5G 的应用场景

（1）增强型移动宽带（eMBB）

增强型移动宽带是指在现有移动宽带业务场景的基础上，对用户体验进行进一步的提升，让此前受流量限制的体验在 5G 时代全面上线，如 VR 虚拟现实、AR 增强现实以及还有 4K、8K 超高清的视频等。

（2）海量机器类通信（mMTC）

物联网应用是 5G 技术所瞄准的发展主轴之一，而网络等待时间的性能表现将成为 5G 技术能否在物联网应用市场上攻城略地的重要衡量指针。智能水表、智能电表的数据传输量小、对网络等待时间的要求也不高，使用 NB-IoT 相当合适；但对于某些关乎人身安全的物联网应用，如与医院联机的可穿戴式血压计，网络等待时间就显得非常重要，此时采用海量机器类通信会是比较理想的选择。

（3）低时延高可靠通信（uRLLC）

低时延高可靠通信主要满足人—物连接需求，对时延要求低至 1 ms，可靠性高至 99.999%，主要应用于车联网的自动驾驶、工业自动化、移动医疗等。

16.4　其他通信技术

1. 蓝牙

蓝牙（Bluetooth）是一种支持设备近距离通信的无线电技术，能在移动电话、PDA、无线耳机、车载音响、便携式计算机、相关外设等众多设备之间进行无线信息交换，从而有效简化移动通信终端设备之间的通信，也能简化设备与 Internet 之间的通信，使得数据传输变得更加迅速高效。

蓝牙技术已经渗透到社会生活的各个领域，包括智能门锁、智能手环、车辆胎压监测、工业自动化控制等。

2. Wi-Fi

Wi-Fi 也是一种近距离无线通信技术，能够在百米范围内支持设备互连接入，其技术标准为 IEEE 802.11。Wi-Fi 是一种帮助用户访问电子邮件、Web 和流式媒体的互联网技术，为用户提供了一种无线的宽带互联网访问方式，能够访问 Wi-Fi 网络的地方又称为"热点"。

Wi-Fi 的工作频段分为 2.4 GHz 和 5 GHz。当下几乎所有智能手机、平板电脑和便携式计算机等智能终端都支持 Wi-Fi 上网。它可以很好地应用在无功耗约束的场景中，如家庭、校园、会议室、超市、展览厅、咖啡厅、图书馆、医院等人员流动频繁但又有数据访问需求的场景。

3. ZigBee

ZigBee 是一种新兴的短距离、低速率、低功耗无线通信技术，其标准协议底层采用 IEEE802.15.4 标准规范的媒体访问层与物理层。ZigBee 的主要特点是低速、低耗电、低成本、支持大量网络节点、支持多种网络拓扑等，在网络部署方面复杂度低、快速、可靠、安全。

ZigBee 通信技术可支持数千个微型传感器之间相互协调实现通信。它以接力方式通过无线电波将数据从一个传感器传到另一个传感器，其通信效率非常高。因此，ZigBee 技术在物联网行业中逐渐成为一个主流技术，并在工业、农业、智能家居等领域得到大规模的应用。

4. RFID

RFID（射频识别）技术是一种利用射频信号通过空间耦合，通过无接触信息传递达到识别和定位目的的技术。类似于人们常见的条码扫描，它使用专用的 RFID 读写器及专门的可附着于目标物的 RFID 标签，通过频率信号读写将信息由 RFID 标签传送至 RFID 读写器，无须物理接触即可完成识别。

RFID 技术的主要特点体现在快速扫描、小型化、多样化、抗污染和耐用、可重复使用、穿透和无屏障阅读、数据容量大以及安全性高等方面。RFID 技术已经在物流管理、生产线工位识别、绿色畜牧业养殖、个体记录跟踪、汽车安全控制、身份证识别以及公交刷卡支付等领域大量成功应用。

5. NFC

NFC 又称为近场通信，是一种近距离高频无线通信技术。NFC 的工作频率为 13.56 MHz，由 13.56 MHz 的 RFID 技术发展而来。其数据传输速率一般为 106 kbit/s、212 kbit/s、424 kbit/s。NFC 的主要优势是近距离、高带宽、低能耗，并且因为与非接触智能卡技术相兼容，在门禁管理、公交无卡支付、手机支付等领域有着广阔的应用价值。

6. 卫星通信技术

卫星通信系统是由卫星和地球站两部分组成，通过人造地球卫星作为中继站进行无线电信号的转发，使地面站之间能进行通信。在空中的卫星把地球站发送的电磁波放大后再送回另一地球站，从而实现远距离信息传输。

卫星通信的特点是通信范围大、可靠性高、开通电路便捷、同时可在多处接收、能经济地实现广播及多址通信。卫星移动通信凭借其覆盖范围广、不受地理条件影响等优势，广泛应用于地面通信系统不易覆盖或建设成本过高的领域，如渔政、水利防汛、救灾、勘探科考等领域。

7. 光纤通信技术

光纤通信是以光波为载体、光导纤维为传输介质的通信方式，由光源、光发送机、光纤以及光接收机等几部分组成。光纤通信系统的基本组成包括了电发送、电接收、光源、光检测器、光纤光缆线路几部分。光源是光波产生的根源，光纤是传输光波的导体。光源负责产生光束，将电信号转换成光信号，再把光信号导入光纤。光检测器负责接收从光纤上传输过来的光信号，并将它转换成电信号，经解码后再做相应处理。

光纤通信的主要特点是频带宽、损耗低、中继距离长；抗电干扰能力强；重量轻、耐腐蚀等。

光纤通信广泛应用于公用通信、有线电视图像传输、计算机通信、航天及船舰内的通信控制、电力及铁道通信交通控制信号以及核电站、油田、炼油厂、矿井等区域内的通信。

16.5　项　目　练　习

项目 16
项目练习

扫描二维码，查看项目练习。

项目 17

物 联 网

微课 17-1
物联网的
发展

17.1　物联网的概念

1. 物联网定义

物联网（Internet of Things，IoT）起源于传媒领域，是信息科技产业的第三次革命。物联网是指通过信息传感设备，按约定的协议，将任何物体与网络相连接，物体通过信息传播媒介进行信息交换和通信，以实现智能化识别、定位、跟踪、监管等功能。

物联网通过将射频识别（RFID），传感器、二维码等装载于各类物体上，将各接口与外界相连，通过无线网络实现人与物，物与物之间的互联与交流，从而实现物的智能，这种将物体联接起来的网络被称为"物联网"。当然，智能的物联网也为社会提供了诸多便利，人们将传感器装备到电网、铁路、桥梁、隧道、公路、建筑、供水系统、大坝、油气管道以及家用电器等各种真实物体上，通过互联网联接起来，进而运行特定的程序，达到远程控制或者实现物与物的直接通信，大大节约了人力成本，并且提升了系统的稳定性和智能度。

2. 物联网发展史

1995 年，物联网的概念被首次提出，然而当时无线网络技术、传感器技术、智能计算技术等相关技术都尚未完善，难以实现物联网的设想，因此并未得到研究人员的关注。

现代的物联网起源于 1990 年推出的一种在线可乐售卖机，说起来这还是一个有趣的故事。20 世纪 80 年代有几个程序员，他们不但喜欢喝冰可乐，而且还觉得上下楼累，有时候满怀希望下楼，想要喝一杯冰爽的可乐，却因为可乐机内没货，或者说可乐不够凉而满心失望。他们希望每次下楼都可以买到冰爽的可乐，于是发挥程序员的专长，将可乐贩卖机联接到网络上，同时还编写了一套程序监视可乐机内的可乐数量和冰冻情况，从而实现了他们畅饮冰可乐的愿望。

1998 年，国外研究机构创造性地提出了当时被称为 EPC 系统的"物联网"的构想。2005 年 11 月 17 日，在突尼斯举行的信息社会世界峰会（WSIS）上，国际电信联盟发布了《ITU 互联网报告 2005：物联网》，正式提出了"物联网"的概念。

随着物联网相关技术蓬勃发展，与物联网相关的市场逐渐壮大，世界各国也将物联网技术的更新迭代和自主创新提上日程。中国的物联网技术正渗透于各行各业，工业、农业、国防、医疗、安防、交通以及家居等方面都有着举足轻重的作用。当今很多的产品其实都离不开物联网技术，如乘坐公共交通工具时刷卡机、农业种植中的自动检测系统、手机移动端的考勤打卡软件、智能家居产品、无人驾驶汽车等都是物联网技术的产品。

17.2   物联网的体系结构与作用

考虑到构成物联网生态系统的各种技术和物理组件，将物联网视为一个系统体系是完全合理的。构建一个对企业来说具有商业价值的物联网系统往往是一项复杂任务，因为企业致力于设计集成解决方案，其中包括边缘设备、应用程序、传输、协议和分析功能，这些内容构成了一个功能齐全的物联网系统。

要从物联网中获得真正的商业价值，关键在于体系结构所有元素之间的有效交互，以便能够更快地部署应用程序，并以闪电般的速度处理和分析数据，以便尽快做出合理的决策。物联网架构由设备、网关、网络基础设施、管理软件4个部分组成。设备主要是指传感器，它们通过网络进行通信，无须人工干预；网关，充当设备和云之间的中介，以提供所需的网络连接、安全性和可管理性；网络基础设施，由路由器、交换机、网关、中继器和其他控制数据流的设备组成；管理软件，负责分析从传感器收集数据并做出指令并提供可视化数据与交互给操作用户。

17.3   物联网的关键技术

1. 物联网感知与控制技术

（1）传感器技术

传感器是物联网系统中极其关键的感知设备，它能够将从现实世界中获取的各类信息转化为可分析的信息，并传递给其他装置，使得物联网系统能够获得准确及时的外界信息，从而进行相应的动作。作为传感器系统的重要单元，传感器的首要任务就是采集信息，传递信息。传感器科学、合理、有效地应用与整个物联网的科学运行密切相关，传感器技术是物联网中的核心技术之一。在工程科技领域，可认为传感器是人体"五官"的工程模拟物。因此，凡是利用一定的物质（物理、化学、生物等）法则、定律等进行能量转换与信息转换，并且输出与输入严格一一对应的器件或者装置称为传感器。

在物联网中，计算机技术相当于它的大脑，通信技术相当于它的血管，GPS技术相当于它的细胞，射频识别技术相当于它的眼睛，传感器相当于它的神经系统。外界的一切信息，相应类别的传感器可以感知，并将感知到的信息传递给计算机。如图17-3-1所示，传感器技术在智能领域应用极广，在测试领域包括液晶显示温湿度变送器、工业级温湿度变送器、室内型温湿度变送器、防水壳温湿度变送器等。在智慧农业领域包括光照二氧化碳温湿度传感器、

图17-3-1   物联网传感器

有风速、风向传感器、多功能百叶盒等。在无线灌溉领域包括土壤 pH 酸碱度变送器、有土壤温湿度变送器、有土壤速测仪等。

传感器一般由敏感元件、转换元件和变换电路三部分组成，有时还加上辅助电源。其中，敏感元件直接感受被测量，并输出与被测量成确定关系的某一物理量的元件；转换元件是传感器的核心元件，以敏感元件的输出为输入，把感知的非电量转换为电信号输出，转换元件本身也可以作为独立传感器使用，叫作元件传感器；变换电路是把传感元件输出的电信号转换成便于处理、控制、记录和显示的有用电信号所涉及的有关电路。

目前市面上的传感器有很多类型，包括温度传感器、湿度传感器、气体传感器等。下面是几种常见传感器。

① 霍尔传感器：将变化的磁场转化为输出电压的变化，首先用于测量磁场，此外还可以测量产生和影响磁场的物理量，如接近开关、位置测量、转速测量和电流测量装置等。

② 温度传感器：是指能够感知温度并将其转化为可用的输出信号的传感器。温度传感器是温度测量仪的核心部分，种类繁多。按测量方法可分为接触式和非接触式，按传感器材料和电子元件的特性可分为热电阻和热电偶。

③ 光敏传感器：是最常见的传感器之一，种类繁多，包括光电池、光电倍增管、光敏电阻、光电晶体管、太阳能电池、红外传感器、紫外传感器、光纤光电传感器、颜色传感器、CCD 和 CMOS 图像传感器等。

④ 压力传感器：能够感知压力信号，并按照一定的规则将压力信号转换成可利用的输出电信号的装置或设备。

（2）RFID 技术

在 1941—1950 年，雷达的改进和应用催生了 RFID 技术，1948 年奠定了 RFID 技术的理论基础。1951—1960 年，早期 RFID 技术处于探索阶段，主要应用于实验室研究。1961—1970 年，RFID 技术的理论得到了发展，开始了一些应用尝试。1971—1980 年，RFID 技术与产品研发处于一个飞速发展时期，各种 RFID 技术得到提升，出现了一些早期的 RFID 应用。1981—1990 年，RFID 技术及产品进入商业应用阶段，各种规模应用开始出现。1991—2000 年，RFID 技术标准化问题日趋得到重视，RFID 产品得到广泛应用，RFID 产品逐渐成为人们生活中的一部分。2001 年至今，RFID 产品种类更加丰富，有源、无源及半无源电子标签均得到发展，电子标签成本不断降低，规模应用行业扩大。RFID 技术大量应用于生产自动化、门禁、公路收费、停车场管理、身份识别、货物跟踪等民用领域中，其新的应用范围还在不断扩展，层出不穷。

就其外在表现形式来讲，RFID 技术的载体一般都是要具有防水、防磁、耐高温等特点，保证 RFID 技术在应用时具有稳定性。就其使用来讲，RFID 在实时更新资料、存储信息量、使用寿命、工作效率、安全性等方面都具有优势。RFID 能够在减少人力物力财力的前提下，更新现有的资料，增加工作的便捷性；RFID 技术依据计算机等对信息进行存储，最大可达数兆字节，可存储信息量大，保证工作的顺利进行；RFID 技术的使用寿命长，只要工作人员在使用时注意保护，可以进行重复使用；RFID 技术改变了从前对信息处理的不便捷，实现了多目标同时被识别，大大提高工作效率；而 RFID 同时设有密码保护，不易被伪造，安全性较高。与 RFID 技术相类似的技术是传统的条形码技术，传统的条形码技术在更新资料、存储信息量、使用寿命、工作效率、安全性等方面都较射频识别技术差，无法很好地适应我国当前社会发展的需求，也难以满足产业以及相关领域的需要。

RFID 技术的快速发展和广泛应用，在不同的应用领域产生了新的解决方案，对未来物联网丰富的传感应用具有非常广阔的前景。在物联网时代中，RFID 技术将不断吸引业界和学术界的研究，传感和通信将成为信息基础设施的基础。RFID 技术在生物医学领域将会有更多的应用，可以植入人体，在土木工程中将会被整合到土木结构中用于建筑健康监测，在安全生产中用于低成本高质量监测等，其将在多个领域产生更加深远的影响。RFID 芯片如图 17-3-2 所示。

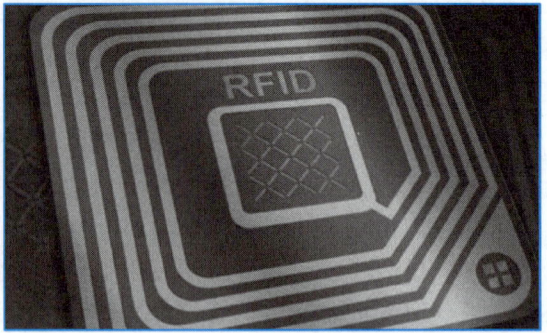

图 17-3-2　RFID 芯片

（3）嵌入式技术

嵌入式系统是一种专用的计算机系统，作为装置或设备的一部分。通常，嵌入式系统是一个控制程序存储在 ROM 中的嵌入式处理器控制板。事实上，所有带有数字接口的设备，如手表、微波炉、录像机、汽车等，都使用嵌入式系统，有些嵌入式系统还包含操作系统，但大多数嵌入式系统都是由单个程序实现整个控制逻辑。

从应用对象上加以定义，嵌入式系统是软件和硬件的综合体，还可以涵盖机械等附属装置。国内普遍认同的嵌入式系统定义为：以应用为中心，以计算机技术为基础，软硬件可裁剪，适应应用系统对功能、可靠性、成本、体积、功耗等严格要求的专用计算机系统。

物联网与嵌入式之间的关系如下所述：

① 物联网是新一代信息技术的重要组成部分，是互联网与嵌入式系统发展到高级阶段的融合。

② 作为物联网重要技术组成的嵌入式系统，了解嵌入式系统有助于深刻地、全面地理解物联网的本质。

③ 无论是通用计算机还是嵌入式系统，都可以溯源到半导体集成电路。微处理器的诞生，为人类工具提供了一个归一化的智力内核。

④ 在微处理器基础上的通用微处理器与嵌入式处理器，形成了现代计算机革命的两大分支，即通用计算机与嵌入式系统的独立发展时代。

⑤ 通用计算机经历了从智慧平台到互联网的独立发展道路；嵌入式系统则经历了智慧物联到局域智慧物联的独立发展道路。

⑥ 物联网是通用计算机的互联网与嵌入式系统单机或局域物联在高级阶段融合后的产物。

⑦ 物联网中，微处理器以"智慧细胞"形式，赋予物联网"智慧地球"的智力特征。

2. 物联网服务技术

（1）云平台技术

云平台，是基于硬件资源和软件资源的服务，提供计算、网络和存储能力。云平台根据功能可以划分为以数据存储为主的存储型云平台、以数据处理为主的计算型云平台以及计算和数据存储处理兼顾的综合云平台 3 类。云计算系统的组建运用了许多技术，其中最为重要的是编程模型、数据分布存储技术、数据管理技术、虚拟化技术和云计算平台管理技术。

① 编程模型。基于 Java、Python、C++ 等计算机语言的编程模型 MapReduce 是一种简单化的分布式编程模型。它一般用于大规模的数据集并行运算。编程模型使处于云计算环境下的程序编辑变得十分简单。

② 数据分布存储技术。云计算系统由大量的服务器构成，它能够同时为大量的用户提供计算服务，因此，云计算系统多采用分布式存储的方式来存储数据，在存储过程中，会存入大量的冗余数据来保证数据的可靠性。

③ 数据管理技术。云计算需要对分布在网络中的海量数据进行处理与分析，因此，数据管理技术必须能够有效地管理这些数据。

④ 虚拟化技术。虚拟化技术可以让软件系统和硬件系统隔离，它包括两种模式：一种是将单个资源划分为多个虚拟资源的裂分模式；另一种是将多个资源结合成一个虚拟资源的聚合模式。

⑤ 云计算平台管理技术。整个云计算系统的资源规模巨大，服务器数量众多且这些服务器会分布在不同地点，同时运行着几百种的应用。此时，如何有效准确地管理这些服务器就成为云计算系统首要解决的问题。云平台管理技术的出现就是为了解决这一问题，使这些服务器能够协同工作并能很快地完成数据的处理与分析。云平台管理技术通过自动化和智能化的信息技术，来实现大规模系统的安全运营。

云物联可以用来很好地解决数据存储、数据检索、数据使用等一系列关键问题，如图 17-3-3 所示。可以将物联网感知层识别设备产生的大量信息整合起来，从而使这些信息得到有效的利用。"云计算"和"物联网"之间有一个生动而又形象的比喻，这个比喻可以充分阐述"云计算"与"物联网"之间的关系："云计算"相当于"互联网"的神经系统，而"物联网"则是"互联网"刚刚出现的神经系统的末梢。"云计算"与"物联网"相辅相成铸就物物相连的互联网。

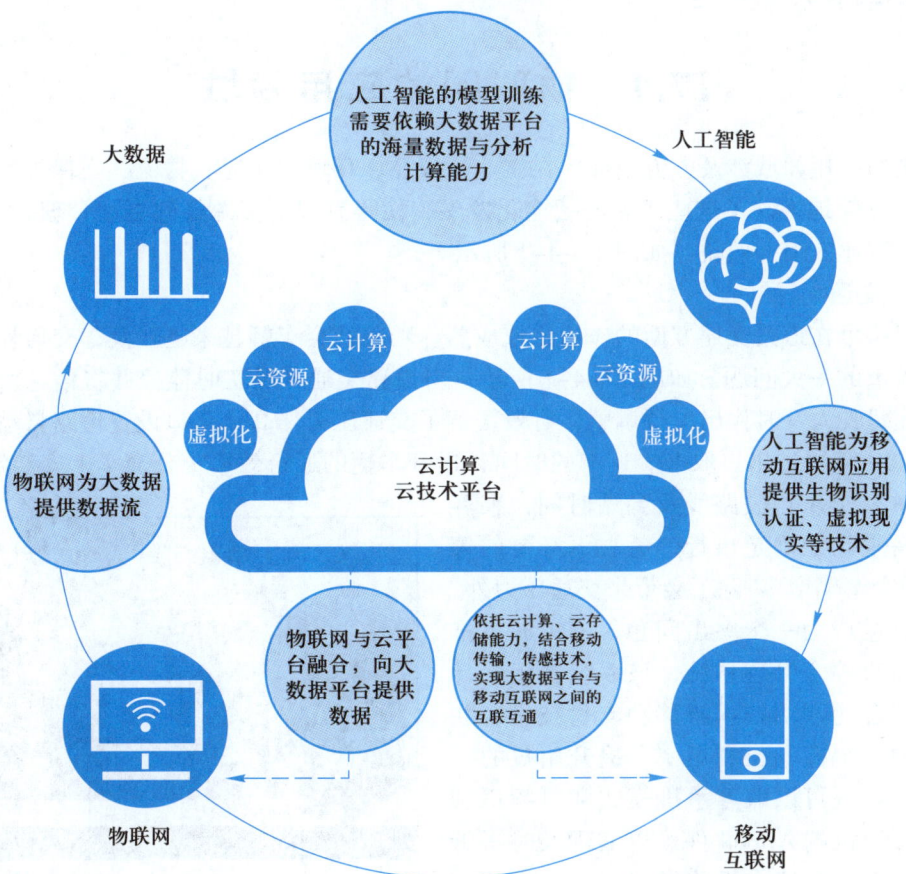

图 17-3-3　云物联

（2）中间件技术

中间件是一种软件产品，它有两种模式，一种是介于操作系统与应用软件之间，另一种是介于硬件和应用软件中间，发挥支撑和信息传递的作用。物联网中间件将许多可以公用的能力进行统一封装，提供给物联网应用使用。从本质上看，物联网中间件是物联网应用的共性需求（感知、互联互通和智能），是与已存在的各种中间件及信息处理技术，包括信息感知技术、下一代网络技术、人工智能与自动化技术的聚合与技术提升。

当前，一方面，受限于底层不同的网络技术和硬件平台，物联网中间件研究主要还集中在底层的感知和互联互通方面，现实目标包括屏蔽底层硬件及网络平台差异，支持物联网应用开发、运行时共享和开放互联互通，保障物联网相关系统的可靠部署与可靠管理等内容；另一方面，当前物联网应用复杂度和规模还处于初级阶段，物联网中间件支持大规模物联网应用还存在环境复杂多变、异构物理设备、远距离多样式无线通信、大规模部署、海量数据融合、复杂事件处理、综合运维管理等诸多仍未克服的障碍。中间件示意图如图 17-3-4 所示。

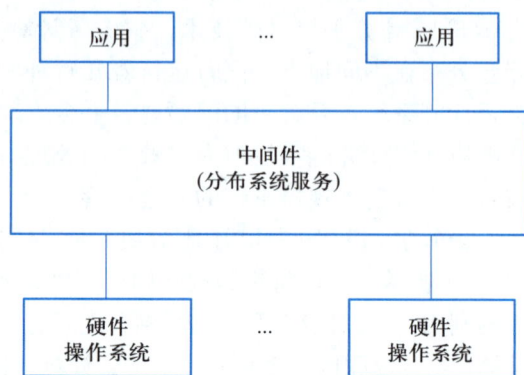

图 17-3-4　物联网中间件

17.4　物联网的应用领域

物联网的应用领域涉及方方面面，在工业、农业、环境、交通、物流、安保等基础设施领域的应用，有效地推动了这些领域的智能化发展，使得有限的资源得到更加合理的使用分配，从而提高了行业效率、效益，如图 17-4-1 所示。

1. 智能交通

物联网技术在道路交通方面的应用比较成熟。随着社会车辆越来越普及，交通拥堵甚至瘫痪已成为城市的一大问题。如图 17-4-1 所示，对道路交通状况实时监控并将信息及时传递给驾驶人，让驾驶人及时作出出行调整，有效缓解了交通压力；高速路口设置道路自动收费系统（简称 ETC），免去进出口取卡、还卡的时间，提升车辆的通行效率；公交车上安装定位系统，能及时了解公交车行驶路线及到站时间，乘客可以根据搭乘路线确定出行，免去不必要的等待时间。社会车辆增多，除了会带来交通压力外，停车难也日益成为一个突出问题，不少城市推出了智慧路边停车管理系统，该系统基于云计算平台，结合物联网技术与移动支付技术，共享车位资源，提高车位利用率，提升用户的方便体验。该系统可以兼容手机模式和射频识别模式，通过手机端 App 软件可以实现及时了解车位信息、车位位置，提前做好预定并实现交

图 17-4-1　物联网与交通

费等操作，很大程度上解决了"停车难、难停车"的问题。

2. 智能家居

智能家居就是物联网在家庭中的基础应用，随着宽带业务的普及，智能家居产品涉及方方面面。家中无人，可利用手机等客户端远程操作智能空调，调节室温，甚至系统还可以学习用户的使用习惯，从而实现全自动的温控操作，使用户在炎炎夏季回家就能享受到冰爽带来的惬意；通过客户端实现智能灯泡的开关、调控灯泡的亮度和颜色等；插座内置 Wi-Fi，可实现遥控插座定时通断电流，同时可以监测设备用电情况，生成用电图表让用户对用电情况一目了然，安排资源使用及开支预算；智能体重秤，监测运动效果。内置可以监测血压、脂肪量的先进传感器，内定程序根据身体状态提出健康建议；智能牙刷与客户端相连，提供刷牙时间、刷牙位置提醒，可根据刷牙的数据生产图表，监控口腔的健康状况；智能摄像头、窗户传感器、智能门铃、烟雾探测器、智能报警器等都是家庭不可少的安全监控设备，即使出门在外，也可以在任意时间、任何地方查看家中任何一角的实时状况，排除任何安全隐患。看似烦琐的种种家居生活因为物联网变得更加轻松、美好。

3. 智能农业

"锄禾日当午，汗滴禾下土"是人们对农民辛苦劳作的一贯印象。当然，随着农业现代化技术的发展，农民也有了大量可以利用的机械化设备，这大大提高了生产效率。那么，将物联网技术应用于农业之后，会发生什么呢？

如图 17-4-2 所示，智慧农业指的是利用物联网、人工智能、大数据等现代信息技术与农业进行深度融合，实现农业生产全过程的信息感知、精准管理和智能控制的一种全新的农业生产方式，可实现农业可视化诊断、远程控制以及灾害预警等功能。物联网应用于农业主要体现在农业种植和畜牧养殖两个方面。

农业种植通过传感器、摄像头和卫星等收集数据，实现农作物数字化和机械装备数字化（主要指的是农机车联网）发展。畜牧养殖指的

图 17-4-2 智慧农业

是利用传统的耳标、可穿戴设备以及摄像头等收集畜禽产品的数据，通过对收集到的数据进行分析，运用算法判断畜禽产品健康状况、喂养情况、位置信息等，对其进行精准管理。也许有一天，农民只需要坐在屋子里，看着计算机屏幕上的各种数据图表，就能做出精准的决策，合理浇水，精准施肥，大大提高农作物产量。

4. 智慧医疗

当身体出现异常时，人们需要去医院做各种检查，然后医生会针对病症开药或者给出治疗建议。如果把物联网与医疗结合起来，就可以利用一些可穿戴式智能设备完成一些基础项目（如心率、体温、血压等）的检测。智能可穿戴设备会记录很多跟健康有关的数据，方便人们管理自己的健康记录。

在智慧医疗领域，新技术的应用必须以人为中心。而物联网技术是数据获取的主要途径，能有效地帮助医院实现对人的智能化管理和对物的智能化管理。对人的智能化管理指的是通过传感器对人的生理状态（如心跳频率、体力消耗、血压高低等）进行监测，主要指的是医疗

可穿戴设备，将获取的数据记录到电子健康档案中，方便个人或医生查阅。除此之外，通过 RFID 技术还能对医疗设备、物品进行监控与管理，实现医疗设备、用品可视化，主要表现为数字化医院。如现在的社区慢病管理系统、婴儿防盗系统、特殊病人室内定位系统等就是物联网技术运用于医学的案例。

17.5　物联网的发展趋势

1. 国家政策大力支持带来的产业发展机遇

物联网行业属于国家政策支持、鼓励发展的重点行业。工业和信息化部《关于推动 5G 加快发展的通知》、工业和信息化部办公厅《关于深入推进移动物联网全面发展的通知》等政策均明确提出，应积极拓展移动物联网技术的新产品、新业态和新模式，建立 NB-IoT、4G 和 5G 协同发展的移动物联网综合生态体系。同时，国家"十四五"规划中划定了 7 大数字经济重点产业，包括云计算、大数据、物联网、工业互联网、区块链、人工智能、虚拟现实和增强现实，提出应"推动物联网全面发展，打造支持固移融合、宽窄结合的物联接入能力""推动传感器、网络切片、高精度定位等技术创新，协同发展云服务与边缘计算服务，培育车联网、医疗物联网、家居物联网产业"。在国家相关政策的大力推动下，物联网行业将迎来新一轮的发展机遇。

2. 物联网终端产品应用领域众多，市场前景广阔

消费和产业不断升级驱动物联网下游应用领域持续扩张，分化出如智能交通、智慧出行、移动支付、智能家居、智慧零售、智慧物流、智慧工业、智慧农业、公共服务等多种应用场景。新应用场景的出现为物联网产业带来了市场活力，催生了大量终端设备需求，拉动了物联网终端市场规模的增长。消费物联网方面，智能家居、智慧零售等应用场景的物联网智能终端产品正持续进入人们的生活；产业物联网方面，以智能交通、智慧物流、智慧工业为代表的智慧城市正步入全面建设阶段，物联网智能终端产品已经从小范围的局部性试验扩展到全流程、全行业、全领域的应用，物联网智能终端产品的应用范围正在持续提升，行业前景日益广阔。

3. 通信技术不断进步推动物联网行业蓬勃发展

通信技术是物联网行业的基础。我国通信技术发展速度较快，已实现对 2G、3G 以及 4G 等不同通信制式的全面支持，随着 5G 时代的到来，5G 与物联网深度融合，我国将步入"万物互联"的时代。通信技术的进步为物联网的应用创造了必要的技术环境，对物联网的应用体验起到了良好的效果，为物联网产业发展提供保障。

17.6　项　目　练　习

扫描二维码，查看项目练习。

项目 17
项目练习

项目 **18**

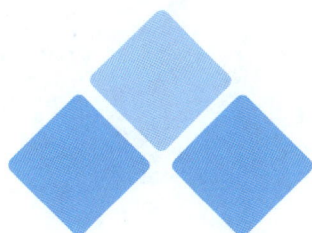

数 字 媒 体

18.1　数字媒体技术概述

媒体是传播信息的媒介，利用特定的载体来帮助人们传递信息与获取信息。而数字媒体就是利用数字化的形式，包括文字、图形、图像、声音、视频等来存储、处理和传播信息的媒体，以网络为主要传播载体，并具有多样性、互动性、集成性等特点。

数字媒体技术主要研究数字媒体信息的获取、处理、存储、传播等相关的理论、方法和技术，是一门综合的新兴领域技术，融合了计算机技术、通信技术、信息处理技术等各类信息技术，其关键技术包括数字信息的获取与输出、数字信息存储技术、数字信息传播技术、数字信息安全等。

数字媒体产业能够体现一个国家的文化软实力，虽然我国数字媒体技术起步较晚，但在国家战略的引导下，发展较快，目前已处于世界领先地位。中国的数字媒体技术随着 1995 年互联网逐步普及而兴起，经历了计算机的普及、移动互联网的普及、数字广播电视网的普及，已经成为主流媒体。人们不再局限于传统的媒体，如报纸、电视来获取信息，而是通过数字媒体来获取高效便捷的即时信息。

18.2　数字媒体素材处理

1. 数字文本处理

在计算机中浏览网页、聊天都离不开文字。文字信息在计算机中的表现形式是文本。文本是基于特定字符集的、具有上下文相关性的，基于二进制编码的字符流，它是计算机中最简单也是最常用的数字媒体。

文本在计算机中的处理过程包括文本准备、文本编辑、文本处理、文本存储与传输、文本展现等。根据文本应用场景的不同，每个文本处理环节的内容和要求都会有所不同，如图 18-2-1 所示。

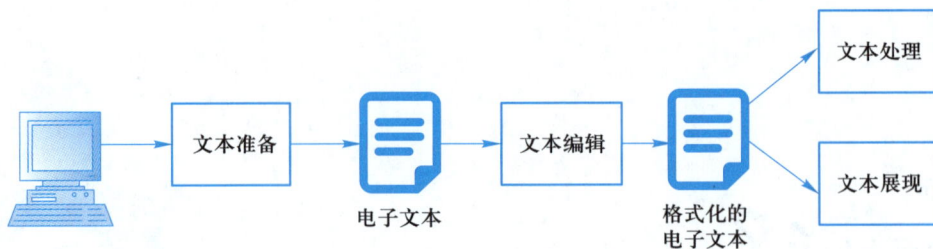

图 18-2-1　文本处理过程

　　组成文本的基本元素是单个字符，与数值信息一样，字符在计算机中也通过二进制编码来表示。常见的英文字母编码形式为 ASCII 码，全称 American Standard Code for Information Interchange，译为美国信息交换标准代码，是基于拉丁字母的一套编码系统，主要用于显示现代英语和其他西欧语言。ASCII 码使用指定的 7 位或 8 位二进制数组合来表示 128 或 256 种可能的字符。表 18-2-1 为标准 ASCII 码表。

表 18-2-1　标准 ASCII 码表

ASCII 值	控制字符	ASCII 值	控制字符	ASCII 值	控制字符	ASCII 值	控制字符
0	NUT	22	SYN	44	,	66	B
1	SOH	23	TB	45	–	67	C
2	STX	24	CAN	46	.	68	D
3	ETX	25	EM	47	/	69	E
4	EOT	26	SUB	48	0	70	F
5	ENQ	27	ESC	49	1	71	G
6	ACK	28	FS	50	2	72	H
7	BEL	29	GS	51	3	73	I
8	BS	30	RS	52	4	74	J
9	HT	31	US	53	5	75	K
10	LF	32	（space）	54	6	76	L
11	VT	33	!	55	7	77	M
12	FF	34	"	56	8	78	N
13	CR	35	#	57	9	79	O
14	SO	36	$	58	:	80	P
15	SI	37	%	59	;	81	Q
16	DLE	38	&	60	<	82	R
17	DC1	39	,	61	=	83	S
18	DC2	40	(	62	>	84	T
19	DC3	41	)	63	?	85	U
20	DC4	42	*	64	@	86	V
21	NAK	43	+	65	A	87	W

续表

ASCII 值	控制字符	ASCII 值	控制字符	ASCII 值	控制字符	ASCII 值	控制字符
88	X	98	b	108	l	118	v
89	Y	99	c	109	m	119	w
90	Z	100	d	110	n	120	x
91	[	101	e	111	o	121	y
92	\	102	f	112	p	122	z
93	]	103	g	113	q	123	{
94	^	104	h	114	r	124	|
95	—	105	i	115	s	125	}
96	、	106	j	116	t	126	~
97	a	107	k	117	u	127	DEL

ASCII 码是西方文字编码的解决方案，针对中国汉字的编码解决方案主要有 GB 2312—1980、GBK、GB 18030—2005。GB 2312—1980 是我国于 1980 年制定的最早的汉字编码国家标准，一共收录 7 445 个字符，其中包括汉字 6 763 个，并且兼容 ASCII 码。一个汉字占用两个字节，每个字节的最高位为 1。GBK 是我国于 1995 年推出的又一个重大的国家编码标准，在 GB 2312—1980 的基础上收录了更多的汉字，一共收录了 21 003 个汉字。GB 18030—2005 是在 2000 年发布的国家标准，是我国制定的包括汉字和多种少数民族语言的超大型中文编码字符，其中收录汉字 70 000 余个。

2. 数字图像处理

（1）数字图像处理概述

数字图像处理是指利用计算机将模拟传输的图像信号转换成离散的数字信号并利用计算机对其进行处理的过程。将原始的图像作为输入，用于提高图像的质量。数字图像处理的目的，主要有易于在网络中传输及显示、增强画质、恢复已损坏的图像、提取图像中有用的信息。数字图像处理具有再现能力强、处理精度高、适用面宽以及灵活性高的特点，因此得到了广泛的使用。

数字图像处理的主要研究内容有图像的变换、图像的增强和复原、图像编码压缩、图像分割、图像分析和理解。

（2）数字图像处理基本知识

像素（pixel，px）是计算机中显示图片的最小单元，这种单元都具有一个明确的位置和一个色彩数值，从而决定图像的显示。像素不能够再被分割，以一个单一颜色的小方格存在。

屏幕分辨率是指屏幕横向和纵向的像素点数，它用来确定屏幕上显示多少信息的设置，以水平和垂直像素来衡量。数字图像其实就是利用一个矩阵，由 $m \times n$ 个像素来共同表示一幅图像。

从最简单的开始，可以使用二值图像。二值图像是指图像中的每个像素均为黑色或者白色的图像。因为二值图像的特殊性，因此二值图像可以用链码来表示显示图像目标的边界。基本思想是用一系列相连的小线段来近似描述曲折的感兴趣的边界及其走向，链码有 4 邻域链码和 8 邻域链码两种表示方式。其方向规定如图 18-2-2 所示。

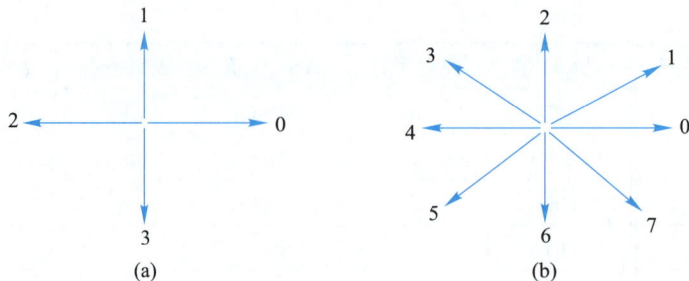

图 18-2-2 4 邻域链码和 8 邻域链码

二值图像一般用来描述简单的字符图像。其优点是所需的存储空间较少，而缺点是当表示人物和风景图像时，二值图像只能够展示图片的边界信息，而内部的纹理特征表现十分不明显。这时候需要使用到文理特征灰度图像，即 Gray Scale Image，又称为灰阶图，是把白色和黑色之间按照对数关系划分为若干等级，称之为灰度，灰度共分为 256 阶，范围从 0 到 255。其中 0 表示全黑，255 表示全白。

显示最丰富和最常用的是彩色图像。常用的彩色图像显示模式是 RGB 模式，RGB 色彩就是常说的三原色，R 代表 Red，G 代表 Green，B 代表 Blue。在自然界中肉眼可见的任何色彩都可以由这 3 种色彩混合叠加而成。计算机在定义颜色时这 3 种值得取值范围均是 0~255，数值越小代表该颜色值的刺激值越小，数值越大代表该颜色值的刺激值越大。通过改变 RGB 值来显示不同的颜色，如图 18-2-3 所示。

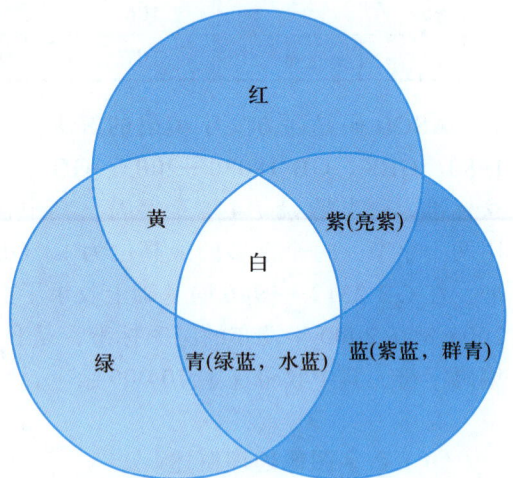

图 18-2-3 RGB 模式概述图

3. 数字视频处理

视频是一组连续画面信息的集合，与加载的同步声音共同呈现的视觉和听觉效果。视频和动画没有本质的区别，只是表现内容和使用场合不同。视频用于电影时播放的速率为 24 f/s，用于电视时为 25 f/s，视频信息格式有 WMV、MPG、3GP，MP4 等。压缩的视频信息实时性强，承载数据量大，对计算机处理能力要求高。

视频处理的主要功能包含视频剪辑、视频叠加、视频与声音同步和添加特殊效果。视频剪辑指的是剪除不需要的视频片段，连接多段视频信息。视频叠加指的是多个视频影像可以叠加在一起。视频与声音同步指的是在视频信息上添加声音，并精确定位。最后可以在视频上使用滤镜加工视频影像，达到各种特殊效果。

常用的数字视频处理软件有 Adobe Premiere、EDIUS、Vagas、会声会影等。Adobe Premiere，简称 Pr，是由 Adobe 公司开发的一款视频编辑软件，如图 18-2-4 所示。

Pr 是视频编辑爱好者和专业人士必不可少的视频编辑工具，它可以提升创作者的创作能力和创作自由度，是易学、高效、精确的视频剪辑软件。Pr 提供了采集、剪辑、调色、美化音频、字母添加、输出、DVD 刻录的一整套流程，并和其他 Adobe 软件高效集成。Pr 主要有如下功能：

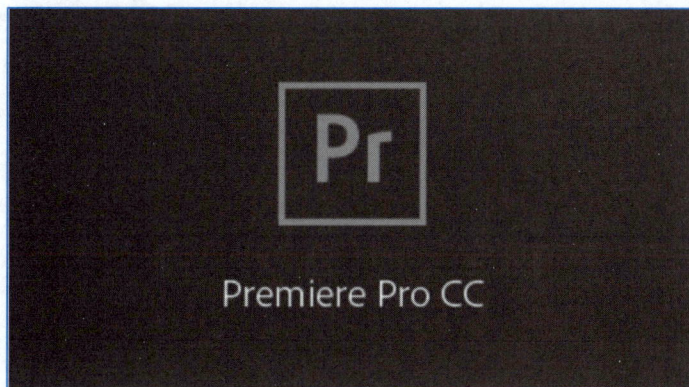

图 18-2-4 Premiere 软件标识

① 编辑和剪接各种视频素材：以幻灯片的风格播放剪辑，具有变焦和单帧播放能力。使用 TimeLine、Trimming 进行编辑，可以节省编辑时间。

② 对视频素材进行各种特技处理：Pr 提供强大的视频特技效果，包括切换、过滤、叠加、运动及变形等 5 种。这些视频特技可以混合使用，完全可以产生令人眼花缭乱的特技效果。

③ 在两段视频素材之间增加各种切换效果，在 Pr 的切换选项里提供了 74 种切换效果，每一个切换选项图标都代表一种切换效果。

④ 在视频素材上增加各种字母、图标和其他视频效果，除此之外，还可以给视频配音，并对视频素材进行编辑，调整音频和视频的同步，改变视频特性参数、设置音频、视频编码参数以及编译生成各种数字视频文件等。

⑤ 强大的色彩转换功能。能够将普通色彩转换成 NTSC 或者 PAL 的兼容色彩，以便把数字视频转换成模拟视频信号。

除了上面的功能之外，Pr 还具有编辑功能强大、管理方便、特技效果丰富、采集素材方便、编辑方便、可制作网络视频等众多优点。

EDIUS 是另外一款热门的视频编辑软件，它是专门为广播和后期制作环境而设计，特别适用于新闻记者、无带化视频制播和存储。EDIUS 拥有完善的基于文件工作流程，提供了实时、多轨道、多格式混编、合成、色键、字母和时间线输出功能。除了标准的 EDIUS 系列格式，还支持 JPEG 2000、DVCPRO、P2 等视频素材，如图 18-2-5 所示。

图 18-2-5 EDIUS 软件界面

18.3　项　目　练　习

扫描二维码，查看项目练习。

项目 18
项目练习

项目 **19**

虚拟现实技术

19.1　虚拟现实技术概念

虚拟现实（Virtual Reality，VR）或称虚拟环境（Virtual Environment），是一种逼真的视、听、触觉一体化的计算机生成环境，用户可以借助必要的装备以自然的方式与虚拟环境中的物体进行交互作用、相互影响，从而获得亲临等同真实环境的感受和体验。

虚拟现实方法是将计算科学处理对象统一看作一个计算机生成空间（虚拟空间或虚拟环境），并将操作它的人看作是这个空间的一个组成部分。

人与计算机空间的对象之间的交互是通过各种先进的感知技术与显示技术（即虚拟现实技术）完成的。人可以感受到虚拟环境中的对象，虚拟环境也可以感受到人对它的各种操作（类似于人与真实世界的交互方式）。

虚拟现实的主要实现方法是借助必要的装备，实现人与虚拟环境之间的信息转换，最终实现人与环境之间的自然交互与作用。

一个虚拟现实系统一般至少包括 4 个基本的组成成分，分别是输入、仿真、输出（修饰）和数据库。每一部分都需要实时处理，否则响应时间的延时会减弱虚拟现实的临场感。输入过程完成向虚拟现实系统输入信息的任务，主要设备包括键盘、鼠标、跟踪球、游戏杆、数据手套、头部跟踪器和数据衣等。输入过程主要完成实物虚化的任务。

一般说来虚拟环境是一个动态变化的环境，仿真的目的是根据某些理论或物理规律确定虚拟环境在每一时刻的状态，包括物体的位置、方向、变形、分解与聚合。仿真过程一般是一个离散的过程，它以一定的时间间隔更新虚拟环境中每个物体的状态，这种更新可以根据真实的或假想的物理规律进行，也可以根据预先定义好的脚本进行。

输出（修饰）过程完成显示任务，这里的显示不仅仅包括图像的显示，还包括声音、触觉乃至味觉的"显示"，即根据虚拟环境的当前状态，生成虚拟环境对用户的视觉、听觉、触觉和味觉等多种感知，将虚拟环境"显示"给用户。这个过程是一个虚物实化的过程。

数据库则记录了虚拟环境的当前状态。

19.2　虚拟现实的发展历程

虚拟现实技术演变发展史大体上可以分为 4 个阶段：1963 年以前，蕴涵虚拟现实技术思想的第一阶段；1963—1972 年，虚拟现实技术的萌芽阶段；1973—1989 年，虚拟现实技术概念和理论产生的初步阶段；1990 年至今，虚拟现实技术理论的完善和应用阶段，如图 19-2-1 所示。

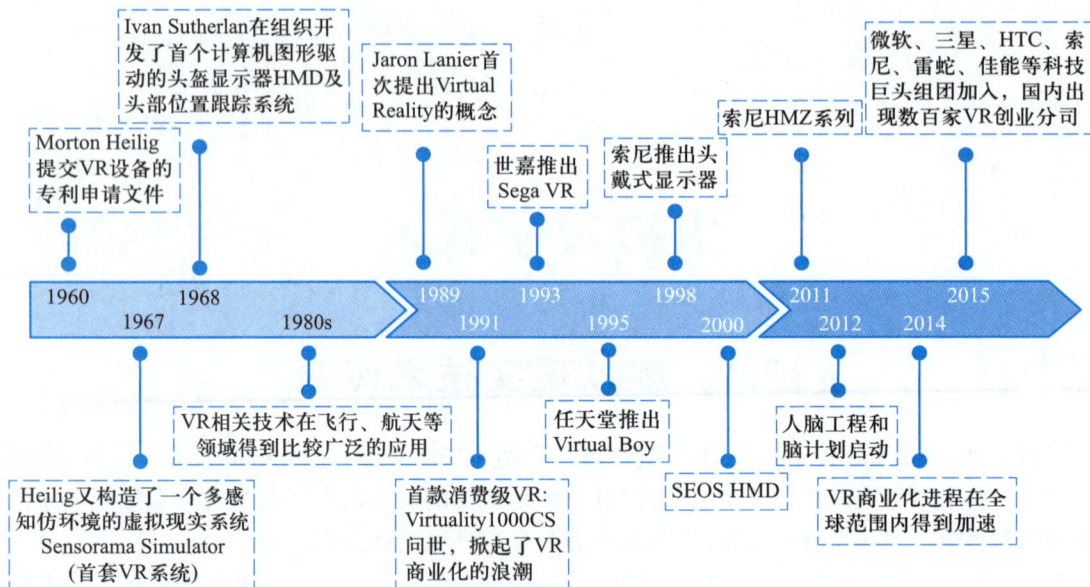

图 19-2-1　虚拟现实技术历史大事件

第一阶段：虚拟现实技术的前身。虚拟现实技术是对生物在自然环境中的感官和动作等行为的一种模拟交互技术，它与仿真技术的发展是息息相关的。中国古代战国时期的风筝，就是模拟飞行动物和人之间互动的大自然场景，风筝的拟声、拟真、互动的行为是仿真技术在中国的早期应用，它也是中国古代人试验飞行器模型的最早发明。西方人利用中国古代风筝原理发明了飞机，发明家 Edwin A. Link 发明了飞行模拟器，让操作者能有乘坐真正飞机的感觉。1962 年，Morton Heilig 的"全传感仿真器"的发明，就蕴涵了虚拟现实技术的思想理论。这 3 个较典型的发明，都蕴涵了虚拟现实技术的思想，是虚拟现实技术的前身。

第二阶段：虚拟现实技术的萌芽阶段。1968 年美国计算机图形学之父 Ivan Sutherlan 开发了第一个计算机图形驱动的头盔显示器 HMD 及头部位置跟踪系统，是虚拟现实技术发展史上一个重要的里程碑。此阶段也是虚拟现实技术的探索阶段，为虚拟现实技术的基本思想产生和理论发展奠定了基础。

第三阶段：虚拟现实技术概念和理论产生的初步阶段。这一时期出现了 VIDEOPLACE 与 VIEW 两个比较典型的虚拟现实系统。由 M.W.Krueger 设计的 VIDEOPLACE 系统，将产生一个虚拟图形环境，使参与者的图像投影能实时地响应参与者的活动。由 M.MGreevy 领导完成的 VIEW 系统，在装备了数据手套和头部跟踪器后，通过语言、手势等交互方式，形成虚拟现实系统。

第四阶段：虚拟现实技术理论的完善和应用阶段。在这一阶段虚拟现实技术从研究型阶段转向为应用型阶段，广泛运用到了科研、航空、医学、军事等人类生活的各个领域中，如浙江大学开发的故宫虚拟建筑环境系统和 CAD&CG 国家重点实验室开发出桌面虚拟建筑环境实时漫游系统，北京航空航天大学开发的虚拟现实与可视化新技术研究室的虚拟环境系统。

19.3　虚拟现实技术应用

随着科技的发展，虚拟现实技术已经不再是人们在电影中所能看到的那种虚幻缥缈触不可及的存在了，在现如今的诸多领域中都能发现虚拟现实技术的应用。在 21 世纪虚拟现实技术高速发展的今天，有很多行业已经将这项技术投入到实际应用中了。

1. 工业制造行业

根据专业报告显示，基于虚拟现实和增强现实技术的工业领域的数字显示服务可以贯穿整个制造过程，包括初期市场调研、建模开发、工程开发和市场开发阶段，如图 19-3-1 所示。

2. 医疗行业

自从 1962 年 Sensorama 模拟器诞生以来，虚拟仿真技术走过了漫长的道路。在过去的几十年里，虚拟现实和仿真技术已经广泛应用于医疗保健培训和教育之中，如图 19-3-2 所示。手术模拟器一直是医师培训的重要工具，医院也投入了大量资金购买这类专业设备。

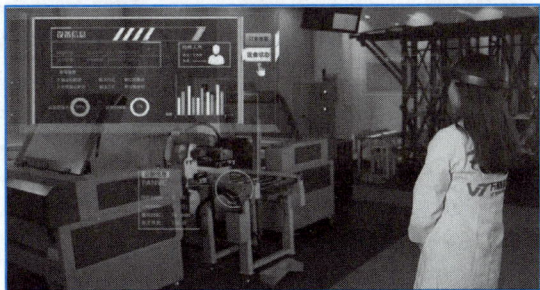

图 19-3-1　虚拟现实技术应用在工业领域　　　　图 19-3-2　虚拟现实技术应用在现代医疗领域

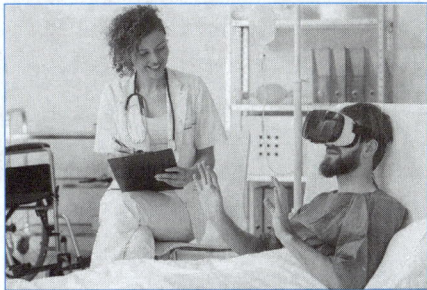

视觉模拟和力反馈技术相结合，使得外科医生在手术过程中可以同时获得视觉和物理反馈。一些企业已经开发了尖端的仿真系统，目前的技术虽无法替代这些复杂的模拟器，但随着新一代传感器和显示技术的出现，仿真系统的开发和制造成本应该也会随之降低。

虚拟现实除了手术之外，还可以应用于对护士、内科医生、外科医生、医疗咨询师、牙医、护理人员，甚至患者本身等医疗卫生专业人员的临床教学和培训，是一种性价比高、安全有效的手段。与传统的视频和文件学习方法相比，从业者可以在沉浸式和更真实的环境中接受手术、技术、设备和与患者互动的培训。

3. 航空航天领域

虚拟化仿真在航空领域的实施主要包括飞机虚拟化、飞机制造虚拟化、飞行流程虚拟化和飞行体验虚拟化 4 个方面。

（1）飞行体验虚拟化

在中国民航运力创新高，在得到政策大力支持的背景下，中国飞行员和飞行教员数量稳步增加，航空培训行业持续稳定增长。基于 VR 的飞行员培训市场前景广阔。

（2）飞机制造虚拟化

如图 19-3-3 所示，虚拟现实制造是 VR 技术在工业 / 应用领域的重要组成部分，即通过计算机仿真系统中的虚拟仿真，可以实现现实世界中生产制造的设计、工艺、生产线、质检、分析、物流、维修等环节，从整个生产过程中预测和解决生产制造过程中的实际问题，从而优化产品外观和功能设计，提高生产效率，降低生产成本。虚拟现实制造由仿真软件、图形计算平台、交互设备等关键技术环节组成，如多通道交互技术、虚拟世界建模技术和现实技术。

4. 房地产行业

随着房地产行业竞争的加剧，平面图、性能图、沙盘、样板房等传统展示手段远远不能满足消费者的需求。

如图 19-3-4 所示，虚拟现实技术是融合影视广告、动画、多媒体、网络技术的最新房地产营销手段，在中国广州、上海、北京等大城市非常流行。它是当今房地产行业综合实力的象征和标志，其主要核心是房地产销售，同时应用在房地产开发中的其他重要环节如申报、审批、设计、宣传等。

图 19-3-3　虚拟现实技术应用在航空航天领域

图 19-3-4　虚拟现实技术应用在教育领域

5. 教育行业

过去几年，全球在线教育市场增长迅速，移动在线教育增长更快，具有广阔的市场。值得注意的是目前已经有公司生产出作为外语学习用的 VR 应用软件，其内置多种语言，可以让使用者通过 VR 头显设备实现与 AI 的对话，不用出国便能学习多门外语，如图 19-3-4 所示。另外，网课已经成为教育行业新的发展方向，不少 VR 设备也支持网课 App 让孩子在家就可以通过虚拟现实技术实现与老师的沟通交流。VR 技术在未来的教育行业将具有举足轻重能力的新技术。

6. 城市规划

城市规划一直是全新可视化技术需求最为迫切的领域之一。虚拟现实技术可以在应用和城市规划中广泛应用，带来实用且直观的好处是：在规划方案中展现虚拟现实系统的沉浸感和交互性，不仅可以给用户带来强烈而生动的感官冲击，还可以获得身临其境的体验。用户还可以通过其数据接口在实时虚拟环境中随时获取项目数据，方便大型复杂工程项目的规划、设计、招投标、审批和管理，有利于设计人员和管理人员辅助各种规划设计方案的设计和方案评审，如图 19-3-5 所示。

图 19-3-5　虚拟现实技术应用在城市规划领域

19.4　虚拟现实技术的未来发展趋势

　　虚拟现实技术是高度集成的技术，涵盖计算机软硬件、传感器技术、立体显示技术等。虚拟现实技术的研究内容大体上可分为 VR 技术本身的研究和 VR 技术应用的研究两大类。根据虚拟现实所倾向的特征不同，目前虚拟现实系统主要划分为 4 个层次，即桌面式、增强式、沉浸式和网络分布式虚拟现实。

　　VR 技术的实质是构建一种人能够与之进行自由交互的"世界"，在这个"世界"中，参与者可以实时地探索或移动其中的对象。沉浸式虚拟现实是最理想的追求目标，实现方式主要是戴上特制的头盔显示器、数据手套以及身体部位跟踪器，通过听觉、触觉和视觉在虚拟场景中进行体验。

　　桌面式虚拟现实系统被称为"窗口仿真"，尽管有一定的局限性，但由于成本低廉而仍然得到了广泛应用。增强式虚拟现实系统主要用来为一群戴上立体眼镜的人观察虚拟环境，性能介于以上两者之间，也成为开发的热点之一。总体上看，纵观多年来的发展历程，VR 技术的未来研究仍将遵循"低成本、高性能"这一原则，从软件、硬件上展开，并将在以下 5 个主要方向发展。

1. 动态环境建模技术

　　虚拟环境的建立是 VR 技术的核心内容。动态环境建模技术的目的是获取实际环境的三维数据，并根据需要建立相应的虚拟环境模型。

2. 实时三维图形生成和显示技术

　　三维图形的生成技术已比较成熟，而关键是如何"实时生成"，在不降低图形质量和复杂程度的前提下提高刷新频率将是今后重要的研究内容。此外，VR 还依赖立体显示和传感器技术的发展，现有的虚拟设备还不能满足系统的需要，有必要开发新的三维图形生成和显示技术。

3. 新型交互设备的研制

　　虚拟现实使人能够自由地与虚拟世界中的对象进行交互，犹如身临其境，借助的输入输出设备主要有头盔显示器、数据手套、数据衣服、三维位置传感器和三维声音产生器等。因此，新型、便宜、鲁棒性优良的数据手套和数据服装将成为未来研究的重要方向。

4. 智能化语音虚拟现实建模

虚拟现实建模是一个比较繁复的过程，需要耗费大量的时间和精力。如果将 VR 技术与智能技术、语音识别技术结合起来，可以很好地解决这个问题。人们对模型的属性、方法和一般特点的描述通过语音识别技术转化成建模所需的数据，然后利用计算机的图形处理技术和人工智能技术进行设计、导航和评价，将基本模型用对象表示出来，并根据逻辑将各种基本模型静态或动态地连接起来，最后形成系统模型。在各种模型形成后进行评价并给出结果，并由人直接通过语言来进行编辑和确认。

5. 网络分布式虚拟现实的应用

网络分布式虚拟现实（Distributed Virtual Reality，DVR）是将分散的虚拟现实系统或仿真器通过网络连接起来，采用协调一致的结构、标准、协议和数据库，形成一个在时间和空间上互相耦合的虚拟合成环境，参与者可自由地进行交互。目前，分布式虚拟交互仿真已成为国际上的研究热点。网络分布式 VR 在航天中极具应用价值。例如，国际空间站的参与国分布在世界不同区域，分布式 VR 训练环境不需要在各国重建仿真系统，这样不仅减少了研制费、设备费用，也减少了人员出差的费用和异地生活的不适。

以上就是虚拟现实技术的 5 个发展趋势。虚拟现实发展前景十分诱人，而与网络通信特性的结合，更是人们所梦寐以求的。在某种意义上说它将改变人们的思维方式，甚至会改变人们对世界、自己、空间和时间的看法。

19.5　项　目　练　习

扫描二维码，查看项目练习。

项目 19
项目练习

项目 **20**

区　块　链

20.1　区块链概述

1. 区块链的基本概念

区块链，本质上是一种开放的分布式数据库，用于存储信息（数据）的计算机文件。区块链的名称来自其结构特征：文件由数据块组成，每个块都链接到前一个块，形成一个链；每个区块均包含数据，如交易记录以及该区块何时被编辑或创建的记录，信息（数据）都有标记时间戳，这就是区块链的由来。

区块链技术也被称之为分布式账本技术，是一种互联网数据库技术，其特点是去中心化、公开透明，让每个人均可参与数据库记录。同时，它不同于一般的集中化数据库，区块链不受任何人或实体的控制，数据在网络中的每个节点上均能完整地复制和分发，并且都是加密状态。因此也体现了防止篡改、更隐蔽、更安全的优势。区块链并不是一项新型的技术，更多的应该是传统技术上的一个融合，再通过一定的规则和机制去实现区块链独特性质。

2. 区块链的发展历程

区块链诞生至今已有十余年，概括起来讲可以分为三个阶段，区块链 1.0 时代、区块链 2.0 时代、区块链 3.0 时代。区块链 1.0 时代中，区块链技术主要应用在数字货币的兑换、转移和支付方面。以太坊的出现标志着区块链 2.0 时代的到来。以太坊（Ethereum）是一个开源的、有智能合约功能的公共区块链平台，通过其专用加密货币提供去中心化的以太虚拟机来处理点对点合约。得益于以太坊开源、智能合约的特点，区块链技术在 2.0 时代得到快速发展，它的应用已经不再是数字货币，而是拓展到了期货、股票、债券等金融产品。区块链 3.0 时代，是一个信息互联网向价值互联网转变的时代。区块链技术在这一时代的应用将超越金融领域，可以广泛应用于政务、物流、医疗等各个领域。

3. 区块链的特性

去中心化。区块链技术不依赖额外的第三方管理机构或硬件设施，没有中心管制，除了自成一体的区块链本身，通过分布式核算和存储，各个节点实现了信息自我验证、传递和管理。

去中心化是区块链最突出最本质的特征。

开放性。区块链技术基础是开源的,除了交易各方的私有信息被加密外,区块链的数据对所有人开放,任何人都可以通过公开的接口查询区块链数据和开发相关应用,因此整个系统信息高度透明。

独立性。基于协商一致的规范和协议,整个区块链系统不依赖第三方,所有节点能够在系统内自动安全地验证、交换数据,不需要任何人为的干预。

安全性。只要不能掌控全部数据节点的51%,就无法肆意操控修改网络数据,这使区块链本身变得相对安全,避免了主观人为的数据变更。

匿名性。除非有法律规范要求,单从技术上来讲,各区块节点的身份信息不需要公开或验证,信息传递可以匿名进行。

20.2　区块链的分类

随着越来越多的公司和企业开发区块链,区块链技术体系已逐渐完善。目前可根据开放程度分为以下3个大类:

1. 公有链

系统开放程度最高,相当于公共数据库,任何人都具有该链的访问权限。其特点为完全去中心化,不接受任何机构的控制,用户权益可以得到有效保护;公有链的交易及流转信息完全公开透明,但因公有链具有匿名性,用户隐私可得到对应保障;还有一方面就是公有链需要极高的硬件和技术能力才能保证系统安全性。

2. 私有链

系统开放程度最低,一般由公司内部或个人使用,不对外开放。其特点为权限控制在个人或组织手中;交易成本低且速度快;个人数据拥有极强的隐私保护性。

3. 联盟链

系统开放程度较高,是由一些机构联合开发的区块链,可以设置访问权限,仅限联盟中成员参与,加入和退出节点都需要通过授权。其特点为半去中心化,只要大部分联盟成员达成共识,就可对区块链数据进行修改;但同样因为其节点相较于公有链较少,交易速度更快且拥有极高的可控性,更多数用于机构之间的交易(B2B)。目前市场联盟链代表包括超级账本(Hyperledger)、企业以太坊联盟(EEA)等。

20.3　区块链技术原理

区块链并不是作为一项全新的技术而存在,相反,它是分布式系统、加密算法、数字签名、共识机制、智能合约等多种技术的集成体。区块链本身的创新之处在于技术融合。

1. 分布式账本

分布式账本,从实质上说就是一个可以在多个站点、不同地理位置或者多个机构组成的网络里进行分享的资产数据库。在一个网络里的参与者可以获得一个唯一真实账本的副本。账本里的任何改动都会在所有的副本中被反映出来,反应时间会在几分钟甚至是几秒内。其最大的优势在于分布式账本技术可以有效地改善当前基础设施中出现的效率极低成本高昂的问题。在某些情况下，特别是在有高水平的监管和成熟市场基础设施的地方，分布式账本技术更有可能会形成一个新的架构，而不是完全代替当前的机构。

2. 非对称加密算法

1976 年，专业人员为解决信息公开传送和密钥管理问题，提出一种新的密钥交换协议，允许在不安全的媒体上的通信双方交换信息，安全地达成一致的密钥，这就是"公开密钥系统"，也就是非对称加密技术。

与对称加密算法不同，非对称加密算法需要公钥和私钥两个密钥。公钥与私钥是一对，如果用公钥对数据进行加密，只有用对应的私钥才能解密；如果用私钥对数据进行加密，那么只有用对应的公钥才能解密。因为加密和解密使用的是两个不同的密钥，所以这种算法叫作非对称加密算法。也就是说用公钥密码是无法推算出私钥密码的，而用私钥密码是可以进行解密得出公钥的。通常情况下使用的加密钱包就是采用了非对称加密技术的钱包。

3. 智能合约

从本质上而言，智能合约是一种直接控制数字资产的计算机程序。通过在区块链上写入类似 if-then 语句的程序，使得当预先编好的条件被触发时，程序自动触发支付及执行合约中的其他条款，也就是说，它是储存在区块链上的一段代码，由区块链交易触发。

4. 共识机制

共识机制是通过一种特殊的节点投票方式，在较短时间内，对平台上的交易进行验证，如果若干个不相干的节点都能够达成共识，认为该交易有效，那么就认为这个交易是有效的。共识机制是共识层的核心，保证了区块链的"自信任化"特点。在区块链网络中，所有节点是平等的，不存在分层分级现象，所以达成所有节点的共识是很重要的一部分。

20.4 区块链的应用领域

1. 区块链在公共服务中的应用

区块链技术在公共服务这个领域之中有着四大应用方向，它们分别是身份验证、共享信息、透明政府以及鉴证确权。自从区块链技术火热以来，许多国家都在开始构想区块链的政府建设问题，在身份验证方面采用区块链技术可以将所有与个人证明有关的信息统一存储，如身份信息、行驶证、出生证等，这样可以免除了许多烦琐的认证步骤以及物理签名。而在鉴证确权方面，区块链技术可以减少欺诈事件的发生。透明政府是一个伪命题，因为在这一方面政府当然不可能全部公开，应当是部分民生或者可公开方面进行透明化，而区块链技术可以做到共享信息的特性能帮助政府做到管理以及流程的透明化，其中也包括了部分信息的共享。

提高税收管理效率。通过区块链来征税可以减少由于信息不对称而导致的税收流失问题。纳税人和纳税企业在区块链上进行登记，之后纳税人以及纳税企业发生的每一笔交易、获取的收入等也都会在区块链上得到记载。纳税人无法隐瞒真实的税源数据。同时，可以利用智能合约来进行征税，将纳税人和纳税企业相关的银行账户与区块链进行关联，当区块链校验到收入或者交易达到特定额度的时候就自动扣除相应的应纳税额。税收的自动化可以极大地减少税收管理部门的负担，有效提高税收管理的效率和水平。

提升社会福利管理水平。在区块链上记载社会福利，并且通过时间戳来确保数据精度。这些记录完全无法被篡改，因为它是写入区块链中的，并且在没有权限的情况下无法阅读。可以有效避免因欺诈而产生的医疗保险欺诈问题。

另外，政府可将每一名参与社会保险公民的身份信息以及医疗保险等信息记录在区块链上，并与提供医疗服务的医院相连接，区块链不可篡改的特性可以保证记录在其上面的信息都是真实可靠的，因此目前医疗保险欺诈中医患同谋、将非医疗保险支付病种改成医疗保险支付病种、夸大损失等问题都会迎刃而解。同时，医疗保险可以采用智能合约的方式进行管理，当患者的治疗记录与保险赔付条件相符合时，就会自动触发医疗保险赔付的程序，这也会大大减少医疗保险中的人力投入，提高了医疗保险管理的效率。

2. 区块链在供应链中的应用

区块链技术可以成为很多行业的解决方案，供应链是其中很著名的领域，也有很多的区块链应用实例。单次货物的运输会有至少 20~25 人或企业参与，这会导致大约 200 次交互，使过程持续很长时间。如果正确使用，区块链技术可以保证整个区块链的溯源。从而减少障碍，并且可以保证过程中的安全性。供应链中的区块链技术也可以让制造商、运输商以及终端用户获得数据，学习趋势，并且为他们的产品体验带来更好的流程管理。以下是区块链技术在供应链中的应用。

医药供应链是可以获得区块链收益的重要领域。随着全球医药市场的增长，人们对药品的造假问题也逐渐关注。这是全人类的风险，并且这类医药的风险不可以被低估。对于目前医药供应链的复杂性，会有很多可靠的技术和管理系统，能够保证整个系统的安全性。区块链技术可以解决这个问题，因为它可以成为和供应链相关应用的解决方案。药品会贴上标签，并且一旦被扫描，它们的记录就会保存在区块链中的安全区块中。这些记录会跟着药品的转移而实时更新。有人可以有权限地进行检查，如病人可以在任何时候检查记录。区块链的不可更改性给药品追踪提供了解决方案，并且可以让人们来检查系统是否被影响。

食品供应链的复杂程度也越来越高，由此对于食品生产者、供应商和零售店，很难确保整个供应链上产品的真实性。食品安全的问题包含跨供应链认证和食品问题的频发，都是因为缺乏数据和可追踪性。如果需要查询真正的原因,现在则需要花费几天,甚至几个月的时间。因此，这导致了消费者生病，利润减少，以及浪费食物。消费者逐渐明白，在食品供应链中，透明性是非常重要的。目前,大约有 12% 的消费者相信品牌,同时有 94% 的消费者认为对于他们来说，了解他们所购买产品的信息则更加重要。区块链解决了复杂供应链的问题，通过在平台中提供准确的信息。因为没有任何第三方牵涉到转账验证，还有任何基于共识的东西，用户和操作者都必须要按照规则来办事。区块链给食品供应链带来了很多优势。食品生产商可以保证货物的来源和质量,同时追踪供应链中的任何虚假情况。如果遇到身份欺诈，供应商就会被警告，然后消息就会发送给零售商，甚至是在商品到达目的地之前。类似地，对于零售商而言，如果食品在存储的时候被破坏，它就能够验证并且移除这些产品，而不用检查所有库存。通过区块链技术，消费者会获得透明和开放的信息，这就让消费者可以识别和消费高品质的食品。

20.5　区块链的价值和前景

区块链的价值主要包括构建能力、信息共享、生态系统治理以及制定企业标准等，这些都是区块链最常见的一些价值。区块链技术目前应用非常普遍，主要包括以下几个方面的价值。

① 自身的创建能力，有不少城市都尝试着通过区块链提升城市综合建设能力，这也是区

块链最大的一个价值，通过其强大的创建能力体现出来。

② 信息共享。目前已经全面进入信息化时代，在企业发展过程中信息共享是非常重要的，只有第一时间掌握有价值信息，才能把握市场潮流与发展动向，确保企业的稳定发展。

③ 制定企业标准。在企业运作过程中要考虑使用的平台，同时也要考虑具体的数据共享标准，以及如何进行合理控制，这些都需要通过区块链进行确认。

④ 确定生态系统的综合治理。通过区块链技术还可以对生态系统治理措施加以确认，结合实际情况制定良好的治理标准，跟上时代发展。

区块链在各个领域的价值毋庸置疑，因此未来的发展前景也十分可观。在未来，区块链将深入各行各业，区块链技术不仅仅会改变技术、重塑产业，还会撼动人类社会既有秩序、传统规则和价值体系。

区块链 +5G。5G 作为新一代移动通信技术，具备高速率、低延时和海量接入的特性。区块链与 5G 的结合，一方面 5G 技术加速区块链应用广泛大规模落地，另一方面区块链技术为 5G 的发展提供更安全、更高效的支撑。区块链不是孤立存在的技术，而是与人工智能、5G、物联网、芯片等技术进行不断结合，共同为社会带来变革。未来区块链和 5G 都会是构建超级智能社会的重要基础设施，两者相结合将为未来催生出丰富多彩的智慧应用。例如对于安全性至关重要的汽车自动驾驶领域，汽车本身不再是独立的一辆车，汽车与汽车、汽车与人、汽车与道路交通设施，汽车与边缘计算或云之间都需要高速、安全和自由的联通，而区块链 +5G 正好可以满足自动驾驶安全联通的需求。

区块链 + 物联网。区块链可以保证数据上链后难以篡改，但是无法保证上链前数据的真实可靠性，与之相反，物联网技术可以保证采集到的数据真实可信，但无法保证传输过程中不被篡改。因此，区块链与物联网的结合才能完整地确保数据不可篡改、真实有效。另外，区块链也可让物联网设备采集到的数据产权清晰且可交易，同时也可让物联网设备部署和数据传输更安全。 就物流与供应链行业而言，基于物联网与区块链技术融合的食品溯源、药品溯源、仓单融资、存货质押等典型场景都将有大的突破。

20.6　项 目 练 习

扫描二维码,查看项目练习。

项目 20
项目练习

参 考 文 献

［1］中华人民共和国教育部 . 高等职业教育专科信息技术课程标准 [M]. 北京：高等教育出版社, 2021.

［2］眭碧霞 . 信息技术基础 [M]. 北京：高等教育出版社, 2021.

［3］陈正振 . 信息技术 [M]. 北京：高等教育出版社, 2021.

［4］王津 . 计算机应用基础（Windows 10+Office 2016）[M]. 5 版 . 北京：高等教育出版社, 2021.

［5］鼎翰文化 . Windows 10 从入门到精通 [M]. 北京：人民邮电出版社, 2018.

［6］周勇 . 计算思维与人工智能基础 [M]. 2 版 . 北京：人民邮电出版社, 2021.

［7］王国胤 . 大数据挖掘及应用 [M]. 北京：清华大学出版社, 2019.

［8］武志学 . 大数据导论思维、技术与应用 [M]. 北京：人民邮电出版社, 2019.

［9］易海博，池瑞楠，张夏衍 . 云计算基础技术与应用 [M]. 北京：人民邮电出版社, 2020.

［10］Thomas ERL. 云计算：概念、技术与架构 [M]. 北京：机械工业出版社, 2017.

［11］任云晖 . 人工智能概论 [M]. 北京：中国水利水电出版社, 2020.

［12］乔好勤，潘小明，冯建福，等 . 信息检索与信息素养 [M]. 武汉：华中科技大学出版社, 2022.

［13］陈威兵，张刚林，冯璐，等 . 移动通信原理 [M]. 2 版 . 北京：清华大学出版社, 2019.

［14］王永学，张宇 . 5G 移动网络运维（初级）[M]. 北京：高等教育出版社, 2020.

［15］刘宇，张宇 . 5G 移动网络运维（中级）[M]. 北京：高等教育出版社, 2021.

［16］石志国，尹浩，臧鸿雁 . 计算机网络安全教程 [M]. 3 版 . 北京：清华大学出版社, 北京交通大学出版社, 2019.

［17］刘洪亮 . 信息安全技术 HCIA-Security[M]. 北京：人民邮电出版社, 2019.

［18］丁飞，张登银，程春卯 . 物联网概论 [M]. 北京：人民邮电出版社, 2021.

［19］刘驰 . 物联网技术概论 [M]. 3 版 . 北京：人民邮电出版社, 2021.

［20］张丽霞 . 虚拟现实技术（微课视频版）[M]. 北京：清华大学出版社, 2021.

读者意见反馈

为收集对教材的意见建议，进一步完善教材编写并做好服务工作，读者可将对本教材的意见建议通过如下渠道反馈至我社。

咨询电话　400-810-0598

反馈邮箱　gjdzfwb@pub.hep.cn

通信地址　北京市朝阳区惠新东街4号富盛大厦1座
　　　　　高等教育出版社总编辑办公室

邮政编码　100029